Kurzer Abriß des Lebens- und Bildungsganges.

Ich wurde am 26. Juli 1892 in Untereggen (St. Gallen) als Sohn des Käsers Albert Burgdorfer geb. 1861 von Eggiwyl und der Anna Elisabeth Wermuth geb. 1864 von Eggiwyl, geboren. Im Jahre 1894 zogen meine Eltern von der Käserei Untereggen fort, um in Schwarzenegg das Tuch- und Spezereiwarengeschäft, sowie das dazugehörende Bauernwesen meines im Jahre 1891 verstorbenen Großvaters Johannes Wermuth zu übernehmen.

Meine erste Schulbildung erhielt ich von 1899 bis 1904 in der Primarschule zu Unterlangenegg (Kirchgemeinde Schwarzenegg b. Thun). Mit dem sechsten Schuljahre trat ich in die Septima des Gymnasiums zu Burgdorf ein, worin ich bis zum Übertritt ins Obergymnasium und nachher bis zur Maturität 1911 verblieb.

Vom Herbst 1911 bis zum Sommer 1914 studierte ich als regulärer Studierender an der Abteilung für Bauingenieure der Eidgen. Techn. Hochschule in Zürich.

Infolge des Grenzbesetzungsdienstes mußte ich meine Studien vom Aug. 1914 bis zum Winter 1915 unterbrechen. Nach beendigter Genie-Offizierschule trat ich im November 1915 wieder in das siebente Semester ein, um im Sommer 1916 die Schlußdiplomprüfung abzulegen.

Nach bestandener Diplomprüfung fand ich im techn. Bureau von Max Schnyder in Burgdorf Anstellung. Seit August 1917 bin ich im Eisenbetonbureau F. Pulfer in Bern. Vom Dezember 1918 bis zum Juli 1920 erhielt ich von Herrn Pulfer Urlaub zur Ausarbeitung meiner Dissertation. Vom Oktober 1919 bis zum Januar 1920 war ich im Auftrag des Herrn Pulfer als Kontrollingenieur für das Lehrgerüst der Hinterkappelenbrücke bei Bern tätig.

Herrn Professor A. Rohn möchte ich hier noch herzlich für die wertvollen Anregungen, die er mir gegeben hat, danken.

Schwarzenegg, den 4. Dezember 1920.

Dipl.-Ingenieur Ernst Burgdorfer.

ISBN 978-3-662-27681-5   ISBN 978-3-662-29171-9 (eBook)
DOI 10.1007/978-3-662-29171-9

Vorwort.

Die Statik der Bogentragwerke, besonders diejenige des gelenklosen Tonnengewölbes, ist in den letzten Jahren durch die Arbeiten von Prof. Mörsch[1]), Dr. Ing. Max Ritter[2]), Dr. Ing. Färber[3]) und Ingenieur A. Straßner[4]) mächtig gefördert worden. Durch die Untersuchungen Ritters und Straßners ist man heute in der Lage, gelenklose Tonnengewölbe mit einem Minimum an Zeitaufwand nach der Elastizitätstheorie richtig zu dimensionieren und die auftretenden Spannungen zu berechnen.

Jedem, der sich einmal mit der Berechnung von eingespannten Gewölben beschäftigt hat, muß der große Einfluß, den Wärme- und Schwinderscheinungen sowie allfällige Widerlagerbewegungen auf die Spannungen hervorrufen, aufgefallen sein. Die Vorteile einer steifen Konstruktion gegenüber den Verkehrslasten verwandeln sich in ebenso große Nachteile gegenüber den Wärmewirkungen.

Die, infolge Wärmewirkung, ungünstigen Verhältnisse im Scheitel des gelenklosen Bogens beseitigen wir durch Einschieben eines Scheitelgelenkes und kommen so auf natürliche Weise zum Bogen mit Mittelgelenk und eingespannten Kämpfern, d. h. zum Eingelenkbogen. Infolge der geringeren Steifigkeit wird der Einfluß der Verkehrslasten größer, aber, das ist für uns wichtig, der Einfluß von Wärmeänderungen wird bedeutend kleiner. Dieser Umstand hat den Verfasser bewogen, den bis jetzt vernachlässigten Eingelenkbogen in statischer und wirtschaftlicher Hinsicht eingehend zu untersuchen und mit dem gebräuchlichsten System des Massiv-Brückenbaues, dem gelenklosen Tonnengewölbe, zu vergleichen.

Bisher wurden im Brückenbau keine oder nur vereinzelte Bogen mit einem Mittelgelenk und eingespannten Kämpfern ausgeführt.

---

[1]) Mörsch, Berechnung von eingespannten Gewölben. Sonderdruck schweiz. Bauzeitung XLVII, 7 u. 8. Zürich: Rascher & Co.

[2]) Ritter, Dr. techn. Max: Der Vollwandbogen. Berlin: W. Ernst & Sohn.

[3]) Färber, Dr. Ing.: Neues Verfahren zur raschen Ermittlung der Biegungsmomente in eingesp. Gew. Deutsche Bauzeitung 1915.

[4]) Straßner, Ingenieur A.: Neuere Methoden usw. Arm. Beton 1917. Berlin: Wilhelm Ernst & Sohn.

Der Grund mag neben der bekannten Abneigung des Konstrukteurs gegen Gelenke, im Mangel einer einfachen und zuverlässigen Berechnungsmethode, im Fehlen von geeigneten Dimensionierungsformeln und der mangelnden konstruktiven Erfahrung liegen.

Im ersten Kapitel wird die vollständige Berechnung des ebenen, beliebig geformten und belasteten unsymmetrischen Eingelenkbogens entwickelt.

Im zweiten Kapitel wird als wichtige Vereinfachung der symmetrische Eingelenkbogen behandelt.

Im dritten Kapitel werden Tabellen und Tafeln, sowie Annäherungsformeln zur ersten Berechnung und Formgebung hergeleitet; es bildet die Grundlage zur wirtschaftlichen Gegenüberstellung der beiden Bogenarten.

Das vierte Kapitel enthält den wirtschaftlichen Vergleich der beiden Bogenarten; gelenkloser und Eingelenkbogen. Es zeigt insbesondere, in welchem Bereich der Spannweite und Pfeilhöhe der Eingelenkbogen wirtschaftlich günstiger als der gelenklose Bogen ist. Der Erstere ist dem Letzteren wirtschaftlich um so mehr überlegen, je mehr die ständige Last gegenüber der Verkehrslast überwiegt, insofern nicht beim gelenklosen Gewölbe durch Einführen prov. Gelenke oder das in neuester Zeit verwendete Gewölbeexpansionsverfahren beim Ausrüsten der Gewölbe die zusätzlichen Beanspruchungen infolge ständiger Last und Schwinden vermindert werden. Diese Vorkehrungen weisen indirekt ebenfalls auf den Eingelenkbogen hin. Außerdem ist auch im Letzteren das Gewölbeexpansionsverfahren mit Vorteil zu verwenden. Ein nicht zu unterschätzender Vorteil liegt darin, daß der Eingelenkbogen bei gleicher Belastung und gleichem Aufbau bedeutend flachere Gewölbe zuläßt als der gelenklose Bogen.

Schwarzenegg b. Thun, im August 1923.

Der Verfasser.

Diese Arbeit erscheint gleichzeitig als besondere Buchausgabe
im gleichen Verlage.

Inhaltsverzeichnis.

Erstes Kapitel.

Die Berechnung des beliebig geformten, unsymmetrischen, vollwandigen Eingelenkbogens.

Zweites Kapitel.
Der symmetrische Eingelenkbogen.

Drittes Kapitel.
Tabellen und Tafeln für symmetrische Eingelenkbogenbrücken.

Viertes Kapitel.

Untersuchung über die Wirtschaftlichkeit sowie der, bei gegebener Pfeilhöhe und Scheitelstärke erreichbaren Spannweite.

Bemerkung zu Tafel V.

Die Tafel kann doppelt gebraucht werden: Einmal so, daß man links auf der Ordinatenachse „n" einstellt und im Schnitt mit der Linienschar $\frac{y_v}{_n f}$ auf der wagerechten Abszissenachse N abliest, das andere Mal, indem man auf der Ordinatenachse rechts $\frac{y_v}{_n f}$ einstellt und im Schnitt mit der Linienschar „n" den Wert N erhält.

Berichtigungen.

Tafel V. Das auf der oberen Zeile stehende m soll nicht hinter 10, sondern
vor 1 stehen ($m = 1$ 2 etc.)
In letzter Zeile der Unterschrift lies $N \cdot (1 + \mu)$ statt $N_{(1+\mu)}$.

Tafel IX. Bei den Belastungswerten lies überall kg/m² statt kg/cm².
Unterschrift soll heißen: Eingelenkbogenbrücken mit Hinterfüllung
im Zuge von Hauptstraßen.

Tafel X. Unterschrift soll heißen: Vergleich der Kosten von gelenklosen und
Eingelenkbogen-Brücken.

Literaturnachweis.

Bohny, F.: Der Eingelenkbogen. Z. Arch. Ing.-Wes. 1898.

Färber: Neues Verfahren zur raschen Ermittlung der Form und der Normal-
kräfte in Gewölben. Deutsche Bauzeitg. 1915.

— Neues Verfahren zur raschen Ermittlung der Biegungsmomente in eingespannten Gewölben. Deutsche Bauzeitg. 1915.

Hartmann: Die statisch unbestimmten Systeme des Eisen- und Eisenbeton-
baues. Berlin: Wilhelm Ernst & Sohn 1913.

Mörsch: Bestimmung der Stärke von Brückengewölben mit drei Gelenken.
Z. Arch. Ing. Wesen 1900.

Mörsch: Berechnung von eingespannten Gewölben. Sonderabdruck der Schweiz.
Bauzeitung Band XLVII. Zürich: Rascher 1907.

— Die Gmündertobelbrücke. Sonderabdruck der Schweiz. Bauzeitung. Band LIII.
Zürich: Rascher 1909.

Müller-Breslau, H.: Die graphische Statik der Baukonstruktionen. II. Band,
2. Abt. Stuttgart: Alfred Kröner 1905.

— Die neueren Methoden der Festigkeitslehre. Leipzig: Alfred Kröner 1913.

Ritter, Max: Der Vollwandbogen. Berlin: Wilhelm Ernst & Sohn 1909.

Ritter, Wilhelm: Anwendungen der graphischen Statik. 4. Band: Der Bogen.
Zürich: Verlag Raustein.

Schürch: Der Talübergang von Langwies. Arm. Beton 1914.

Souleyre: Note sur l'emploi de quatre types d'arcs dans les ponts, viaducs
et fermes métalliques de grande portée. Ann. Ponts Chauss. I, 600. 1896.

Straßner, A.: Neuere Methoden zur Statik der Rahmentragwerke und der
elastischen Bogenträger. Berlin: Wilhelm Ernst & Sohn 1916.

— Das praktische Entwerfen von Brückengewölben, insbesondere die Nähe-
rungsberechnung der Scheitel- und Kämpferstärke mit Untersuchungen
über die kleinsten Spannungen, die erreichbare Spannweite und das kleinstmögliche Pfeilverhältnis. Arm. Beton 1917, S. 141 usw.

Vieser: Der Eingelenkbogen. Arm. Beton. 1914.

Webster, George: Walnut Lane Bridge; Transact. of the Americ. Soc. of
Civil Engineers Vol. 65. 1909.

Erstes Kapitel.

Die Berechnung des beliebig geformten, unsymmetrischen, vollwandigen Eingelenkbogens.

§ 1. Die Elastizitätsgleichungen, Bestimmung der Festwerte und der Achsenrichtungen.

Der ebene Eingelenkbogen ist äußerlich zweifach statisch unbestimmt, denn zur Bestimmung von sechs unbekannten Auflagergrößen stehen vier Gleichungen zur Verfügung, nämlich die drei Gleichgewichtsbedingungen der Ebene und als vierte diejenige, daß das Moment im Gelenk verschwinden soll.

Für ein zweifach statisch unbestimmtes Tragwerk lauten die allgemeinen Elastizitätsgleichungen:

$$\left. \begin{aligned} 1 \cdot \delta_x &= \Sigma P_m \cdot \delta_{mx} + X \cdot \delta_{xx} + Y \cdot \delta_{xy} + \delta_{xt} - L_x \\ 1 \cdot \delta_y &= \Sigma P_m \cdot \delta_{my} + X \cdot \delta_{yx} + Y \cdot \delta_{yy} + \delta_{yt} - L_y \end{aligned} \right\} \qquad (1)$$

In diesen Gleichungen bedeuten:

δ_x, δ_y: die gegenseitige Verschiebung der Angriffspunkte der Kräfte X bzw. Y im Verschiebungszustand infolge der wirklichen Belastung. (P, X, Y, t^0, Nachgiebigkeit der Auflager.)

  Bei geeigneter Wahl des statisch bestimmten Hauptsystems können sie zu Null gemacht werden.

δ_{mx}: Verschiebung eines Trägerpunktes m in Richtung einer Last P_m, die in m wirkt, infolge der Belastung $X = 1$.

δ_{my}: Verschiebung eines Trägerpunktes m in Richtung einer Last P_m, die in m wirkt, infolge der Belastung $Y = 1$.

δ_{xx}: Verschiebung der Angriffspunkte der Kräfte X in Richtung dieser Kräfte, infolge der Belastung $X = 1$.

δ_{yy}: Verschiebung der Angriffspunkte der Kräfte Y in Richtung dieser Kräfte, infolge der Belastung $Y = 1$.

$\delta_{xy} = \delta_{yx}$: Verschiebung der Angriffspunkte der Kräfte X (bzw. Y) in Richtung dieser Kräfte, infolge der Belastung $Y = 1$ ($X = 1$).

δ_{xt}: Verschiebung der Angriffspunkte der Kräfte X in Richtung X, infolge einer Wärmeänderung um t^0.

δ_{yt}: Verschiebung der Angriffspunkte der Kräfte Y in Richtung Y, infolge einer Wärmeänderung um t^0.

L_x: virtuelle Arbeit der Auflagerkräfte im statisch bestimmten Hauptsystem, infolge des Belastungszustandes $X = 1$.

L_y: virtuelle Arbeit der Auflagerkräfte im statisch bestimmten Hauptsystem, infolge des Belastungszustandes $Y = 1$.

Durch Auftrennen des Eingelenkbogens im Gelenk G erhalten wir als statisch bestimmtes Hauptsystem die zwei einseitig eingespannten Balken AG_1 und BG_2 (Abb. 1). Bringen wir an den

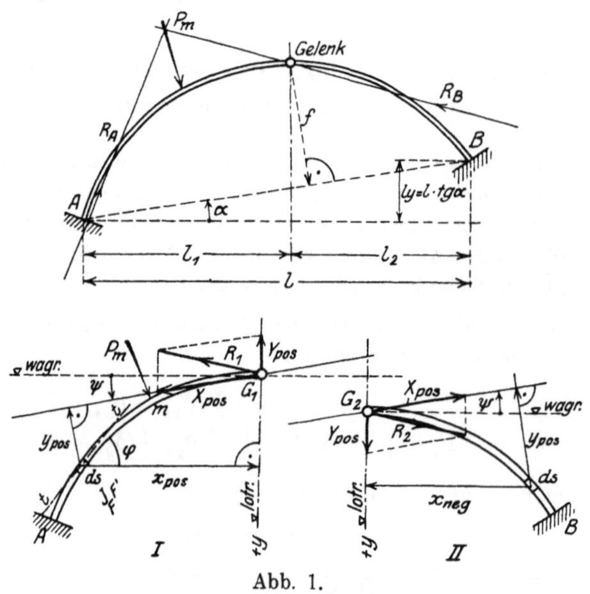

Abb. 1.

Enden G_1 und G_2 die Gelenkreaktion R an, so werden die Gelenkpunkte wieder in ihre ursprüngliche Lage, d. h. zum Zusammenfallen gebracht. Von der Gelenkreaktion sind sowohl Größe als auch ihre Richtung unbekannt. Wir zerlegen sie in zwei Seitenkräfte, nämlich in die Kraft X, unter dem Winkel ψ gegen die Wagrechte wirkend; wir nennen sie die Bogenkraft und die Gelenkquerkraft Y lotrecht wirkend (Abb. 1). Über die Richtung der Bogenkraft X werden wir so verfügen, daß die Elastizitätsgleichungen voneinander unabhängig werden, d. h. so, daß in Gl. 1 der Koeffizient δ_{xy} verschwindet.

Zunächst stellen wir fest, daß für das gewählte statisch bestimmte Hauptsystem die beiden Verschiebungen δ_x und δ_y verschwinden; die

Kräfte X sowohl als auch die Kräfte Y greifen im wirklichen Verschiebungszustand an ein und demselben Punkte an, denn die Bogenhälften I und II sind in diesem Zustande miteinander im Punkte G in Verbindung, das Kräftesystem X, Y leistet deshalb bei jeder möglichen Verschiebung von $G_1 = G_2 = G$ keine Arbeit.

$$\delta_x = 0,\ \delta_y = 0.$$

Wir gehen dazu über, die Festwerte, d. h. die Verschiebungen δ_{xx}, δ_{yy} und δ_{xy} zu bestimmen. Zu ihrer Ermittlung bedienen wir uns der Arbeitsgleichungen:

$$\left.\begin{aligned}
\delta_{xx} &= \int \frac{M_x^2}{E \cdot J} \cdot ds + \int \frac{N_x^2}{E \cdot F} \cdot ds + \int \frac{Q_x^2}{G \cdot F'} \cdot ds \\[1ex]
&\quad \text{\footnotesize Einfluß der}\qquad \text{\footnotesize Einfluß der}\qquad \text{\footnotesize Einfluß der} \\
&\quad \text{\footnotesize Momente}\qquad\ \text{\footnotesize Längskräfte}\qquad \text{\footnotesize Querkräfte} \\[1ex]
\delta_{yy} &= \int \frac{M_y^2}{E \cdot J} \cdot ds + \int \frac{N_y^2}{E \cdot F} \cdot ds + \int \frac{Q_y^2}{G \cdot F'} \cdot ds \\[1ex]
\delta_{xy} &= \int \frac{M_x \cdot M_y}{E \cdot J} \cdot ds + \int \frac{N_x \cdot N_y}{E \cdot F} \cdot ds + \int \frac{Q_x \cdot Q_y}{G \cdot F'} \cdot ds
\end{aligned}\ \right\} \quad \cdots \quad (2)$$

In diesen Gleichungen bedeuten:

M_x: das Biegungsmoment im virtuellen Belastungszustand, bezogen auf den Schwerpunkt des Elementes ds $X = 1$.

M_y: das Biegungsmoment im virtuellen Belastungszustand $Y = 1$.

N_x: die Längskraft im virtuellen Belastungszustand $X = 1$.

N_y: die Längskraft im virtuellen Belastungszustand $Y = 1$.

Q_x: die Querkraft im virtuellen Belastungszustand $X - 1$.

Q_y: die Querkraft im virtuellen Belastungszustand $Y = 1$.

E: den Elastizitätsmodul des Materials.

G: den Schubmodul $= \dfrac{m}{2 \cdot (m + 1)} E$, worin m die Poissonsche Zahl bedeutet.

ds: das Bogenelement.

J: das Trägheitsmoment des Bogenquerschnittes an der Stelle ds.

F: die Fläche des Bogenquerschnittes an der Stelle ds.

F': die zur Aufnahme von Schubspannungen im Querschnitt eingeführte Fläche.

x', y': die rechtwinklig zu den Achsen gemessenen Koordinaten eines Punktes der Bogenachse in bezug auf ein rechtwinkliges Koordinatensystem durch das Gelenk mit wagrechter x'-Achse.

x, y: die rechtwinklig zu den Achsen gemessenen Koordinaten eines Punktes der Bogenachse in bezug auf ein Achsensystem durch das Gelenk, dessen y-Achse lotrecht und dessen x-Achse unter dem Winkel ψ gegen die Wagrechte geneigt ist.

φ: der Winkel der Tangente $t - t$ gegen die Horizontale.

Mit den in Abb. 1 getroffenen Festsetzungen erhalten wir im:

Belastungszustand $X = 1$

für die:

Längskraft $\quad N_x = -1 \cdot \cos(\varphi - \psi);$

Querkraft $\quad Q_x = -1 \cdot \sin(\varphi - \psi):$

Moment $\quad\;\; M_x = +1 \cdot y.$

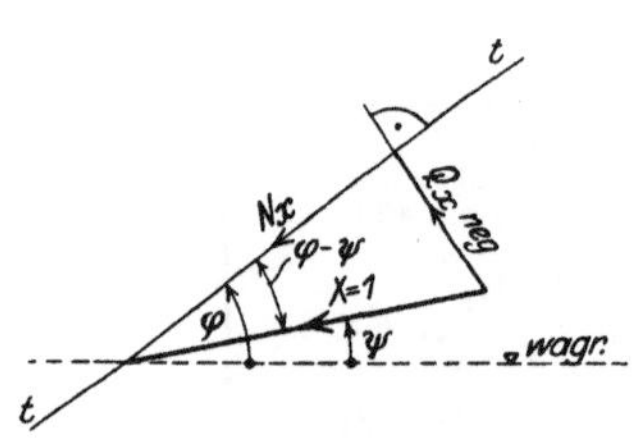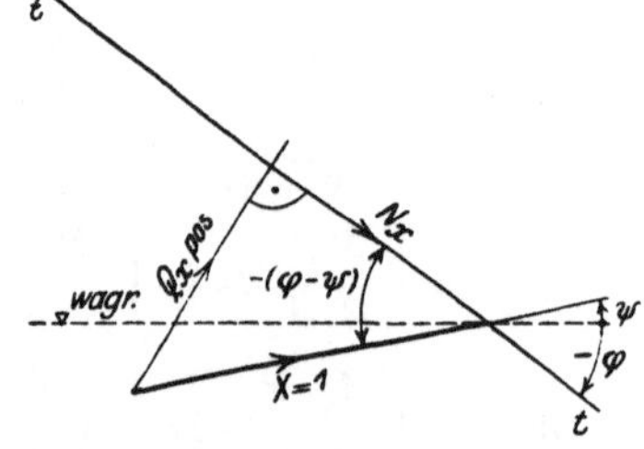

Abb. 2.

Belastungszustand $Y = 1.$

Längskraft $\quad N_y = +1 \cdot \sin\varphi;$

Querkraft $\quad Q_y = -1 \cdot \cos\varphi;$

Moment $\quad\;\; M_y = +1 \cdot x.$

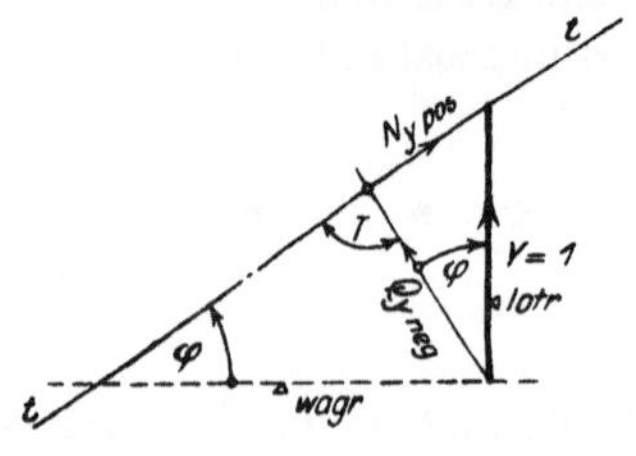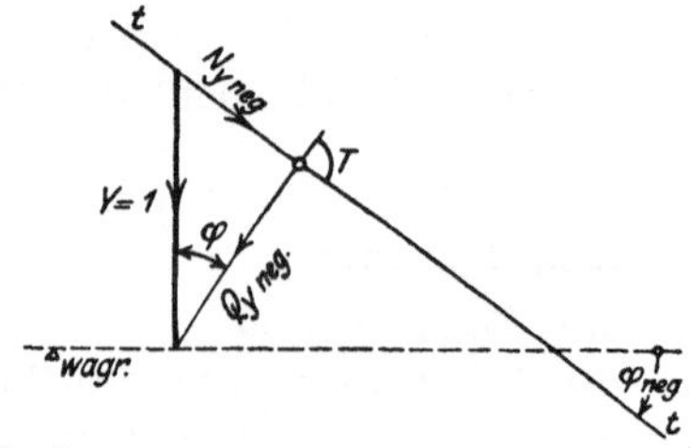

Abb. 3.

Als positiv werden Momente bezeichnet, die oben Druck, unten Zug ergeben.

Setzen wir diese Werte in die dritte der Gl. 2 ein und stellen zugleich die Forderung $\delta_{xy} = 0$, so erhalten wir

$$\delta_{xy} = \int_A^B y \cdot x \cdot \frac{ds}{EJ} - \int_A^B \frac{\cos(\varphi - \psi) \cdot \sin\varphi}{EF} \cdot ds + \int_A^B \frac{\sin(\varphi - \psi) \cdot \cos\varphi}{G \cdot F'} \cdot ds = 0.$$

MomenteLängskräfteQuerkräfte

Sehen wir vorderhand vom geringen Einfluß der Längs- und Querkräfte ab, und führen für die Größe:

$$\frac{ds}{J} = dw$$

ein, das wir als Differential des elastischen Gewichtes erster Ordnung bezeichnen, so erhalten wir:

$$E \cdot \delta_{xy} = \int_A^B y \cdot x \cdot dw = Z_{xy} = 0.$$

Das Integral in dieser Gleichung hat die Form eines Zentrifugalmomentes der Kräfte dw in bezug auf die Achsen x und y. Wir erinnern uns hier mit Vorteil an die Theorie der Momente zweiten Grades eines ebenen Querschnittes und gelangen zu dem bemerkenswerten Satz:

„Achsen, für welche die elastische Verschiebung δ_{xy} verschwindet, sind einander zugeordnet oder konjugiert."

Für alle Paare konjugierter Achsen werden die Elastizitätsgleichungen voneinander unabhängig und lassen sich in der Form darstellen:

$$\left. \begin{aligned} X &= - \frac{\Sigma P_m \cdot \delta_{mx} + \delta_{xt} - L_x}{\delta_{xx}} \\ Y &= - \frac{\Sigma P_m \cdot \delta_{my} + \delta_{yt} - L_y}{\delta_{yy}} \end{aligned} \right\} \quad \cdots \cdots (1a)$$

Mit Hilfe einer Koordinatentransformation sind wir in der Lage, den Neigungswinkel ψ der neuen x-Achse gegen die Horizontale zu berechnen.

Frühere Koordinaten x', y',

neue Koordinaten x, y;

für die neuen Koordinaten wird:

$$x = x',$$
$$y = y' \cdot \cos \psi - x \cdot \sin \psi.$$

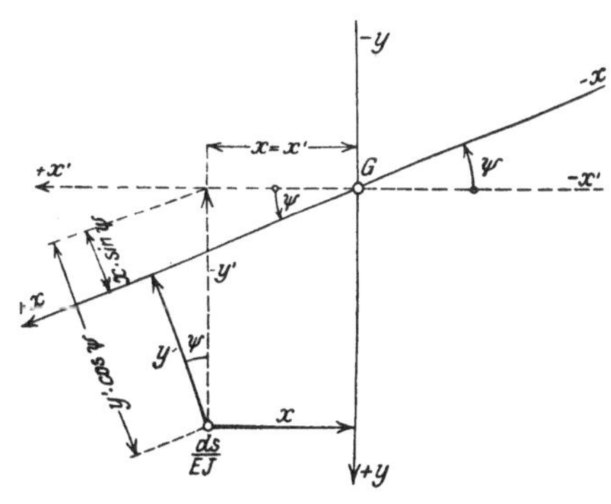

Abb. 4.

Wir erhalten für:

$$\delta_{xy} = 0 = \int\limits_A^B \frac{(y' \cos \psi - x \cdot \sin \psi) \cdot x}{EJ} \cdot ds - \int\limits_A^B \frac{\cos (\varphi - \psi) \sin \varphi}{EF} \cdot ds$$

$$+ \int\limits_A^B \frac{\sin (\varphi - \psi) \cdot \cos \varphi}{GF'} \cdot ds$$

mit den Winkelrelationen:

$$\cos (\varphi - \psi) = \cos \varphi \cdot \cos \psi + \sin \varphi \cdot \sin \psi,$$
$$\sin (\varphi - \psi) = \sin \varphi \cdot \cos \psi - \cos \varphi \cdot \sin \psi,$$

nach Ausmultiplizieren

$$\delta_{xy} = 0 = \int\limits_A^B \frac{y' \cdot x}{EJ} \cdot ds \cdot \cos \psi - \int\limits_A^B x^2 \cdot \frac{ds}{EJ} \cdot \sin \psi - \int\limits_A^B \frac{\cos \varphi \cdot \sin \varphi}{EF} \cdot ds \cdot \cos \psi$$

$$- \int\limits_A^B \frac{\sin^2 \varphi \cdot \sin \psi}{EF} \cdot ds + \int\limits_A^B \frac{\sin \varphi \cdot \cos \varphi}{GF'} \cdot \cos \psi \cdot ds - \int\limits_A^B \frac{\cos^2 \varphi \cdot \sin \psi}{GF'} \cdot ds.$$

Wir führen $E = $ const! $G = $ const! ein; dann wird nach Erweitern mit E und Zusammenziehen der Glieder mit $\cos \psi$ bzw. $\sin \psi$ für die Richtung der x-Achse:

$$\left.\operatorname{tg} \psi = \frac{\displaystyle\int\limits_A^B y' \cdot x \cdot \frac{ds}{J} - \int\limits_A^B \cos \varphi \cdot \sin \varphi \cdot ds \cdot \left(\frac{1}{F} - \frac{E}{G \cdot F'}\right)}{\displaystyle\int\limits_A^B x^2 \cdot \frac{ds}{J} + \int\limits_A^B \sin^2 \varphi \cdot \frac{ds}{F} + \int\limits_A^B \cos^2 \varphi \cdot \frac{E}{G} \cdot \frac{ds}{F'}}\right\} \quad . \quad . \quad (3)$$

Nachdem die Richtung der x-Achse bekannt ist, berechnen wir nach Abb. 4 die neuen Ordinaten y und bestimmen mit ihnen die andern Verschiebungen der Gl. 2. Mit Abb. 2 und 3 ergibt sich für:

$$\left.\begin{aligned}
\delta_{xx} &= \int\limits_A^B y^2 \cdot \frac{ds}{EJ} + \int\limits_A^B \cos^2 (\varphi - \psi) \cdot \frac{ds}{EF} + \int\limits_A^B \sin^2 (\varphi - \psi) \cdot \frac{ds}{G \cdot F'} \\
&\qquad\text{Momente} \qquad\qquad \text{Längskräfte} \qquad\qquad\quad \text{Querkräfte} \\[2mm]
\delta_{yy} &= \int\limits_A^B x^2 \cdot \frac{ds}{EJ} + \int\limits_A^B \sin^2 \varphi \cdot \frac{ds}{EF} + \int\limits_A^B \cos^2 \varphi \cdot \frac{ds}{G \cdot F'}
\end{aligned}\right\} \quad . \quad . \quad (4)$$

Sehen wir vom Einfluß der Längs- und Querkräfte ab, so erscheinen die Koeffizienten δ_{xx} und δ_{yy} in der Form von Trägheitsmomenten der elastischen Gewichte $dw = \dfrac{ds}{J}$ in bezug auf die x- bzw. y-Achse. Wir führen die Symbole

$$
\left.
\begin{aligned}
J_x &= E \cdot \delta_{xx} = \int_A^B y^2 \cdot \frac{ds}{J} = \int_A^B y^2 \cdot dw \\[2ex]
J_y &= E \cdot \delta_{yy} = \int_A^B x^2 \cdot \frac{ds}{J} = \int_A^B x^2 \cdot dw \\[2ex]
Z_{x\,y} &= E \cdot \delta_{xy} = \int_A^B x \cdot y \cdot \frac{ds}{J} = \int_A^B x \cdot y \cdot dw = 0 \\[2ex]
Z_{x'y} &= E \cdot \delta_{x'y} = \int_A^B x \cdot y' \cdot \frac{ds}{J} = \int_A^B x \cdot y' \cdot dw
\end{aligned}
\right\} \quad \dots \quad (5)
$$

ein und nennen sie „elastische Trägheits- und Zentrifugalmomente" der Gewichte dw in bezug auf die Achsen x und y resp. x' und y. Wir können auf sie die Theorie des Mohrschen Trägheitskreises anwenden und gelangen so zu einer übersichtlichen Darstellung der Beziehungen zwischen den elastischen Verschiebungen δ_{xx}, δ_{yy}, δ_{xy}, $\delta_{x'y}$.

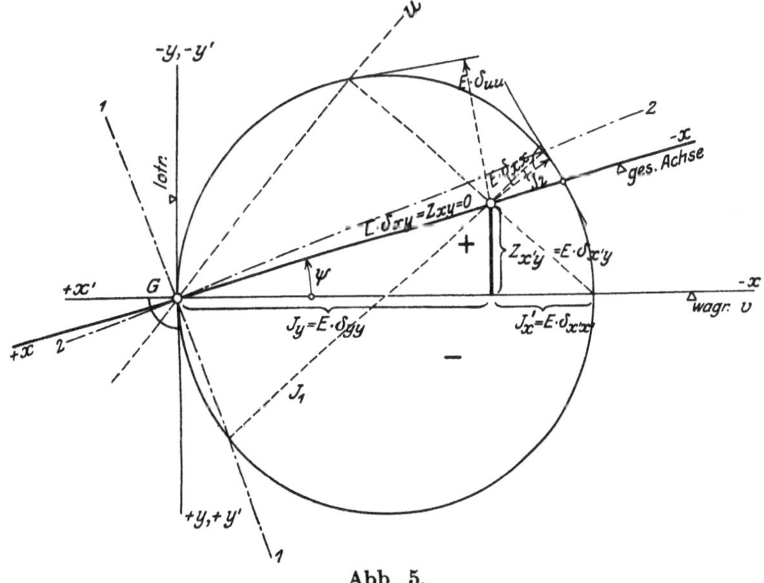

Abb. 5.

In Abb. 5 sind einige charakteristische Paare konjugierter Achsen eingezeichnet, so auch diejenigen, für welche die Verschiebungen δ_{xx} und δ_{yy} Maximum oder Minimum werden; diese Achsen entsprechen den Hauptachsen eines ebenen Querschnitts; wir nennen sie hier die Hauptachsen des Systems (in unserem Fall spielen sie weiter keine ausgezeichnete Rolle).

Aus Abb. 5 lesen wir eine sehr einfache Konstruktion des Winkels ψ ab.

„Man trage auf der Horizontalen vom Gelenkpunkt G nach rechts das elastische Trägheitsmoment $E \cdot \delta_{yy}$ als Strecke ab und errichte, positiv nach oben, in deren Endpunkt ein Lot von der Länge des elastischen Zentrifugalmomentes $Z_{x'y} = E \cdot \delta_{x'y}$. Den Endpunkt des Lotes verbinden wir mit G und erhalten so die Richtung und die Lage der gesuchten x-Achse"

$$\operatorname{tg} \psi = \frac{Z_{x'y}}{J_y} = \frac{E \cdot \delta_{x'y}}{E \cdot \delta_{yy}} \quad \ldots \ldots \ldots \quad (3\,\mathrm{a})$$

(Man beachte die Übereinstimmung mit Gl. 3.)

Die Integrale in Gl. 3 und Gl. 4 können im allgemeinen Fall nicht in geschlossener Form dargestellt werden; man kann dieselben näherungsweise als Summen berechnen. Zu diesem Zwecke teilen wir den elastischen Bogen in eine Anzahl Lamellen von der endlichen Länge s ein, von der wir verlangen, daß für das kurze Stabstück s das Trägheitsmoment J als konstant und das Längenelement s als gerade angesehen werden dürfen. Zur späteren zahlenmäßigen Ausrechnung wird es sich empfehlen, die Horizontalentfernung der Trennungsfugen konstant zu halten; jedoch ist darauf Rücksicht zu nehmen, daß die Fahrbahnabstützungen in die Trennungsfugen der Elemente fallen.

Für das erste Integral im Zähler von Gl. 3 erhalten wir:

$$Z_{x'y} = \int_A^B x \cdot y' \cdot \frac{ds}{J} = \sum_A^B \frac{1}{J} \int_0^s x \cdot y' \cdot ds = \sum_A^B \frac{1}{J} \cdot y_1' \cdot \int_0^s x \cdot ds = \sum_A^B y_1' \cdot x_0 \cdot \frac{s}{J}$$

oder

$$Z_{x'y} = \sum_A^B \frac{1}{J} x_2' \int_0^s y' \, ds = \sum_A^B x_2' y_0' \cdot \frac{s}{J},$$

wenn wir mit x_1, y_1' die Koordinaten des Schwerpunktes der Werte $(x \cdot ds)$, mit $x_2' y_2'$ die Koordinaten des Schwerpunktes der Werte $(y' \, ds)$

und mit x_0, y_0 die Koordinaten des Schwerpunktes des Elementes s einführen.

Für das erste Integral im Nenner von $\operatorname{tg}\psi$ wird:

$$J_y = \int_A^B x^2 \cdot \frac{ds}{J} = \sum_A^B \frac{1}{J} \int_0^s x^2 \cdot ds = \sum_A^B \frac{1}{J} x_1 \cdot \int_0^s x\,ds = \sum_A^B \frac{1}{J} \cdot x_1 \cdot x_0 \cdot s$$

Schwerpkt. der $x\,ds$

und für

$$J_x = \int_A^B y^2 \cdot \frac{ds}{J} = \sum_A^B \frac{1}{J} \int_0^s y^2 \cdot ds = \sum_A^R \frac{1}{J} y_2 \int_0^s y\,ds = \sum_A^R \frac{1}{J} \cdot y_2 \cdot y_0 \cdot s.$$

Schwerpkt. der $y\,ds$

Führen wir das elastische Gewicht

erster Ordnung:
$$w = \frac{s}{J}$$
und die Gewichte zweiter Ordnung
$$w_1 = w \cdot x_0; \qquad w_2 = w \cdot y_0$$

$$\left.\begin{array}{r}\\[3ex]\\[3ex]\\\end{array}\right\} \quad \ldots \ldots \quad (6)$$

und die Schwerpunkte S_1 bzw. S_2 der Werte $x\,ds$ bzw. $y\,ds$ ein, so ergibt sich in den Festwerten für die Beiträge, welche vom Einfluß der Momente abhängen:

$$J_x = \sum_A^B y_0 \cdot y_2 \cdot \frac{s}{J} = \sum_A^B w \cdot y_0 \cdot y_2 = \sum_A^B w_2 \cdot y_2$$

Trägheitsmom. der Gewichte w in bezug auf die x-Achse   statisches Mom. der Gewichte w_2 in bezug auf die x-Achse

$$J_y = \sum_A^B x_0 \cdot x_1 \cdot \frac{s}{J} = \sum_A^B w \cdot x_0 \cdot x_1 = \sum_A^B w_1 \cdot x_1$$

Trägheitsmom. der Gewichte w in bezug auf die y-Achse   statisches Mom. der Gewichte w_1 in bezug auf die y-Achse

$$Z_{x'y} = \sum_A^B y_1' \cdot x_0 \cdot \frac{s}{J} = \sum_A^B w \cdot y_1' \cdot x_0 = \sum_A^B w_1 \cdot y_1'$$

Zentrifugalmom. der Gewichte w bezüglich der x'- und y-Achse   stat. Moment der Gew. w_1 in bezug auf die x'-Achse (wagr. durch G).

$$\left.\begin{array}{r}\\[6ex]\\[6ex]\\\end{array}\right\} \quad \ldots \quad (7)$$

§ 2. Einflußlinien für lotrechte Belastungen.

a) Punktweise Bestimmung der Ordinaten der Einflußlinien für die statisch unbestimmten Größen X und Y mit Hilfe der Arbeitsgleichung.

Bei Brücken mit gegliedertem Aufbau und deshalb nur wenigen Lastübertragungspunkten der Fahrbahnlast auf das Gewölbe, empfiehlt es sich die Werte der Einflußordinaten nur unter den Stützen selbst zu berechnen, da ja bei mittelbarer Belastung die Einflußlinie zwischen den Lastübertragungspunkten geradlinig verläuft.

Aus den Gleichungen 1a erhalten wir für die Wirkung der Einzellast $P_m = 1$, in m allein, unter Beachtung von

$$\delta_{xy} = 0; \qquad \delta_{xt}, \ \delta_{yt} = 0; \qquad L_x, \ L_y = 0$$

$$P_m = 1$$

$$\left.\begin{aligned} X &= -1 \cdot \frac{\delta_{mx}}{\delta_{xx}} \\[2ex] Y &= -1 \cdot \frac{\delta_{my}}{\delta_{yy}} \end{aligned}\right\} \qquad \ldots \ldots \ldots \ldots \quad (8)$$

In den Gl. 8 sind die Werte δ_{xx} und δ_{yy}, die wir im vorigen Paragraphen als Festwerte bezeichnet hatten, schon bestimmt. Die Belastungsglieder δ_{mx} und δ_{my} bestimmen wir hier mittels des Ausdruckes:

$$\left.\begin{aligned} \delta_{mx} &= \int_m^A \left(\frac{M_0 M_x}{EJ} + \frac{N_0 N_x}{EF} + \frac{Q_0 Q_x}{GF'} \right) ds \\[2ex] \delta_{my} &= \int_m^A \left(\frac{M_0 M_y}{EJ} + \frac{N_0 N_y}{EF} + \frac{Q_0 Q_y}{GF'} \right) ds \end{aligned}\right\} \quad \ldots \ldots \quad (9)$$

Diese Verschiebungen sind auch gleich den Verschiebungen des Angriffspunktes der Kraft X bzw. Y, in Richtung dieser Kräfte infolge der Belastung $P_m = 1$, lotrecht in m wirkend.

M_0; N_0; Q_0 sind die Momente, Längs- und Querkräfte im statisch bestimmten Hauptsystem infolge der in m lotrecht wirkenden Belastung $P_m = 1$.

In Abb. 6 wollen wir das statisch bestimmte Hauptsystem mit dem Belastungszustand $P_m = 1$ in m darstellen.

Nach den Angaben der Abb. 6 und 6a erhalten wir:

für ein Element	für Element ds'	für Teil
ds links von m:	rechts von m:	$G_2 - B$

$$\begin{cases} M_0 = -(x-a)\cdot 1 \\ N_0 = -1\cdot\sin\varphi \\ Q_0 = +1\cdot\cos\varphi \end{cases} \qquad \begin{cases} M_0 = 0 \\ N_0 = 0 \\ Q_0 = 0 \end{cases} \qquad \begin{cases} M_0 = 0 \\ N_0 = 0 \\ Q_0 = 0 \end{cases}$$

Nach Einführen dieser Werte und der Werte M_x, N_x, Q_x, M_y, N_y, Q_y aus § 1, Seite 4, in Gl. 9 bekommt man:

für den Zähler der Bogenkraft X:

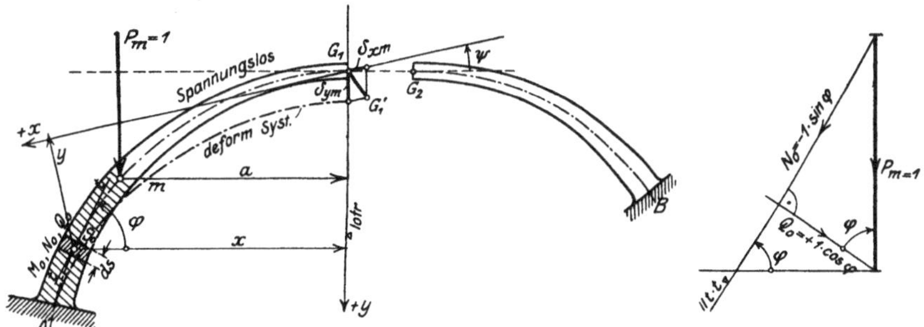

Abb. 6.   Abb. 6a.

$$\delta_{mx} = -\int_A^m (x-a)\cdot\frac{y\cdot ds}{EJ} + \int_A^m \sin\varphi\cdot\cos(\varphi-\psi)\cdot\frac{ds}{EF}$$

Mom.   Längskr.

$$-\int_A^m \cos\varphi\cdot\sin(\varphi-\psi)\cdot\frac{ds}{GF'}$$

Querkr.

$E\cdot\delta_{mx}$:

$$\int_A^m (x-a)\,y\cdot\frac{ds}{J} = \sum_A^m \frac{1}{J}\cdot\int_0^s (x-a)\cdot y\cdot ds = \sum_A^m \frac{1}{J}\cdot(x_2-a)\cdot\int_0^s y\cdot ds$$

Schwerpkt.
der $y\,ds$

$$= \sum_A^m \frac{1}{J}(x_2-a)\cdot y_0\cdot s$$

$$\underbrace{= \sum_A^m w\cdot y_0\cdot(x_2-a)}_{} \qquad\qquad = \sum_A^m \cdot w_2\cdot(x_2-a)$$

$= Z_{mx}$

Zentrifugalmoment der Gewichte w links von P_m in bezug auf die x-Achse und eine lotrechte Achse durch m	Statisches Moment der elast. Gewichte w_2 in bezug auf eine lotrechte Achse durch m.

12 Berechnung d. beliebig geformten, unsymmetr. vollwand. Eingelenkbogens.

und für denjenigen der Gelenkquerkraft Y:

$$\delta_{my} = -\int_A^m (x-a)\frac{x\,ds}{EJ} - \int_A^m \sin^2\varphi \cdot \frac{ds}{EF} - \int_A^m \cos^2\varphi \cdot \frac{ds}{GF'}$$

$$\text{Mom.} \qquad\qquad \text{Längskr.} \qquad\qquad \text{Querkr.}$$

$E \cdot \delta_{my}$:

$$\int_A^m (x-a)\cdot\frac{x\cdot ds}{J} = \sum_A^m \frac{1}{J}\int_0^s (x-a)\cdot x\,ds = \sum_A^m \frac{1}{J}(x_1-a)\int_0^s x\,ds$$

$$\text{Schwerpkt.}$$
$$\text{der } x\,ds$$

$$= \sum_A^m \frac{1}{J}(x_1-a)\cdot x_0 \cdot s$$

$$= \underbrace{\sum_A^m w\cdot x_0\cdot(x_1-a)}_{Z_{my}} \qquad\qquad = \sum_A^m w_1\cdot(x_1-a)$$

Zentrifugalmoment der Gewichte w in bezug auf eine lotrechte Achse durch m und die y-Achse.

Statisches Moment der w_1-Gewichte in bezug auf eine lotrechte Achse durch m.

$$\left.\begin{aligned}
X_{P_m=1} &= -\frac{\delta_{mx}}{\delta_{xx}} = +\frac{1}{E\cdot\delta_{xx}}\cdot\left\{\sum_A^m w_2(x_2-a)\right.\\
-\sum_A^m &\sin\varphi\,\cos(\varphi-\psi)\frac{s}{F} + \sum_A^m \cos\varphi\,\sin(\varphi-\psi)\frac{E\cdot s}{G\cdot F'}\Big\}\\
Y_{P_m=1} &= -\frac{\delta_{my}}{\delta_{yy}} = +\frac{1}{E\delta\cdot_{yy}}\cdot\left\{\sum_A^m w_1(x_1-a)\right.\\
+\sum_A^m &\sin^2\varphi\cdot\frac{s}{F} + \sum_A^m \cos^2\varphi\cdot\frac{E\cdot s}{G\cdot F'}\Big\}
\end{aligned}\right\} \quad \text{. . (10)}$$

Sehen wir vom geringen Einfluß der Längs- und Querkräfte im Zähler ab und berücksichtigen denselben im Nenner von X mit dem zusätzlichen Wert:

$$\sum_A^B \frac{s}{F}\cdot\cos^2(\varphi-\psi) = \sim \sum_A^B \frac{s}{F} = \sim \frac{l_x}{F_s},$$

worin l_x die in Richtung der x-Achse gemessene Sehnenlänge und

F_s den Querschnitt im Scheitel bedeutet, so ergibt sich angenähert für die Ordinate der Einflußlinie:

$$\left.\begin{array}{l} X_{P_m=1} = +\dfrac{\displaystyle\sum_A^m w_2 \cdot (x_2 - a) + \cdots}{\displaystyle\sum_A^B w_2 \cdot y_2 + \dfrac{l_x}{F_s}} = +\dfrac{Z_{mx}}{J_x + \dfrac{l_x}{F_s}} \\[6ex] Y_{P_m=1} = +\dfrac{\displaystyle\sum_A^m w_1 \cdot (x_1 - a) + \cdots}{\displaystyle\sum_A^B w_1 \cdot x_1 + \cdots} = +\dfrac{Z_{my}}{J_y} \end{array}\right\} \quad \cdot \cdot \; (11)$$

b) Die graphische Berechnung der Werte $E \cdot \delta_{yy}$, $E \cdot \delta_{x' \cdot y}$, $E \cdot \delta_{xx}$ und der E-fachen Biegungslinien für die Belastungszustände $Y = 1$ und $X = 1$.

In den vorhergehenden Abschnitten haben wir gezeigt, daß sich die Nenner und Zähler der statisch nicht bestimmbaren Größen, bei Vernachlässigung des Einflusses von N und Q, als Trägheits- und Zentrifugalmomente von elastischen Gewichten erster Ordnung $w = \dfrac{s}{J}$, bzw. als statische Momente der elastischen Gewichte zweiter Ordnung $w_1 = w \cdot x_0$; $w_2 = w \cdot y_0$ und deshalb mit Hilfe von Seilpolygonen dar stellen lassen.

Für jede Lamelle ist der Wert der elastischen Gewichte w, w_1 und w_2 zu bestimmen. Zu diesem Zwecke berechnen wir in einigen Punkten des Bogens das Trägheitsmoment J des Querschnittes und tragen senkrecht über diesen die Trägheitsmomente von einer wagrechten Geraden als Ordinaten ab. Die Endpunkte der Ordinaten verbinden wir · durch eine krumme Linie; die **Trägheitsmomentenkurve J.** Die Lamelleneinteilung wählen wir so, daß jedenfalls die Trennungsfugen der Elemente mit den Säulen- oder Querwandachsen des gegliederten Aufbaues übereinstimmen. Für jedes Element bestimmen wir das mittlere Trägheitsmoment (Abb. 7a)

$$J_m = \frac{1}{s} \int_0^s J \cdot ds.$$

Hierbei leistet die Trägheitsmomentenkurve Dienste, indem man das mittlere Trägheitsmoment durch Herstellen der Flächengleichheit der in Abb. 7a schraffierten Flächenstückchen schon sehr genau von

Auge schätzen kann. Anschließend berechnet man in einer Tabelle die elastischen Gewichte:

$$w = \frac{s}{J} \quad \text{und} \quad w_1 = w \cdot x_0 = \frac{s}{J} \cdot x_0$$

$$w_2' = w \cdot y_0' = \frac{s}{J} \cdot y_0',$$

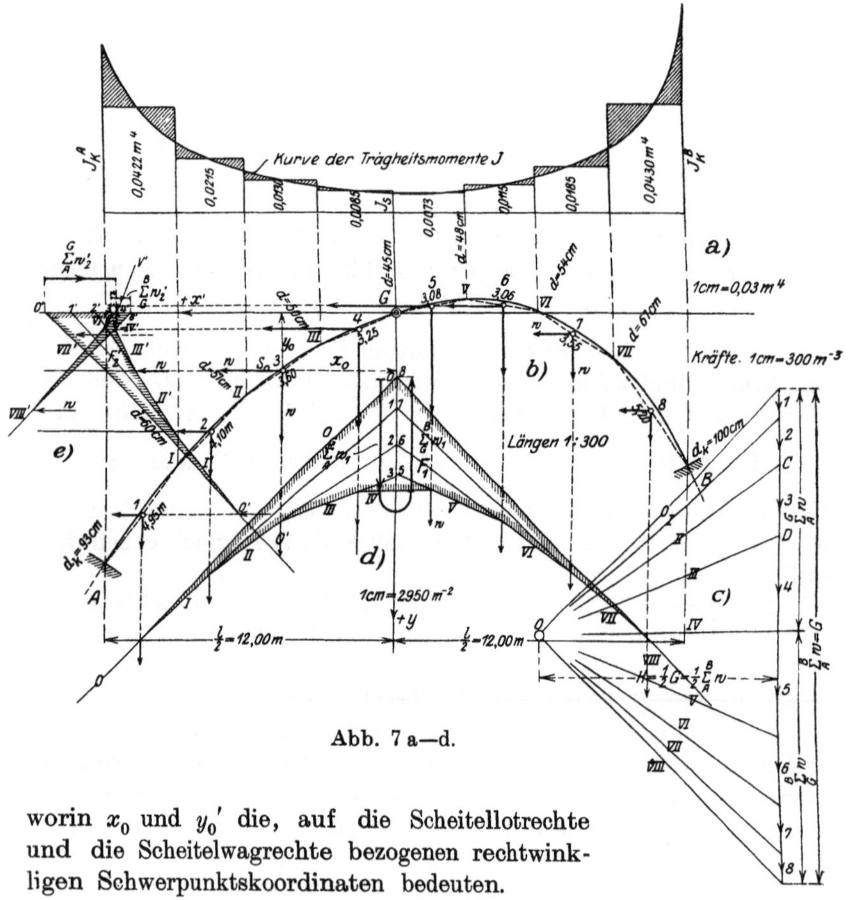

Abb. 7 a—d.

worin x_0 und y_0' die, auf die Scheitellotrechte und die Scheitelwagrechte bezogenen rechtwinkligen Schwerpunktskoordinaten bedeuten.

Lam.	1	2	3	4	5	6	7	8
$w = \dfrac{s}{J}$	117	191	277	382	422	266	192	121 m^{-3}
w_1	$+1230$	$+1432$	$+1248$	$+573$	-632	-1198	-1440	-1270 m^{-2}
w_2'	$+946$	$+898$	$+637$	$+268$	-105	-67	$+173$	$+472$ m^{-2}
w_2	$+627$	$+542$	$+332$	$+122$	$+51$	$+218$	$+496$	$+746$ m^{-2}

In Abb. 7b ist gestrichelt der, den elastischen Bogen AGB vertretende, steife Stabzug der Lamellen 1 bis 8 mit den Lamellenschwerpunkten S_0 gezeichnet.

Elastische Gewichte w_1: In Abb. 7c tragen wir die elastischen Gewichte w des ganzen Bogens in einem Kräftepolygon lotrecht ab und zeichnen mit der Polweite $H = \frac{1}{2} \sum\limits_A^B w = \frac{1}{2} G$ zu den, in den Schwerpunkten S_0 der Elemente, lotrecht wirkenden Kräften w das Seilpolygon Abb. 7d. Bezeichnen wir mit 2 und 3 die Schnittpunkte der Seilstrahlen II und III mit der y-Achse, so folgt aus der Ähnlichkeit der Dreiecke OCD und $O'23$

$$\frac{\overline{23}}{x_0} = \frac{w_{(3)}}{H}; \qquad \overline{23} = \frac{1}{H}\, w_{(3)} \cdot x_0$$

(wobei $w_{(3)}$ das elastische Gewicht des dritten Elementes bedeutet) oder

$$w_{1_{(3)}} = w_{(3)} \cdot x_0 = H \cdot \overline{23}.$$

„Die aufeinanderfolgenden Seilstrahlen im Seilpolygon der elastischen Gewichte erster Ordnung w schneiden auf der y-Achse die $\frac{1}{H}$-fachen elastischen Gewichte zweiter Ordnung w_1 heraus."

Der Inhalt des Dreiecks $O'23$ ergibt sich zu:

$$\varDelta F_1 = \overline{23} \cdot \frac{1}{2} x_0 = \frac{1}{H} \cdot w \cdot x_0 \cdot \frac{1}{2} x_0.$$

Der Inhalt der schraffierten Momentenfläche wird:

$$F_1 = \frac{1}{2\,H} \cdot \sum\limits_A^B w \cdot x_0{}^2$$

oder mit Einführung von $H = \frac{1}{2} G = \frac{1}{2} \sum\limits_A^B w$

$$F_1 = \frac{1}{G} \cdot \sum\limits_A^B w \cdot x_0{}^2 = \frac{1}{G} \cdot J_y.$$

Das Seilpolygon ist dabei in 7d durch die Seilkurve zu ersetzen.

Somit erhalten wir für die E-fache elastische Verschiebung δ_{yy}:

$$E \cdot \delta_{yy} = J_y = G \cdot F_1. \quad \ldots \ldots \ldots \quad (12)$$

Dies ist nichts anderes als das Mohrsche Verfahren zur Bestimmung von Trägheitsmomenten ebener Figuren.

Elastische Gewichte w_2': Zur Darstellung der Gewichte w_2' benützen wir das gleiche Kräftepolygon, wie es für die w_1-Gewichte gebraucht wurde, nur haben wir hier, da die elastischen Gewichte w wagrecht wirken, alle Seilstrahlen um 90^0 zu drehen. Das Seilpolygon der in den Schwerpunkten der Elemente wagrecht wirkenden elastischen Gewichte w ist in Abb. 7e abgebildet.

„Die aufeinanderfolgenden Seilstrahlen schneiden auf der Wagrechten durch das Scheitelgelenk die $\dfrac{1}{H}$-fachen elastischen Gewichte zweiter Ordnung w_2' heraus."

Bezeichnen wir den Flächeninhalt der schraffierten Momentenfläche der wagrecht wirkenden w-Gewichte mit F_2', so ergibt sich mit der Polweite $H = \dfrac{1}{2}\, G = \dfrac{1}{2} \sum\limits_A^B w$ nach **Mohr**:

$$E \cdot \delta_{x'x'} = J_{x'} = G \cdot F_2'. \qquad \ldots \ldots \ldots (12\,\mathrm{a})$$

Zentrifugalmoment $Z_{x'y} = E \cdot \delta_{x'y}$ der elastischen Gewichte w in bezug auf die zueinander senkrecht stehenden Achsen x' und y. Im § 1 Gl. 7 haben wir gezeigt, wie sich das Zentrifugalmoment $Z_{x'y}$ als statisches Moment, der in den Antipolen S_1 wagrecht wirkenden elastischen Gewichte zweiter Ordnung w_1 in bezug auf die wagrechte x'-Achse darstellen läßt. Wir zeichnen mit dem beliebig gewählten Polabstand H_1 das Kräftepolygon 8a der wagrecht wirkenden w_1-Gewichte. In Abb. 8b ist das zugehörige Seilpolygon mit den Seilstrahlen O—VIII abgebildet. Das statische Moment der w_1-Gewichte in bezug auf die x'-Achse ist gleich dem, von den letzten Seilpolygonseiten O und VIII herausgeschnittenen Stück auf der x'-Achse multipliziert mit der Polweite H_1;

$$Z_{x'y} = H_1 \cdot \overline{08}$$

(H_1 im Kräftemaßstab; $\overline{08}$ im Längenmaßstab). (In Abb. 8b ist das Zentrifugalmoment mit einem dicken Strich angegeben.)

Das Zentrifugalmoment $Z_{x'y}$ läßt sich auch als statisches Moment der lotrecht wirkenden w_2'-Gewichte in bezug auf die y'-Achse darstellen; vgl. S. 8:

$$Z_{x'y} = \sum\limits_A^B x_2' \cdot y_0' \, \frac{S}{J} = \underbrace{\sum\limits_A^B \cdot w \cdot y_0' \cdot x_2' = \sum\limits_A^B w_2' \cdot x_2'.}_{\substack{\text{stat. Mom. der } w_2'\text{-Gew.}\\ \text{in bezug auf die } y\text{-Achse.}}}$$

Es empfiehlt sich, das Zentrifugalmoment $Z_{x'y}$ zur Kontrolle auf beide Arten zu berechnen. Abb. 8c und 8d.

Nenner von Y: $E \cdot \delta_{yy} = J_y$. Der Nenner von Y läßt sich als statisches Moment der w_1-Gewichte in bezug auf die y-Achse darstellen. Wir zeichnen für jeden Teil gesondert die Kräftepolygone $9a$ und $9a'$ mit der gleichen Polweite h_y, die wir im übrigen beliebig wählen können, am besten so, daß nachher für die Seilpolygonabschnitte ein einfacher Maßstab entsteht, z. B. hier $h_y = 5000\,\mathrm{m}^{-2}$. Da die w_1-Gewichte der linken Hälfte positiv, diejenigen der rechten Hälfte negativ sind, so ergibt sich für das Seilpolygon die in Abb. 9b gezeichnete Form. Da wir das statische Moment der w_1-Gewichte in bezug auf die Scheitellotrechte zu bilden hatten, so haben wir

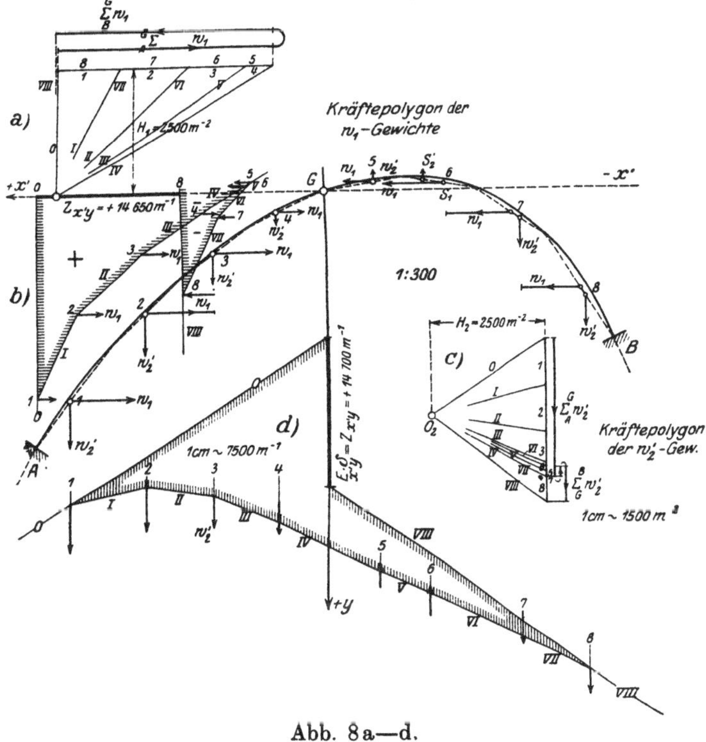

Abb. 8a—d.

die Momentenfläche der in G_1 und G_2 und mit den Gewichten w_1 belasteten, eingespannten Balken bestimmt. Die Summe der Ordinaten der Momentenfläche an der gedachten Einspannstelle ist gleich dem Werte $\sum\limits_{A}^{G} w_1 x_1 + \sum\limits_{B}^{G} w_1 x_1 = J_y$; d. h. gleich dem gesuchten Nenner $E \cdot \delta_{yy}$. Die vom Polygon links und rechts abgeschnittene Strecke auf der y-Achse ist im Maßstab:

$$1\,\mathrm{cm} = 3{,}00\,\mathrm{m} \times 5000\,\mathrm{m}^{-2} = 15000\,\mathrm{m}^{-1}$$

zu messen.

Die Richtung der neuen x-Achse ergibt sich nach der in § 1 angeführten Konstruktion.

Die elastischen Gewichte w_2 in bezug auf die neue Achse berechnen wir der Einfachheit wegen besser analytisch. Natürlich könnte man genau gleich vorgehen wie bei den Gewichten w_2' und wieder mit Hilfe von Kräfte und Seilpolygon, die w_2 graphisch bestimmen. Der Flächeninhalt F_2 der Momentenfläche multipliziert mit dem Gesamtgewicht G würde bei einer Polweite $H = \frac{1}{2} G$ wieder analog:

$$E \cdot \delta_{xx} = J_x = G \cdot F_2 \quad \ldots \ldots \ldots \quad (12\,\mathrm{b})$$

den E-fachen Nenner von X ergeben.

Der Nenner der Bogenkraft X. $E \cdot \delta_{xx} = J_x$ läßt sich als statisches Moment der w_2-Gewichte in bezug auf die x-Achse darstellen; er ist gleich dem zwischen den letzten Seilpolygonseiten auf der x-Achse herausgeschnittenen Stück $\overline{08}$ und im Maßstab:

$$1\,\mathrm{cm} = 3{,}00\,\mathrm{m} \times 1250\,\mathrm{m}^{-2} = 3750\,\mathrm{m}^{-1}$$

zu messen. (Abb. 9 e und 9 f.)

Da der Nenner der Bogenkraft eine wichtige Rolle zur Ermittlung der Temperatur- und Eigengewichtszusatzspannungen spielt. so empfehlen sich die Kontrollen aus Gl. 12 b und der Konstruktion Abb. 5.

Die Einflußlinie für die Gelenkquerkraft Y. Nach den Ausführungen des ersten Abschnittes läßt sich der Zähler von Y, $E\delta_{my}$ als statisches Moment der w_1-Gewichte des Teiles $A - m$ in bezug auf die Wirkungslinie der Kraft $P_m = 1$ deuten. Mit dem Kräftepolygon 9 a bzw. 9 a' zeichnen wir die Momentenlinie 9 b des mit den in den Antipolen S_1 angreifenden, lotrecht wirkenden, elastischen Gewichten w_1 belasteten, in G_1 bzw. G_2 eingespannten Balkens $A G_1$ bzw. $B G_2$. Die unter den Trennungsfugen der Elemente lotrecht gemessenen Ordinaten $E\delta_{my}$ erscheinen im Maßstab:

$$1\,\mathrm{cm} = 3{,}00\,\mathrm{m} \times 5000\,\mathrm{m}^{-2} = 15\,000\,\mathrm{m}^{-1}.$$

Auf der linken Hälfte sind die Ordinaten $E\delta_{my}$ negativ, auf der rechten positiv.

Die Ordinate η_y der Einflußlinie für Y ergibt sich zu

$$Y_{P=1} = \eta_y = -\frac{E \cdot \delta_{my}}{E \cdot \delta_{yy}}.$$

Die Einflußfläche ist im linken Teil positiv, im rechten jedoch negativ.

Da wir $E\delta_{my}$ und J_y mit dem gleichen Kräftepolygon gezeichnet haben, brauchen wir für die Einflußfläche die Werte $E\delta_{my}$ und J_y gar nicht erst umzurechnen, sondern wir wählen den Maßstab der Einflußlinie so, daß die Strecke J_y gleich „Eins" gemacht wird, dann erscheinen die übrigen Ordinaten im Verhältnis $1 = $ Strecke J_y.

1cm= 750 m⁻²
J_x=E·δ_xx=12 000 m⁻¹
1cm=3750 m⁻¹
1:300
1cm~ 15000 m⁻¹
Kontrolle
J_y=62 400 m⁻¹=E·δ_yy
E·δ_yy-fache Y-Linie
h_y=5000 m⁻²
1cm~ 1500 m⁻²
lotr. Bieg.linie infl. Y=1
E·δ_xx-fache X-Linie
1cm~3750 m⁻¹
h_x=1250 m⁻²
lotr. Bieg.linie infl. X=1
E·δ_mx-Linie
h_x=1250 m⁻²
1cm~750 m⁻²
a) b) c) d) e) f) g) h)
a') c')
+x' +x +y -x

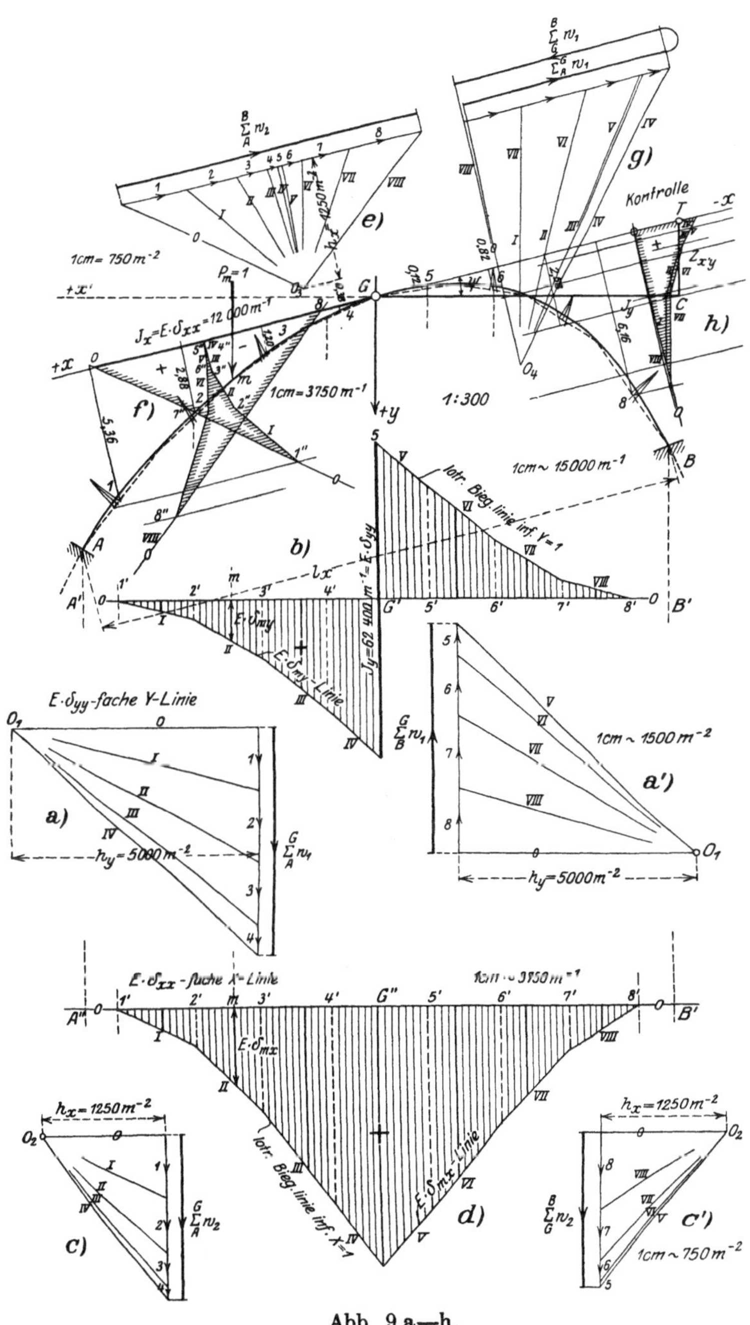

Abb 9 a—h.

Die Einflußlinie für die Bogenkraft X. Der Zähler $E\delta_{mx}$ der Bogenkraft X läßt sich als statisches Moment der, in den Antipolen S_2 angreifenden Gewichte w_2 bezüglich der Wirkungslinie der Kraft $P_m = 1$ darstellen. Wir zeichnen in Abb. 9 c und d wieder das Seilpolygon des in G_1 bzw. G_2 eingespannten und mit den lotrecht wirkenden elastischen Gewichten w_2 belasteten Balken AG_1 und AG_2. Die elastischen Gewichte sind hier überall positiv, die Momente der auskragenden Balken deshalb negativ. Die Ordinaten der Momentenfläche sind gleich $E\delta_{mx}$ und sind im Maßstab:

$$1 \text{ cm} = 3{,}00 \text{ m} \times 1250 \text{ m}^{-2} = 3750 \text{ m}^{-1}$$

zu messen.

Die Bogenkraft X unter der Last $P_m = 1$ ergibt sich aus

$$X_{P_m = 1} = \eta_x = -\frac{E\delta_{mx}}{E\delta_{xx}}.$$

Die Einflußfläche für die Bogenkraft ist hier im ganzen Bezirk positiv. Zeichnen wir $E\delta_{xx}$ und $E\delta_{mx}$ mit der gleichen Polweite h_x, so ergibt sich der Maßstab der Einflußfläche zu:

$$1 = \text{Strecke } E\delta_{xx}.$$

NB.! Als Kontrolle mag gelten, daß sich beide Zweige der Einflußlinie wegen $E\delta_{xy} = Z_{xy} = 0$ unter der Senkrechten durch G in einem Punkt schneiden müssen.

c) Elastische Gewichte w_m, die in den Trennungsfugen der Elemente angreifen[1]).

Die genaue zahlenmäßige Ausrechnung der Einflußlinien mit Hilfe der elastischen Gewichte zweiter Ordnung, die in den Antipolen der Elemente bezüglich der Achsen angreifen, erweist sich wegen der umständlichen Bestimmung der Antipole S_1 und S_2 als unbequem. Ferner sind die Einflußordinaten nur in den Trennungsfugen der Elemente genau.

Diesen Übelständen helfen wir am besten dadurch ab, indem wir an Stelle der in den Antipolen S_1 bzw. S_2 angreifenden elastischen Gewichte w_1 und w_2 deren Teilkräfte in den Trennungsfugen der Elemente wirken lassen.

Die elastischen Gewichte erster und zweiter Ordnung w, w_1 und w_2 hatten sich nach § 1, Gl. 6 nur unter Berücksichtigung des Einflusses der Momente zu

$$w = \frac{s_m}{J_m} \qquad w_1 = w \cdot x_0 = \frac{s_m \cdot M_y}{J_m} \qquad w_2 = w \cdot y_0 = \frac{s_m \cdot M_x}{J_m}$$

---

[1]) Heinr. Müller-Breslau, Statik der Baukonstruktionen II, 2. Verlag Kröner.

ergeben. Hierin bedeutet M das Moment im Schwerpunkt des Elementes. Der Wert $s_m \cdot M$ ist gleich dem Flächeninhalt der einfachen Momentenfläche über dem Stabstück s_m. Denken wir uns die reduzierte Momentenfläche des Stabstückes s_m als Belastungsfläche der Balken $m-1$, m und m, $m+1$, so werden deren Auflagerdrücke nach Abb. 10

$$\mathfrak{A}_m = \frac{2}{3} \cdot \frac{s_{m+1}}{2} \cdot \frac{M_m}{E \cdot J_{m+1}} + \frac{1}{3} \cdot \frac{1}{2} \cdot \frac{s_{m+1}}{E} \cdot \frac{M_{m+1}}{J_{m+1}}$$

$$\mathfrak{B}_m = \frac{2}{3} \cdot \frac{s_m}{2} \cdot \frac{M_m}{E J_m} + \frac{1}{3} \cdot \frac{1}{2} \cdot s_m \cdot \frac{M_{m-1}}{E J_m}.$$

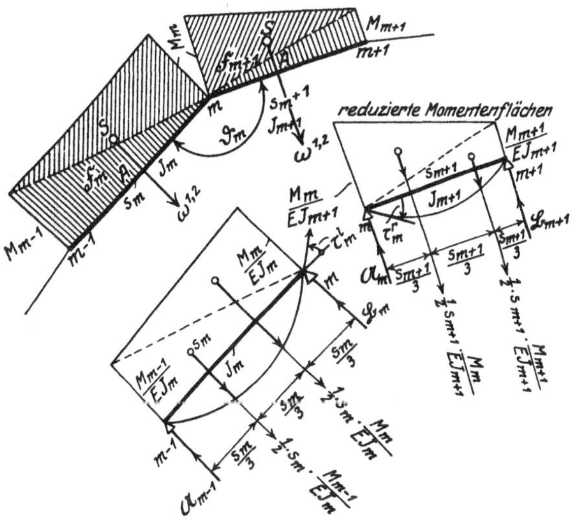

Abb. 10.

Der gesamte Auflagerdruck im Knotenpunkte m ergibt sich nach diesem zu:

$$\underline{w_{m,n}} = (\mathfrak{A}_m + \mathfrak{B}_m)\, E$$

$$= \frac{s_{m+1}}{6\,J_{m+1}}[2\,M_m + M_{m+1}] + \frac{s_m}{6\,J_m} \cdot [2\,M_m + M_{m-1}] \quad . \quad (13)$$

und der von den elastischen Gewichten w_1 in der Fuge m erzeugte Auflagerdruck:

$$w_{m,1} = \frac{s_{m+1}}{6\,J_{m+1}} \cdot [2x_m + x_{m+1}] + \frac{s_m}{6\,J_m} \cdot [2x_m + x_{m-1}]$$

oder mit 6 ausmultipliziert:

und von w_2
$$6\,w_{m,2} = w_{m+1,0} \cdot (2\,y_m + y_{m+1}) + w_{m,0} \cdot (2\,y_m + y_{m-1}),$$
$$6\,w_{m,1} = w_{m+1,0} \cdot (2\,x_m + x_{m+1}) + w_{m,0} \cdot (2\,x_m + x_{m-1})$$
$$\left.\phantom{\begin{matrix}a\\a\end{matrix}}\right\}(14)[1]$$

wenn wir mit:
$$w_{m+1,0} = \frac{s_{m+1}}{J_{m+2}}; \qquad w_{m,0} = \frac{s_m}{J_m}$$

bezeichnen wollen. Hierin sind die $w_{m,0}$-Gewichte die früheren elastischen Gewichte erster Ordnung, wie sie schon in § 1 verwendet wurden. Der Ausdruck (Gl. 13) für das elastische Gewicht, welches am Knoten m eines steifen Stabzuges angreift, ist durch die Änderung des Winkels ϑ_m zwischen den Stabstücken s_m und s_{m+1} dargestellt:
$$w_{m,n} = E \cdot \varDelta \cdot \vartheta_m.$$

Um den Zusammenhang mit den Ausführungen der vorhergehenden Abschnitte nicht zu verlieren, schien es notwendig, diese kleine Ableitung auf einem etwas anderen Wege, als wie dies sonst geschieht, einzuflechten.

Eine Anwendung auf das Beispiel von § 2, b mag die Verwendung in der Praxis zeigen.

Tabelle 1.   Elastische Gewichte $w_{m,0}$; $6\,w_{m,1}$; vgl. Abb. 7.

Fuge	Lamelle	Stablänge s_m	Fugenstärke d_m	b_m	Querschnitt F_m	Trägheitsmoment J_m	El. Gewichte $w_{m,0}=\dfrac{s_m}{J_m}$	$\dfrac{s_m}{F_m}$	x_m	$2\,x_m$	$w_{m,0} \times (2\,x_m + x_{m-1})$	$w_{m+1,0} \times (2\,x_m + x_{m+1})$	$6 \cdot w_{m,1}$
Nr.	Nr.	(m)	(m)	(m)	(m²)	(m⁴)	(m⁻³)	(m⁻³)	(m)	(m)	(m⁻²)	(m⁻²)	(m⁻²)
A									+12,00	+24,00	0		+3860
	1	4,95	0,76	1,00	0,76	0,0422	117	6			+3510	+3860	+8090
I									+9,00	+18,00			
	2	4,10	0,58	1,00	0,58	0,0215	191	7			+4010	+4580	+8170
II									+6,00	+12,00			
	3	3,60	0,53	1,00	0,53	0,0130	277	7			+3320	+4160	+5610
III									+3,00	+6,00			
	4	3,25	0,47	1,00	0,47	0,0085	382	7			+1145	+2290	−120
G									—	—			
	5	3,08	0,47	1,00	0,47	0,0073	422	7			−2530	−1265	−5720
V									−3,00	−6,00			
	6	3,06	0,51	1,00	0,51	0,0115	266	6			−3990	−3190	−8030
VI									−6,00	−12,00			
	7	3,55	0,60	1,00	0,60	0,0185	192	6			−4610	−4040	−8240
VII									−9,00	−18,00			
	8	5,20	0,83	1,00	0,83	0,0430	121	6			−3990	−3630	−3990
B						[1]			−12,00	−24,00		0	

[1] Aus der Trägheitsmomentenkurve Abb. 7a entnommen.

[1] Die genaue Form des elastischen Gewichtes $w_{m,n}$ lautet unter Berücksichtigung von Längs- und Querkräften.

$$w_{m,n} = \left[\frac{M_{m-1} + 2\,M_m}{6\,E\,J_m} \cdot s_m + \frac{M_{m+1} + 2\,M_m}{6\,E\,J_{m+1}} \cdot s_{m+1} \right] + \left[\frac{Q_m}{G \cdot F_m'} + \frac{Q_{m+1}}{G \cdot F_{m'+1}'} \right]$$
$$- \left[\frac{N_m}{E \cdot F_m} + \alpha \cdot t \right] \operatorname{tg} \varphi_m + \left[\frac{N_{m+1}}{E \cdot F_{m+1}} + \alpha \cdot t \right] \operatorname{tg} \varphi_{m+1}$$

oder
$$w_m = \varDelta\,\vartheta_m - \frac{\varDelta\,s_m}{s_m} \cdot \operatorname{tg} \varphi_m + \frac{\varDelta\,s_{m+1}}{s_{m+1}} \cdot \operatorname{tg} \varphi_{m+1}.$$

Tabelle 2. Bestimmung des Achsenwinkels ψ und der Nenner $E\delta_{yy}$ und $E\delta_{xx}$. Vgl. Abb. 7, 8 u. 9.

Fugen Nr.	Lamelle Nr.	El. Gewichte $6 \cdot w_{m,1}$ (m^{-2})	y'_m (m)	$6 w_{m,1} \cdot y'_m$ (m^{-1})	x_m (m)	$6 \cdot w_{m,1} \cdot x_m$ (m^{-1})	$y'_m \cdot \cos\psi$ (m)	$-x_m \cdot \sin\psi$ (m)	y_m (m)	$2 y_m$ (m)	$2 y_m + y_{m-1}$ (m)	$2 y_m + y_{m-1}$ (m)	El. Gewichte $w_{m,0}$ (m^{-3})	$w_{m,0} \times (2 y_m + y_{m-1})$ (m^{-2})	$w_{m+1,0} \times (2 y_m + y_{m+1})$ (m^{-2})	El. Gewichte $6 \cdot w_{m,2}$ (m^{-2})	$6 \cdot w_{m,2} \cdot y_m$ (m^{-1})	$\dfrac{8}{F}$ (m^{-1})
A		+ 3860	+ 10,00	+ 38 600	+ 12,00	+ 46 300	+ 9,74	− 2,70	+ 7,04	+ 14,08						+ 2100	+ 14 790	
	1										+ 14,80	+ 17,96	117	+ 1730	+ 2100			+ 6
I		+ 8090	+ 6,06	+ 49 000	+ 9,00	+ 72 800	+ 5,91	− 2,03	+ 3,88	+ 7,76						+ 3564	+ 13 830	
	2										+ 7,56	+ 9,60	191	+ 1443	+ 1834			+ 7
II		+ 8170	+ 3,27	+ 26 700	+ 6,00	+ 49 000	+ 3,19	− 1,35	+ 1,84	+ 3,68						+ 2623	+ 4840	
	3										+ 3,00	+ 4,26	277	+ 831	+ 1180			+ 7
III		+ 5610	+ 1,28	+ 7200	+ 3,00	+ 16 800	+ 1,25	− 0,67	+ 0,58	+ 1,16						+ 1274	+ 740	
	4										+ 0,58	+ 1,16	382	+ 222	+ 443			+ 7
G		− 120	—	—	—	—	—	—	—	—						+ 289	—	
	5										+ 0,32	+ 0,16	422	+ 135	+ 67			+ 7
V		− 5720	− 0,52	+ 2980	− 3,00	+ 17 200	− 0,51	+ 0,67	+ 0,16	+ 0,32						+ 561	+ 90	
	6										+ 2,72	+ 1,60	266	+ 724	+ 426			+ 6
VI		− 8030	− 0,07	+ 560	− 6,00	+ 48 300	− 0,07	+ 1,35	+ 1,28	+ 2,56						+ 1951	+ 2500	
	7										+ 8,92	+ 6,38	192	+ 1713	+ 1227			+ 6
VII		− 8240	+ 1,84	− 15 170	− 9,00	+ 74 100	+ 1,79	+ 2,03	+ 3,82	+ 7,64						+ 3670	+ 14 000	
	8										+ 20,92	+ 16,19	121	+ 2530	+ 1957			+ 6
B		− 3990	+ 6,00	− 23 940	− 12,00	+ 47 900	+ 5,85	+ 2,70	+ 8,55	+ 17,10						+ 2530	+ 21 620	

$$+125\,040$$
$$-\ 39\,110$$
$$6\,E \cdot \delta_{x'y} = +\ 85\,930 \ \text{m}^{-1}$$

$$+372\,400 \ \text{m}^{-1} = 6\,E \cdot \delta_{yy}, \ \text{Nenner von } Y$$

$$6\,J_x = 6\,\Sigma w_{m,2} \cdot y_m = 72\,410$$
$$= \Sigma \frac{8}{F}$$

$$\operatorname{tang} \psi = \frac{6\,E \cdot \delta_{x'y}}{6\,E \cdot \delta_{yy}} = \frac{+\ 85\,930}{+372\,400} = +\,0{,}2305$$

$$\psi = 13°\,0', \qquad \cos\psi = +\,0{,}9744$$
$$\sin\psi = +\,0{,}2250$$

$$E\,\delta_{xx} = 12\,069 + 52 = +\,12\,121 \ m^{-1} \ \text{Nenner von } X.$$

$$E\,\delta_{yy} = 62\,067 \ \text{m}^{-1} \ \text{Nenner von } Y.$$

(NB. Der Einfluß der Längskräfte ergibt sich zu 4,3⁰/₀₀ von demjenigen der Momente.)

Tabelle 3. Einflußlinie für die Bogenkraft X.

$$6\,E\cdot\delta_{xx} = 72410 + 312 = 72722\ \text{m}^{-1}.$$

Last $P_m=1$ in Fuge	El. Gewicht $6\cdot w_{m,2}$	Q_m	λ_m	$Q_m\cdot\lambda_m$	$\Sigma Q_m\cdot\lambda_m = \overset{m}{\underset{A}{\Sigma}}\, w_{m,2}\cdot(x_m-a)$	$X_{P_m=1} = \dfrac{\Sigma Q_m\cdot\lambda_m}{6\,E\cdot\delta_{xx}}$
	(m^{-2})	(m^{-2})	(m)	(m^{-1})	(m^{-1})	Zahl
A	$+2100$				—	—
		$+2100$	3,00	$+6300$		
I	$+3564$				$+6300$	$+0,087$
		$+5664$	3,00	$+16992$		
II	$+2623$				$+23292$	$+0,321$
		$+8287$	3,00	$+24861$		
III	$+1274$				$+48153$	$+0,662$
		$+9561$	3,00	$+28683$		
G_l	$+289/_2$				$+76836$	$+1,057$
G_r	$+289/_2$				$+76779$	$+1,057$
		$+8712$	3,00	$+26136$		
V	$+561$				$+50643$	$+0,697$
		$+8151$	3,00	$+24453$		
VI	$+1951$				$+26190$	$+0,360$
		$+6200$	3,00	$+18600$		
VII	$+3670$				$+7590$	$+0,104$
		$+2530$	3,00	$+7590$		
B	$+2530$				—	—

(Zu G_l und G_r: $+1,057$ und $+1,057$ } sollen gleich sein.)

Tabelle 4. Einflußlinie für die Gelenkquerkraft Y.

$$6\,E\delta_{yy} = +372400\ \text{m}^{-1}.$$

Last $P_m=1$ in Fuge	El. Gewicht $6\cdot w_{m,1}$	Q_m	λ_m	$Q_m\cdot\lambda_m$	$\Sigma Q_m\cdot\lambda_m = \overset{m}{\underset{A}{\Sigma}}\, w_{m,1}\cdot(x_m-a)$	$Y_{P_m=1} = \dfrac{\Sigma Q_m\cdot\lambda_m}{6\,E\cdot\delta_{yy}}$
	(m^{-2})	(m^{-2})	(m)	(m^{-1})	(m^{-1})	Zahl
A	$+3860$				—	—
		$+3860$	$+3,00$	$+11580$		
I	$+8090$				$+11580$	$+0,031$
		$+11950$	$+3,00$	$+35850$		
II	$+8170$				$+47430$	$+0,127$
		$+20120$	$+3,00$	$+60360$		
III	$+5610$				$+107790$	$+0,289$
		$+25730$	$+3,00$	$+77190$		
G_l	$-120/_2$				$+184980$	$+0,497$
G_r	$-120/_2$		—	—	-187380	$-0,503$
		-25980	$+3,00$	-77940		
V	-5720				-109440	$-0,294$
		-20260	$+3,00$	-60780		
VI	-8030				-48660	$-0,130$
		-12230	$+3,00$	-36690		
VII	-8240				-11970	$-0,032$
		-3990	$+3,00$	-11970		
B	-3990				—	—

(Zu G_l und G_r: $+0,497$ und $-0,503$ } $+1.000$.)

d) Einflußlinien für die Kernmomente.

α) Tabellarische Berechnung der Einflußordinaten für die Biegungsmomente (gewöhnliche Methode).

Nach Abb. 1 erhalten wir für das Biegungsmoment M_k im Kernpunkt k des Eingelenkbogens:

$$M_k = M_{0k} + X \cdot y_k + Y \cdot x_k \quad \ldots \ldots \ldots (15)$$

worin:

M_{0k} das Kernmoment der äußeren Kräfte P_m im statisch bestimmten Hauptsystem,

X, Y die Bogenkraft bzw. Gelenkquerkraft inf. dieser Belastung P_m,

x_k, y_k die Koordinaten des Kernpunktes in bezug auf die Achsen x und y bedeuten.

Wir erhalten die Einflußlinienordinaten des Kernmomentes in k, indem wir die wandernde Last $P_m = 1$ alle Lagen m zwischen A und B einnehmen lassen, in jedem Lastpunkt m das Moment M_{0k} im statisch bestimmten Hauptsystem nach $M_0 = -1 \cdot (x_k - a)$ berechnen (a variabel), aus den Tabellen 3 und 4 für die Einflußlinien für x und y die Einflußwerte bei m entnehmen und dieselben nach Multiplikation mit y_k bzw. x_k zum Moment M_{0k} dem Vorzeichen nach addieren. Diese Methode eignet sich besonders zum maschinellen Rechnen, es ist die gewöhnlich angewandte und soll deshalb hier nicht weiter entwickelt werden.

β) Graphische Methode zur Darstellung der Einflußlinien für die Kernmomente. Verwendung des beidseitig eingespannten Balkens mit Mittelgelenk als Hauptsystem.

Die Berechnung der Einflußordinaten für die Kernmomente nach dem gewöhnlichen Verfahren ist ziemlich zeitraubend. Sind insbesondere die Einflußlinien für X und Y nur graphisch bestimmt worden, wie unter Abschnitt § 2 b gezeigt wurde, oder etwa aus Tabellenwerken, wie sie in Kap. III berechnet werden, entnommen, so wird der Mangel eines raschen, genügend genauen graphischen Verfahrens offenbar.

Um diesem Umstand abzuhelfen, ist vom Verfasser ein neues Verfahren ersonnen worden, das die Darstellung der Einflußlinien auf graphischem Wege ermöglicht.

Wir schreiben Gl. 15 in der Form:

$$M_{k0} = -\underbrace{M_0 + Y \cdot x_k}_{\mathfrak{M}} + X y_{k0} = \mathfrak{M} + X \cdot y_{k0}.$$

$\mathfrak{M}$ ist das Moment im Tragwerk unter Ausschluß der Wirkung der Bogenkraft X.

Wir nennen das Moment $\mathfrak{M} = -M_0 + Y \cdot x_k$ das Balkenmoment; den Wert $X \cdot y_{k0}$ das Bogenmoment[1]). Das Balkenmoment $\mathfrak{M}$ tritt in einem Tragwerk nach Abb. 11, d. h. im Balken mit beidseitig eingespannten Enden und Mittelgelenk auf. Davon ist eine Einspannung, nämlich die von A, eine feste, während das Widerlager B auf horizontaler Verschiebungsbahn beweglich eingespannt ist. Fügen wir am rechten Auflager die statisch nicht bestimmbare Reaktion X unter dem Winkel ψ gegen die Wagerechte an, so entsteht der Eingelenkbogen $A\,G\,B$.

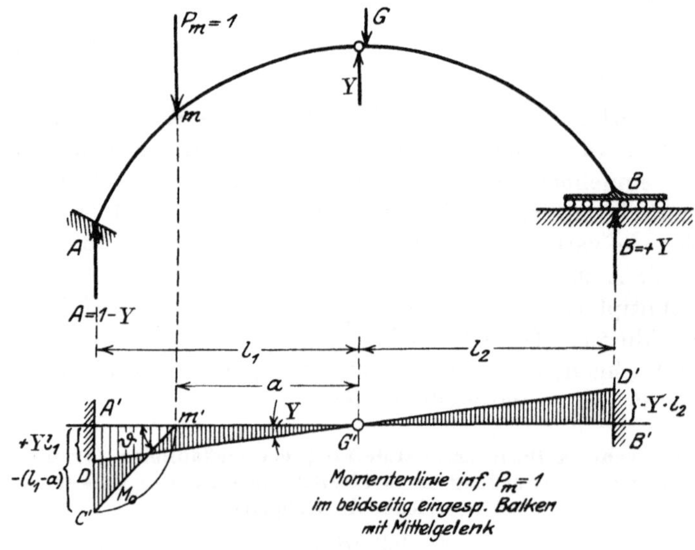

Abb. 11.

Durch Zusammensetzen der Balkenmomente $\mathfrak{M}$ im Eingelenkbalken mit den Bogenmomenten $X \cdot y_{k0}$ erhalten wir die tatsächlichen Momente im Eingelenkbogen.

Im Schnitt m lassen wir die Kraft $P_m = 1$ lotrecht wirken und konstruieren im statisch unbestimmten Hauptsystem (Eingelenkbalken) für diesen Belastungsfall die Momentenfläche. Sie setzt sich zusammen aus der Momentenfläche M_0 des einseitig eingespannten Balkens $A\,G$ inf. $P_m = 1$ lotr. in m und aus derjenigen inf. der Wirkung Y inf. $P = 1$ in m.

a) Die Momentenfläche M_0 inf. $P_m = 1$ allein besteht aus dem

---

[1]) Vgl. Dr. Ing. Max Ritter, Der Vollwand-Bogen.

rechtwinkligen Dreieck $m'A'C'$ mit dem rechten Winkel bei A'. Das Moment in A beträgt:

$$A'C' = -1 \cdot (l_1 - a).$$

Der Winkel bei m' ist konstant und $\operatorname{tg} \vartheta = 1$.

b) Die Momentenlinie inf. $Y_{P_m = 1}$ besteht aus der Geraden $DG'D'$, die durch den Gelenkpunkt geht. Am linken Kämpfer tragen wir das Moment $+Y \cdot l_1 = M_{A,y}$ positiv nach unten auf. (In gleicher Richtung wie vorher das M_0-Moment.)

Der Neigungswinkel der Schlußlinie gegenüber der Horizontalen ergibt sich zu:

$$\operatorname{tg} \gamma = \frac{+Y \cdot l_1}{l_1} = +Y.$$

Diese Relation gestattet eine sehr einfache Konstruktion der Schlußlinien.

„Auf einer Lotrechten im Abstand ‚Eins‘ vom Gelenkpunkt G' trägt man die Werte Y der Reihe nach für jede Laststellung von der Achse $A'B'$ pos. nach unten, negativ nach oben auf, verbindet die Endpunkte mit G' und erhält so alle Schlußlinien."

c) Durch Kombination der Schlußlinie mit der M_0-Fläche erhält man die Momentenfläche im Eingelenkbalken, Abb. 11.

Die vorstehenden Konstruktionen werden für jede neue Laststellung wiederholt.

Will man die Einflußordinaten der Momente in einem größeren Maßstab als dem Längenmaßstab darstellen, so hat man die Ordinaten $\begin{cases} Y \cdot x_k \\ M_0 \end{cases}$ entsprechend zu reduzieren.

d) Die Bogenmomente. Auf einer wagerechten Achse tragen wir von einem Anfangspunkte O aus der Reihe nach alle Einfluß- werte für X als Abszissen auf. Im Abstande „Eins" von O tragen wir auf einer Lotrechten im Moment- enmaßstab die Ordinaten y_k der Kernpunkte k auf und verbinden deren End- punkte mit O. Diese Strahlen schneiden auf den Senkrechten in den Endpunkten der Abszis- sen X die mit y_k multipli- zierten Werte X, d. h. die Bogenmomente, heraus.

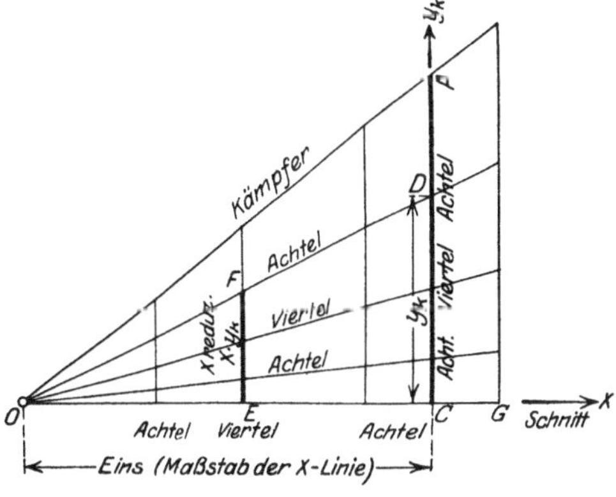

Abb. 12.

Aus der Abbildung 12 heraus liest man ab:

$$\overline{EF}:y_k = X:1$$

$$\text{oder}\quad \overline{EF} = y_k \cdot X.$$

Bogenmomente und Balkenmomente addiert man mit dem Zirkel.

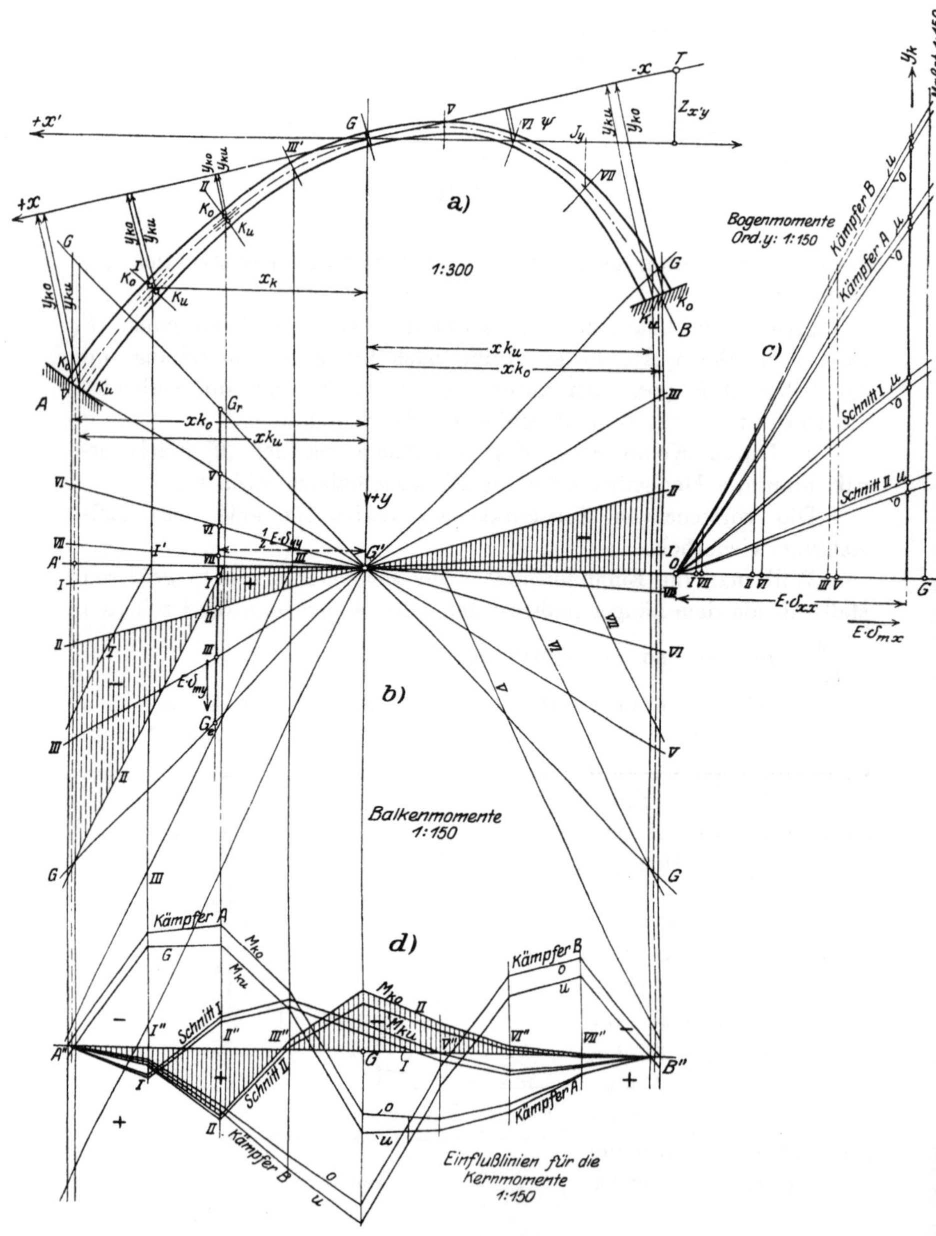

Abb. 13.

Sind die Einflußlinien nicht selbst, sondern nur die Biegungslinien $E\delta_{mx}$ und $E\delta_{my}$ gegeben, wie man sie etwa bei der in § 2b angeführten graphischen Berechnung erhält, so trägt man an Stelle der Werte „Eins" die Strecken für die Nenner $E\delta_{xx}$ und $E\delta_{yy}$ in den Abb. 13b, c auf. Ebenso hat man an Stelle der Werte X und Y die Werte $E\delta_{mx}$ und $E\delta_{my}$ der Biegungslinien aufzutragen.

e) Die Einflußlinien für die Querkräfte.

Aus den Abb. 2, 3 und 6 liest man für die Querkraft im Schnitt $s\,s$ ab:

$$Q = \underbrace{+\,1}_{P_m=1}\cdot\cos\varphi - X\cdot\sin(\varphi-\psi) - Y\cdot\cos\varphi \quad\ldots\quad (16)$$

Diese Gleichung formen wir um in:

$$\frac{Q}{\cos\varphi} = \underbrace{(1-Y)}_{\mathclap{Q\text{ Balkenquerkr. im horiz. Balken}}} - \frac{\sin(\varphi-\psi)}{\cos\varphi}\cdot X.$$

Der erste Ausdruck rechts ist die Querkraft im beidseitig eingespannten Balken.

In Abb. 14d sind die Einflußlinien für die Balkenquerkräfte aufgezeichnet (für Schnitt II schraffiert).

Zu den Balkenquerkräften sind nun noch die Werte $-\dfrac{\sin(\varphi-\psi)}{\cos\varphi}\cdot X$ für jede Laststellung hinzuzufügen, um die Querkräfte im Eingelenkbogen zu erhalten. Zunächst haben wir den Ausdruck $\dfrac{\sin(\varphi-\psi)}{\cos\varphi}$ zu bilden (Abb. 14). Um den Punkt O schlagen wir mit dem Radius 1 den Kreis $C-H$ und ziehen vom Nullpunkt O aus eine Parallele zur x-Achse und zur Tangente im zu untersuchenden Schnitte (hier Kämpfer A); sie schneidet den Kreis in C. Über dem Radius OC als Durchmesser schlagen wir den Halbkreis $CDFO$, dann wird das Stück $CD = 1\cdot\sin(\varphi-\psi)$, das Stück OF jedoch $1\cdot\cos\varphi$. Auf der Lotrechten CF tragen wir von F nach oben den Wert $\sin(\varphi-\psi)$ ab, dann schneidet die Verbindungslinie des Endpunktes E mit O auf der Lotrechten im Abstand 1 von O das Stück:

$$\frac{\sin(\varphi-\psi)}{\cos\varphi}$$

heraus, denn es ist:

$$\overline{JH} : \sin(\varphi-\psi) = 1 : \cos\varphi$$

$$\overline{JH} = \frac{\sin(\varphi-\psi)}{\cos\varphi}.$$

Zur Darstellung des Wertes $\dfrac{\sin(\varphi-\psi)}{\cos\varphi}\cdot X$ dient Abb. c. Man ziehe durch den Ursprung O' eine Parallele zu OE; auf der Wagrechten $O'G$ trage man im Maßstab der Y-Linie die Einflußwerte X der Reihe nach von O' aus nach rechts ab, errichte in den End-

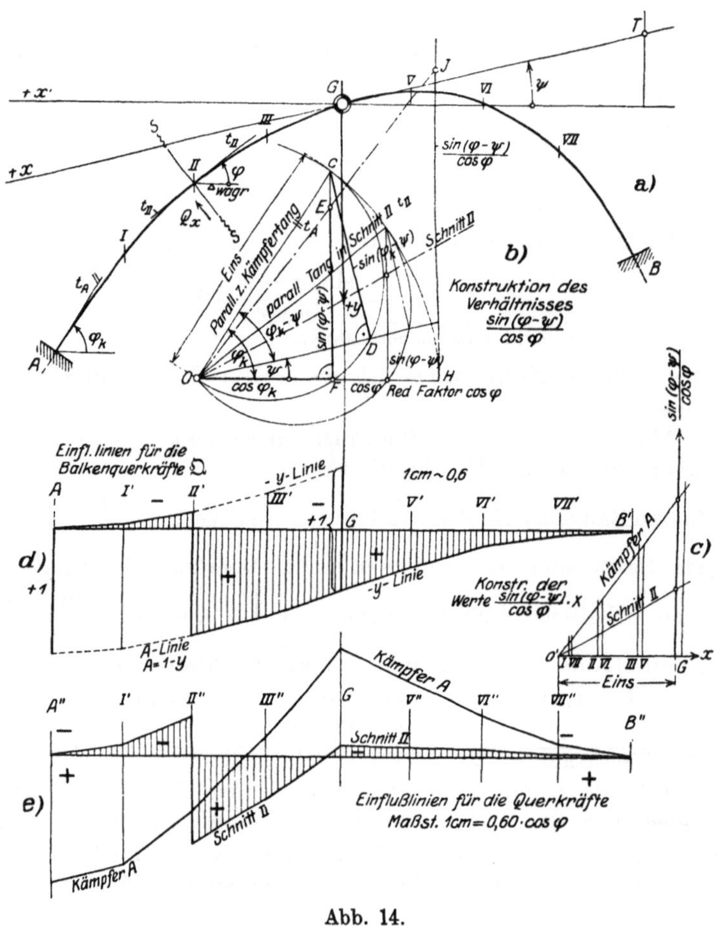

Abb. 14.

punkten die Lote, dann schneidet die Parallele zu OE auf den Loten die Strecke $\dfrac{\sin(\varphi-\psi)}{\cos\varphi}\cdot X$ ab, was aus Abb. c leicht zu beweisen ist.

Für jede Laststellung P_m addiert man mit Hilfe des Zirkels die Ordinaten aus Abb. c und d und erhält die in Abb. e abgebildeten Einflußflächen für die Querkräfte im Maßstabe $+1\cdot\cos\varphi$.

§ 3. Der Einfluß der ständigen Last und des Eigengewichtes.

a) Die Bogenachse fällt mit der Stützlinie aus ständiger Last, welche durch die Schwerpunkte der Kämpferfugen geht, zusammen[1]).

Die Bogenachse, die wir als geometrischen Ort der Querschnittsschwerpunkte definieren wollen, soll zunächst mit der Stützlinie aus ständiger Last (Aufbauten, Fahrbahn usw.) und Eigengewicht des Bogens zusammenfallen.

Wählen wir als statisch bestimmtes Hauptsystem wieder die in A und B einseitig eingespannten Balken AG und BG, so ist das

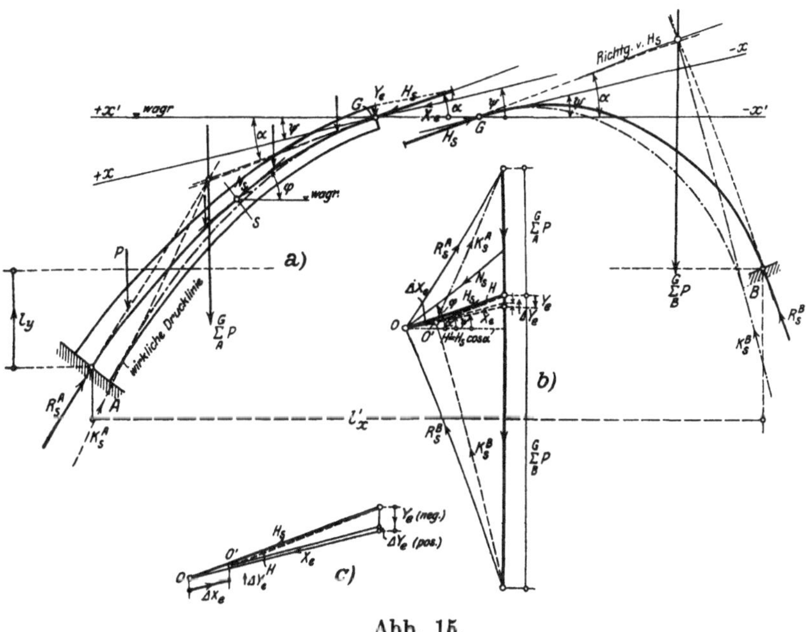

Abb. 15.

Moment M_0 infolge der Lasten P und der im Gelenk unter dem Winkel α gegen die Horizontale wirkenden Gelenkreaktion H_s überall gleich Null, weil das Mittelkraftspolygon eben überall durch die Schwerpunkte der Querschnitte geht. Die Bogenkraft H_s und die Kämpferdrücke R_s würden in einem Dreigelenkbogen AGB entstehen; im wirklichen Fall werden die statisch nicht bestimmbaren Größen nur Ergänzungskräfte sein, um den tatsächlichen Auflagerbedingungen zu genügen; wir bezeichnen sie mit ΔX_e und ΔY_e.

---

[1]) Vgl. Prof. Mörsch, Der eingespannte Bogen.

Im Belastungsfall $X = 0$, $Y = 0$ wird bei dieser Annahme:

$$
\begin{array}{l}
\text{Lasten } P \\
\text{Bogenkr. } H_s
\end{array}
\left\{
\begin{aligned}
M_0 &= 0, \\
N_0 &= -\frac{H_s \cos \alpha}{\cos \varphi} = -\frac{H'}{\cos \varphi} \quad \text{(aus Kräftepolygon 15 b),} \\
Q_0 &= 0.
\end{aligned}
\right.
$$

Im Verschiebungszustand wird

$$
X = 1 \left\{
\begin{aligned}
M_x &= + y \\
N_x &= - 1 \cdot \cos (\varphi - \psi)
\end{aligned}
\right. \qquad Q_x = - 1 \cdot \sin (\varphi - \psi),
$$

$$
Y = 1 \left\{
\begin{aligned}
M_y &= + x \\
N_y &= + 1 \cdot \sin \varphi
\end{aligned}
\right. \qquad Q_y = - 1 \cdot \cos \varphi.
$$

Man erhält deshalb für die statisch nicht bestimmbare Größe ΔX_e wegen $M_0 = 0$, $Q_0 = 0$.

$$
\Delta X_e = - \frac{\displaystyle\int \frac{N_0 N_x}{EF} \cdot ds}{\delta_{xx}} = - \frac{1}{\delta_{xx}} \cdot \int \frac{H'}{\cos \varphi} \cdot \frac{\cos (\varphi - \psi)}{EF} \cdot ds,
$$

setzen wir hierin

$$
ds \cdot \cos (\varphi - \psi) = dx,
$$

$$
F \cdot \cos \varphi = F_s \quad \text{(Scheitelquerschnitt),}
$$

so wird

$$
\Delta X_e = - \frac{H'}{E \delta_{xx} \cdot F_s} \cdot \int_A^B dx = - \frac{H'}{E \delta_{xx}} \cdot \frac{l_x}{F_s} = - \frac{H_s \cdot \cos \alpha}{E \delta_{xx}} \cdot \frac{l_x}{F_s} \quad (17)
$$

$l_x =$ in Richtung der x-Achse gemessene Spannweite.

Für die Gelenkquerkraft findet man

$$
\Delta Y_e = - \frac{1}{\delta_{yy}} \cdot \left\{ \int \frac{N_0 N_y}{E \cdot F} \cdot ds \right\} = - \frac{1}{\delta_{yy}} \cdot \int \left(-\frac{H'}{\cos \varphi} \right) \cdot (+ \sin \varphi) \cdot \frac{ds}{EF}
$$

$$
= + \frac{H'}{E \cdot \delta_{yy}} \cdot \int_A^B \frac{\sin \varphi}{\cos \varphi} \cdot \frac{ds}{F} \quad \text{und wegen} \quad
\begin{aligned}
\sin \varphi \cdot ds &= dy \\
F \cdot \cos \varphi &= F_s,
\end{aligned}
$$

$$
\Delta Y_e = + \frac{H'}{\delta_{yy}} \cdot \frac{l_y}{E \cdot F_s} = + \frac{H_s \cos \alpha}{E \cdot \delta_{yy}} \cdot \frac{l_y}{F_s} \quad \ldots \ldots (18)
$$

Für gleich hoch liegende Kämpfer wird wegen $l_y = 0$ $\Delta Y_e = 0$. Dieses Glied ist gewöhnlich sehr klein.

Führen wir noch die Abkürzung

$$\mu = \frac{\sum\limits_{A}^{B} \frac{s}{F}}{N} = \sim \frac{\frac{l_x}{F_s}}{N} \quad\ldots\ldots\ldots\ldots (19)^1)$$

ein, so erhalten wir für den Nenner von X:

$$E \cdot \delta_{xx} = N + \frac{l_x}{F_s} = N \cdot (1 + \mu) \quad\ldots\ldots\ldots (20)$$

und somit für:

$$\Delta X_e = - \frac{\mu}{1 + \mu} \cdot H_s \cdot \cos \alpha,$$

oder da im allgemeinen μ klein gegen 1 ist, genau genug:

$$\Delta X_e = - \mu \cdot H_s \cdot \cos \alpha \quad\ldots\ldots\ldots (17\,\mathrm{a})$$

NB. Bei Kastenträgern wird μ im Vergleich zu 1 verhältnismäßig groß und darf in diesem Fall im Nenner nicht vernachlässigt werden!^{2})

Kennen wir nach einer dieser Formeln die Zusatzkräfte aus Eigengewicht, so läßt sich die wirkliche Drucklinie aufzeichnen. In Abb. 15c ist die Gelenkreaktion H_s als Resultierende der Bogenkraft X_e und der Gelenk-Querkraft Y_e aufgetragen. Von X_e ist die Zusatzkraft ΔX_e abzuziehen, ebenso von Y_e das pos. ΔY_e. Die Kräfte $X_e - \Delta X_e$ und $Y - \Delta Y_e$ setzen wir zur wirklichen Gelenkreaktion H zusammen. Die Lage des neuen Pols O' für die wirkliche Drucklinie erhält man, indem man vom alten Pol O in Richtung $-x$ den Wert $-\Delta X_e$ abträgt und in dessen Endpunkt ΔY_e pos. nach oben anfügt; der Endpunkt von ΔY_e ist der gesuchte neue Pol O'. Mit O' zeichnet man das neue Kräftepolygon mit den Kämpferreaktionen K_s^A und K_s^B (Abb. b). Der Schnitt der wirklichen Bogenkraft H mit den Resultierenden $\sum\limits_{A}^{G} P$ und $\sum\limits_{B}^{G} P$ ergibt die Lage der neuen Kämpferdrücke K_s^A und K_s^B (Abb. a).

b) Die Bogenachse fällt mit der Stützlinie aus ständiger Last nicht zusammen.

Wir verwenden mit Vorteil wieder das im vorigen Abschnitt dargestellte Hauptsystem. Im Schnitt $s's'$ soll die lotrechte Abweichung der Stützlinie η betragen, dann wird sie im Schnitt ss (Abb. 16c) $\eta \cdot \cos \varphi$.

---

^{1}) Hierin bedeutet N den früheren Wert J_x wie auf Seite 9.
^{2}) Vergleiche Tafel I und Figur Tafel III.

Im Belastungszustand $X = 0$, $Y = 0$, P_m, H_s wird:

$$\begin{cases} \text{Moment:} & \curvearrowleft M_0 = + N_s \cdot \eta \cdot \cos\varphi = + H' \cdot \eta = + H_s \cdot \cos\alpha \cdot \eta, \\[2mm] \text{Längskr.:} & N_0 = - N_s = - \dfrac{H'}{\cos\varphi} = - \dfrac{H_s \cos\alpha}{\cos\varphi}, \\[2mm] \text{Querkr.:} & Q_0 = + N_s \sin(\varphi - \varphi') = \sim 0. \end{cases}$$

Im Verschiebungszustand haben wir wieder:

$$\begin{array}{cc} X = 1 & Y = 1 \\ \begin{cases} M_x = + y \\ N_x = - 1 \cdot \cos(\varphi - \psi) \end{cases} & \begin{cases} M_y = + x \\ N_y = + 1 \cdot \sin\varphi. \end{cases} \end{array}$$

Für die statisch nicht bestimmbaren Zusatzkräfte $\varDelta X_s$ und $\varDelta Y$ erhalten wir:

$$\varDelta X_s = - \frac{1}{\delta_{xx}} \cdot \left\{ \int_A^B \frac{M_0 M_x}{E \cdot J} \cdot ds + \int_A^B \frac{N_0 N_x}{E \cdot F} \cdot ds \right\}$$

$$= \underbrace{- \frac{1}{\delta_{xx}} \cdot \int_A^B \frac{H' \cdot \eta \cdot y}{E \cdot J} \cdot ds}_{\varDelta X_\eta} \underbrace{- \frac{1}{\delta_{xx}} \cdot \int_A^B \frac{H'}{\cos\varphi} \cdot \frac{\cos(\varphi - \psi)}{E \cdot F} \cdot ds}_{\varDelta X_e = - \mu \cdot H_s \cdot \cos\alpha}$$

$$\varDelta Y_s = - \frac{1}{\delta_{yy}} \cdot \left\{ \int_A^B \frac{M_0 M_y}{EJ} \cdot ds + \int_A^B \frac{N_0 N_y}{EF} \cdot ds \right\}$$

$$= \underbrace{- \frac{1}{\delta_{yy}} \cdot \int_A^B \frac{H' \cdot \eta \cdot x}{E \cdot J} \cdot ds}_{\varDelta Y_\eta} \underbrace{+ \frac{1}{\delta_{yy}} \cdot \int_A^B \frac{H' \cdot \sin\varphi}{\cos\varphi} \cdot \frac{ds}{E \cdot F}}_{\varDelta Y_e = + \frac{H_s \cos\alpha}{E \cdot \delta_{yy}} \cdot \frac{l_y}{F_s}}$$

Den Gesamteinfluß der ständigen Last und des Eigengewichtes können wir in der Form darstellen:

$$\left. \begin{array}{l} \varDelta X_s = \varDelta X_e + \varDelta X_\eta \\ \varDelta Y_s = \varDelta Y_e + \varDelta Y_\eta \end{array} \right\} \quad \cdot \cdot \cdot \cdot \cdot \cdot \cdot \quad (21)$$

In Gl. 21 haben wir die ersten Glieder, nämlich $\varDelta X_e$ und $\varDelta Y_e$, die nur von der Zusammendrückung der Bogenachse herrühren, bereits unter § 3a berechnet, so daß hier einzig der Einfluß der Exzentrizität der Stützlinie untersucht werden soll.

$$\Delta X_\eta = -\frac{H'}{E\cdot\delta_{xx}}\cdot\int_A^B \eta\,\underbrace{\boxed{\frac{y\cdot ds}{J}}}_{dw_2} = -\frac{H'}{E\cdot\delta_{xx}}\cdot\sum_A^B \eta_2\cdot w_2$$

$$\Delta Y_y = -\frac{H'}{E\cdot\delta_{yy}}\cdot\int_A^B \eta\,\underbrace{\boxed{\frac{x\cdot ds}{J}}}_{dw_1} = -\frac{H'}{E\cdot\delta_{yy}}\cdot\sum_A^B \eta_1\cdot w_1$$

$$\left.\phantom{\begin{array}{c}1\\1\end{array}}\right\}\quad .\ .\,(22)$$

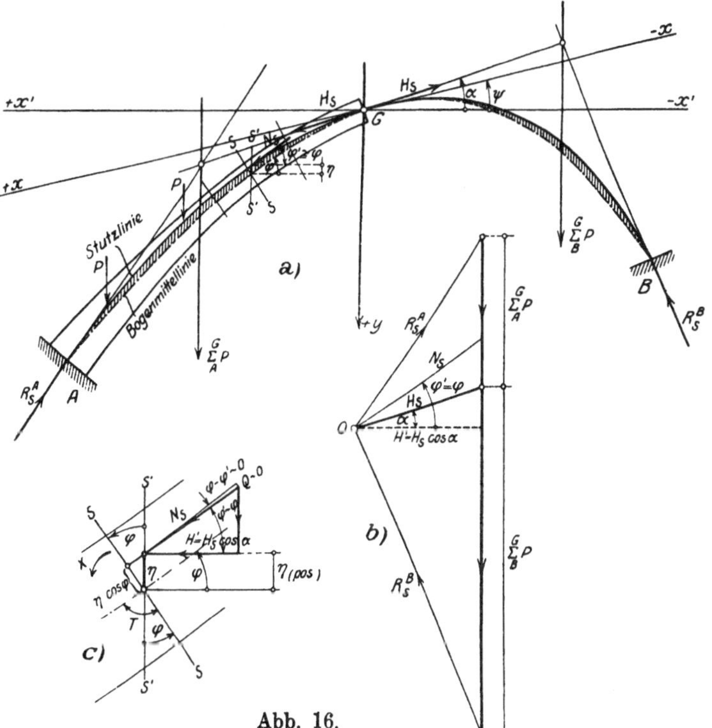

Abb. 16.

worin $H' = H_s\cdot\cos\alpha$ Horizontalkomponente des Bogenschubes aus ständiger Last, im Dreigelenkbogen $A\,G\,B$,

$\quad E\cdot\delta_{xx},\ E\cdot\delta_{yy}$ E-facher Nenner von X bzw. Y,

$\quad\quad\quad\eta$ lotr. Abweichung der Stützlinie (positiv, wenn die Stützlinie über der Bogenmittellinie liegt),

$\quad w_2, w_1,$ elast. Gewichte zweiter Ordnung sind.

Die Ausdrücke Gl. 22 lassen sich leicht tabellarisch berechnen.

Graphische Berechnung der Zähler von ΔX_η und ΔY_η.

Zur graphischen Darstellung eignen sich die Summenausdrücke Gl. 22 nicht, und wir haben deshalb den Zählerausdruck Gl. 22 zuerst geeignet umzuformen.

Zähler von ΔX_η:

$$\int_A^B y \cdot \eta \cdot \frac{ds}{J} = \sum_A^B y \cdot \eta \cdot \boxed{\frac{s}{J}} = \sum_A^B y \cdot \eta \cdot w,$$

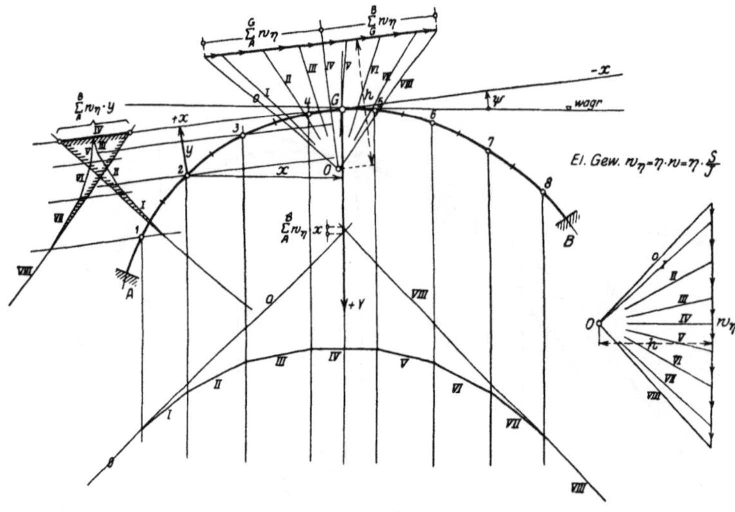

Abb. 17.

oder, wenn wir das elastische Gewicht

$$\eta \cdot w = w_\eta$$

einführen,

$$\sum_A^B \cdot y \cdot \eta \cdot w = \sum_A^B w_\eta \cdot y. \quad \begin{cases}\text{Statisches Moment der } w_\eta\text{-Gew.}\\ \text{in bezug auf die } x\text{-Achse}\end{cases}$$

$$\Delta X_\eta = -\frac{H'}{E \cdot \delta_{xx}} \cdot \sum_A^B w_\eta \cdot y$$

und entsprechend

$$\left. \right\} \quad \ldots \ldots (23)[1]$$

$$\Delta Y_\eta = -\frac{H}{E \cdot \delta_{yy}} \cdot \sum_A^B w_\eta \cdot x.$$

----

[1] Die x und y sind die Koordinaten der auf die Achsen projizierten Schwerpunkte der $\eta \cdot \dfrac{ds}{J}$ Flächen.

Die Ausdrücke $\sum\limits_A^B w_\eta \cdot y$ bzw. $\sum\limits_A^B w_\eta \cdot x$ lassen sich als statische Momente der w_η-Gewichte in bezug auf die x- bzw. y-Achse mit Hilfe von Kräfte und Seilpolygon zeichnen (Abb. 17).

§ 4. Einfluß von Temperaturänderungen.

Gleichmäßige Temperaturänderung und Schwinden.

Aus der allgemeinen Arbeitsgleichung erhält man für

$$X_t = -\frac{\delta_{xt}}{\delta_{xx}} = -\frac{1}{\delta_{xx}} \cdot \int_A^B N_x \cdot \alpha \cdot t^0 \cdot ds.$$

$$Y_t = -\frac{\delta_{yt}}{\delta_{yy}} = -\frac{1}{\delta_{yy}} \cdot \int_A^B N_y \cdot \alpha \cdot t^0 \cdot ds.$$

Hierin bedeuten: $N_x = -1 \cdot \cos(\varphi - \psi)$ Längskr. inf. $X = 1$,
$N_y = +1 \cdot \sin\varphi$ $Y = 1$,
α Ausdehnungskoeffizient,
t^0 Temperaturänderung. Gleichmäßige Erwärmung des ganzen Bogens.

$$\delta_{xt} = \int_A^B N_x \cdot \alpha \cdot t^0 \cdot ds = -\alpha \cdot t^0 \cdot \int_A^B \underbrace{\cos(\varphi - \psi) \cdot ds}_{dx} = -\alpha \cdot t^0 \cdot l_x$$

$$\delta_{yt} = \int_A^B N_y \cdot \alpha \cdot t^0 \cdot ds = +\alpha \cdot t^0 \cdot \int_A^B \underbrace{\sin\varphi \cdot ds}_{dy} = +\alpha \cdot t^0 \cdot l_y,$$

worin $l_x =$ in Richtung der x-Achse gemessene Spannweite,
$l_y =$ Höhenunterschied der Kämpfer.

$$X_t = +\frac{\alpha \cdot t^0 \cdot l_x}{\delta_{xx}}; \qquad Y_t - \frac{\alpha \cdot t^0 \cdot l_y}{\delta_{yy}}. \quad \ldots \quad (24)$$

Bei gleich hohen Kämpfern verschwindet wegen $l_y = 0$: Y_t.

Kämpfer gleich hoch, Bogen jedoch unsymetrisch.

$$X_t = +\frac{\alpha \cdot t^0 \cdot l_x}{\delta_{xx}}; \quad Y_t = 0. \quad \ldots \ldots \quad (24\,\text{a})$$

Für die Temperaturänderung t^0 können nach neuesten Messungen für Mitteleuropa $\pm 15^0$ C eingesetzt werden[1][2][3]).

---

[1]) Walnut Lane Bridge, Transactions of the American Soc. of. Civil Engineers 1909, 65.

[2]) H. Schürch, Der Talübergang von Langwies. Sonderabdruck aus dem Arm. Beton. 1914.

[3]) Gehler, Der Rahmen. 1919. Wilhelm Ernst & Sohn. Berlin.

Das Schwinden ist einem Temperaturabfall von 20^0 gleichzusetzen. Nach schweiz. Vorschriften kann dieser Wert bei abschnittweisem Betonieren auf 10^0 ermäßigt werden, wenn die Fugen nicht vor 14 Tagen geschlossen werden:

$$20^0 \text{ Schwinden:} \qquad 0{,}25 \text{ mm/m} \qquad t/m^2$$

$$\left. \begin{aligned}
X_{\text{Schw.}} &= - \frac{\boxed{\alpha \cdot 20^0} \cdot l_x}{\delta_{xx}} = - \frac{2\,000\,000 \cdot 0{,}00025 \cdot l_x}{E \cdot \delta_{xx}} \\[2mm]
&= - \frac{500 \cdot l_x}{E \cdot \delta_{xx}} \\[2mm]
Y_{\text{Schw.}} &= + \frac{500 \cdot l_y}{E \cdot \delta_{yy}} \, .
\end{aligned} \right\} \quad \dots \ (25)$$

Die Spannungen aus Schwinden und der Zusatzkraft $\varDelta X_e$ inf. Eigengewicht addieren sich beim Stützliniengewölbe in ungünstiger Weise. Die Fasern der oberen Leibung werden gezogen, diejenigen der untern gedrückt.

§ 5. Berücksichtigung eventueller Widerlagerbewegungen.

Nach Gl. 1a ergeben sich die statisch nicht bestimmbaren Größen inf. einer Auflagerbewegung allein zu:

$$X_v = + \frac{L_x}{\delta_{xx}}, \quad Y_v = + \frac{L_y}{\delta_{yy}},$$

worin L_x, L_y die virtuelle Arbeit der Auflagerkräfte inf. $X = 1$ bezw. $Y = 1$ im stat. best. Hauptsystem bedeuten.

Durch Feinmessungen wurden festgestellt:

am Widerlager A: Verschiebung in Richtung der x-Achse: $\varDelta l_1$

$\leftarrow \varDelta l_1$: pos. im Sinne einer Spannweitenvergrößerung,

$\downarrow \delta_A$: lotrechte Einsenkung des Auflagerpunktes A,

$\curvearrowright \tau_1$: Verdrehung des Widerlagers,

am Widerlager B: $\varDelta l_2$: $\rightarrow$

$\delta_B \quad \downarrow$

$\tau_2 \quad \curvearrowleft$

$$L_x = -1(\varDelta l_1 + \varDelta l_2) - \delta_A \cdot \sin\psi \qquad L_y = +1 \cdot \varDelta l_1 \cdot \sin\psi + 1 \cdot \varDelta l_2 \cdot \sin\psi$$
$$+ \delta_B \sin\psi + 1 \cdot y_A \cdot \tau_1 + 1 \cdot y_B \cdot \tau_2 \qquad + 1 \cdot (\delta_A - \delta_B) + 1 \cdot l_1 \cdot \tau_1 - 1 \cdot l_2 \cdot \tau_2$$

$$\varDelta l_1 + \varDelta l_2 = \varDelta l$$
$$\delta_A - \delta_B = \delta$$

$$L_x = -\varDelta l - \delta \cdot \sin\psi \qquad\qquad L_y = +\varDelta l \cdot \sin\psi + \delta$$
$$+ (y_A \tau_1 + y_B \cdot \tau_2) \qquad\qquad + (l_1 \tau_1 - l_2 \tau_2).$$

a) **Nur Spannweitenvergrößerung** Δl:

$$X_v = -\frac{\Delta l}{\delta_{xx}}; \quad Y_v = +\frac{\Delta l}{\delta_{yy}} \cdot \sin \psi \quad \text{(klein)}.$$

b) **Nur ungleiche Setzung** δ:

$$X_v = -\frac{\delta}{\delta_{xx}} \cdot \sin \psi; \quad Y_v = +\frac{\delta}{\delta_{yy}}.$$

c) **Nur Kämpferdrehungen** τ_1 und τ_2 $\quad l_1 = l_2 = \dfrac{l}{2}$.

$$X_v = +\frac{y_A \cdot \tau_1 + y_B \cdot \tau_2}{\delta_{xx}}; \quad Y_v = +\frac{l}{2} \cdot \frac{(\tau_1 - \tau_2)}{\delta_{yy}}.$$

$$\left.\vphantom{\begin{array}{c}1\\2\\3\\4\\5\\6\\7\end{array}}\right\} \quad . \ . \ (26)$$

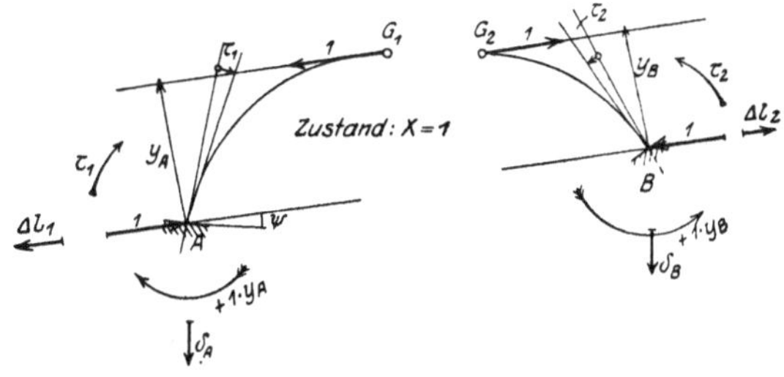

Abb. 18a.

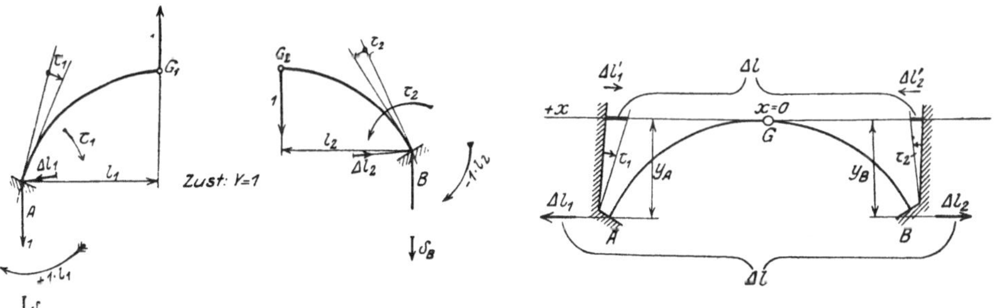

Abb. 18b.   Abb. 18c.

Wann verschwindet X_v? In diesem Falle muß bei gleicher Setzung $\delta_A = \delta_B$ beider Widerlager:

$$-\Delta l + (y_A \cdot \tau_1 + y_B \cdot \bar{\tau}_2) = 0$$

sein.

Nach Abb. 18c ist:

$$\begin{array}{r}
\tau_1 \cdot y_A = \Delta l_1' \\
\tau_2 \cdot y_B = \Delta l_2' \\
\hline
\tau_1 \cdot y_A + \tau_2 \cdot y_B = \Delta l_1' + \Delta l_2' = \Delta l'
\end{array}$$

Erleiden im Eingelenkbogen die Widerlager solche Verschiebungen, daß die Spannweite in Höhe der x-Achse unverändert bleibt, so verschwindet der Horizontalschub X_v.[1]

Ist insbesondere etwa $\tau_1 = \tau_2$; $\sin \psi = 0$, so verschwinden für diesen Fall die Zusatzspannungen überhaupt.

Die Widerlagerverdrehungen werden am besten mit Hilfe eingebauter Klinometer bestimmt.

§ 6. Die Wirkung wagrechter Belastungen. Bremskraft.

a) Wandernde Last $T_m = 1$; an der Bogenachse angreifend.

Im statisch bestimmten Hauptsystem erhält man (Abb. 19):

$$\text{Last } T_m = 1 \atop \text{parallel } x\text{-Achse} \left\{ \begin{aligned} M_0 &= + (y - b) \cdot 1, \\ N_0 &= - 1 \cdot \cos(\varphi - \psi), \\ Q_0 &= - 1 \cdot \sin(\varphi - \psi). \end{aligned} \right.$$

Mit diesen Werten erhalten wir für die Zähler der statisch nicht bestimmbaren Größen:

$$E \cdot \delta_{mx} = \int_A^m \frac{(y - b) \cdot y}{J} \cdot ds + \int_A^m \cos^2(\varphi - \psi) \cdot \frac{ds}{F}$$

$$+ \int_A^m \sin^2(\varphi - \psi) \cdot \frac{E \cdot ds}{G F'} = + \underbrace{\sum_A^m (y_2 - b) \cdot w_2}_{\substack{\text{Statisches Moment d.} \\ w_2\text{-Gew. in bezug auf} \\ \text{eine zur } x\text{-Achse Par-} \\ \text{allele durch } m}} + \ldots + \ldots$$

$$E \cdot \delta_{my} = + \int_A^m (y - b) \cdot \frac{x \cdot ds}{J} - \int_A^m \cos(\varphi - \psi) \cdot \sin \varphi \cdot \frac{ds}{F}$$

$$+ \int_A^m \cos \varphi \cdot \sin(\varphi - \psi) \cdot \frac{E \cdot ds}{G F'}$$

$$= + \underbrace{\sum_A^m (y_1 - b) \cdot w_1}_{\substack{\text{Statisches Moment d.} \\ w_1\text{-Gew. in bezug auf} \\ \text{eine zur } x\text{-Achse Par-} \\ \text{allele durch } m}} - \ldots + \ldots$$

$$\left. \right\} \quad (27)$$

---

[1] Für die Schätzung der Spannweitenvergrößerung $\varDelta l$ ist man nur auf Vermutungen angewiesen. Bei der neuen Hinterkappelenbrücke bei Bern betrug in schlechtem Baugrund $\varDelta l = 6^1/_2$ mm entsprechend $\frac{1}{7000} \cdot l$. Dr. Ing. Kollmar nimmt den Wert $\varDelta l = {}^1/_{1000}\, l$ an.

Die Summen auf der rechten Seite lassen sich als statische Momente der Gewichte zweiter Ordnung in bezug auf die zur x-Achse parallele Gerade durch m mit Hilfe von Seilpolygonen, wie unter § 2 b gezeigt wurde, darstellen. Abb. 9 e und f für $E\delta_{mx}$, g und h für $E\delta_{my}$.

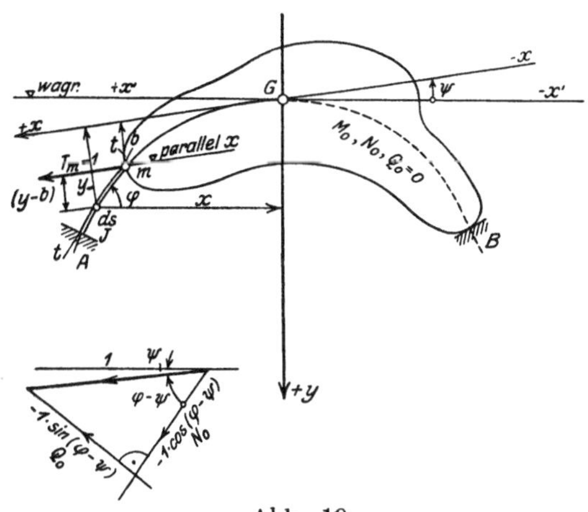

Abb. 19.

Die Einflußordinaten für die statisch nicht bestimmbaren Größen ergeben sich zu:

$$
\begin{aligned}
T_{m=1} &= -\frac{\displaystyle\sum_{A}^{m}(y_2 - b)\cdot w_2 + \sum_{A}^{m}\frac{s}{F}\cdot\cos^2(\varphi - \psi) + \sum_{A}^{m}\frac{E\,s}{G\,F''}\cdot\sin^2(\varphi - \psi)}{\displaystyle\sum_{A}^{B}y_2\cdot w_2 + \sum_{A}^{B}\frac{s}{F}\cdot\cos^2\cdot(\varphi - \psi) + \sum_{A}^{B}\frac{E\,s}{G\,F'}\cdot\sin^2(\varphi - \psi)} \\[2mm]
&= -\frac{Z_{mx} + \ldots + \ldots}{J_x + \dfrac{l_x}{F_s} + \ldots} \\[4mm]
T_{m=1} &= -\frac{\displaystyle\sum_{A}^{m}(y_1 - b)\cdot w_1 - \sum_{A}^{m}\frac{s}{F}\cdot\cos(\varphi - \psi)\sin\varphi + \sum_{A}^{m}\frac{E\,s}{G\,F'}\cdot\cos\varphi\sin(\varphi - \psi)}{\displaystyle\sum_{A}^{B}w_1\cdot x_1 + \sum_{A}^{B}\frac{s}{F}\cdot\sin^2\varphi + \sum_{A}^{B}\cos^2\varphi\cdot\frac{E\,s}{G\,F'}} \\[2mm]
&= -\frac{Z_{my} - \ldots + \ldots}{J_y + \ldots +}
\end{aligned}
\tag{28}
$$

Die Einflußlinien haben die in Abb. 20 gezeichnete Gestalt:
Zur besseren Übersicht sind die Ordinaten lotrecht anstatt wagrecht, wie in Abb. 9 f und h, abgetragen worden.

Im Teil AG ist die X-Fläche negativ, weil sowohl M_0 als auch M_x pos. sind, im Teil BG wird X hingegen positiv, weil M_0 neg. und M_x pos. sind. Die Y-Fläche ist im ganzen Gebiet negativ, denn auf der linken Hälfte sind M_0 pos M_y pos. und auf der rechten Seite M_0 neg. M_y neg. δ_{my} ist deshalb überall positiv, weswegen Y neg. wird. Wie aus Gl. 27 leicht einzusehen ist, folgt die in Abb. 20 eingetragene Einflußordinate für Y, im Gelenk G wegen $b=0$ zu:

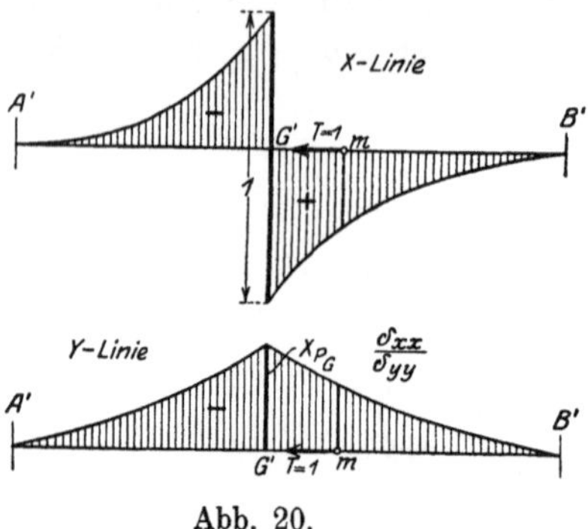

Abb. 20.

$$\underset{T=1}{E\cdot\delta_{gy}} = + \int\limits_A^G y\cdot x\cdot\frac{ds}{J} - \dots + \dots = \underset{P=1}{- E\cdot\delta_{gx}}$$

weshalb

$$Y_{T_G=1} = - X_{P_G=1}\cdot\frac{\delta_{xx}}{\delta_{yy}}.$$

b) Wanderndes Moment $\pi_m = 1$.

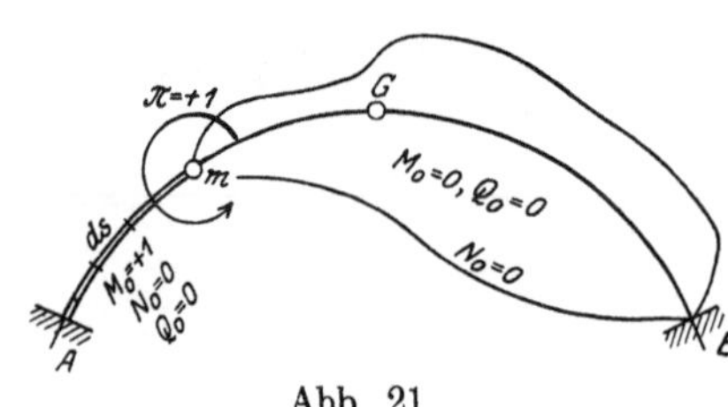

Abb. 21.

Im statisch bestimmten Hauptsystem (Balken AG und BG) sind alle Querschnitte rechts von m spannungslos.

Zwischen A und m, B und m' ist:

<table>
<tr><td rowspan="3">Lasten:
Moment $\pi=1$</td><td colspan="2" align="center">Teil AG belastet</td><td align="center">Teil BG belastet</td></tr>
<tr><td>$M_0 = \pi = +1$</td><td></td><td>$M_0 = \pi = -1$</td></tr>
<tr><td>$N_0 = \qquad 0$
$Q_0 = \qquad 0$</td><td></td><td>$N_0,\ Q_0 = 0$</td></tr>
</table>

$$\text{Zustand: } X = 1; \quad M_x = +y,$$
$$Y = 1; \quad M_y = +x,$$

somit wird:

$$X_{\pi m} = -\frac{1}{\delta_{xx}} \cdot \int_A^m M_0 M_x \cdot \frac{ds}{EJ}$$

$$= -\frac{1}{E \cdot \delta_{xx}} \cdot \int_A^m 1 \cdot y \frac{ds}{J} = -\frac{1}{E \cdot \delta_{xx}} \cdot \sum_A^m y_0 \boxed{\frac{s}{J}}_w = -\frac{1}{E \cdot \delta_{xx}} \cdot \sum_A^m w_2$$

$$\underbrace{\qquad\qquad}_{\substack{\text{Statisches Mo-}\\\text{ment d. } w\text{-Gew.}\\\text{des Teils } A\,m \text{ in}\\\text{bezug auf die}\\x\text{-Achse}}} \qquad \underbrace{\qquad}_{\substack{\text{Querkraft}\\\text{d. } w_2\text{-Gew.}\\\text{im}\\\text{Schnitt } m}}$$

Teil AG belastet.

$$Y_{\pi m=1} = -\frac{1}{E \cdot \delta_{yy}} \cdot \int_A^m 1 \cdot x \frac{ds}{J} = -\frac{1}{E \cdot \delta_{yy}} \cdot \sum_A^m x_0 \boxed{\frac{s}{J}}_w = -\frac{1}{E \cdot \delta_{yy}} \cdot \sum_A^m w_1$$

$$\underbrace{\qquad\qquad}_{\substack{\text{Statisches Mo-}\\\text{ment d. } w\text{-Gew.}\\\text{des Teils } A\,m \text{ in}\\\text{bezug auf die}\\y\text{-Achse}}} \qquad \underbrace{\qquad}_{\substack{\text{Querkraft}\\\text{d. } w_1\text{-Gew.}\\\text{im}\\\text{Schnitt } m}}$$

$$\left. \qquad\qquad\qquad\qquad\qquad\qquad\qquad\qquad\qquad\qquad\qquad\qquad\qquad \right\} \quad (29)$$

Ist Teil BG belastet, so wird $M_0 = -1$; somit

$$X_{\pi m=1} = +\frac{1}{E \cdot \delta_{xx}} \cdot \sum_B^m w_2 = +\frac{Q_{w_2}}{J_x + \dfrac{l_x}{F_s}} \quad \text{Teil } BG.$$

$$Y_{\pi m=1} = +\frac{1}{E \cdot \delta_{yy}} \cdot \sum_B^m w_1 = +\frac{Q_{w_1}}{J_y}$$

$$\left. \qquad\qquad\qquad\qquad\qquad\qquad\qquad \right\} \quad . (29\,\mathrm{a})$$

Im Teil links AG sind w_1 und w_2 beide positiv und deshalb werden für diesen Teil X und Y beide negativ. Im Teil rechts BG sind die Gewichte w_2 positiv, mithin X pos.; die Gewichte w_1 sind negativ und deshalb Y neg.

Die Querkräfte der elastischen Gewichte zweiter Ordnung w_1 und w_2 haben wir schon zur Bestimmung der Einflußlinien für X und Y inf. der lotrechten Last $P_m = 1$ § 2, c berechnet. In Abb. 22 sind die Querkraftslinien Q_{w_2} und Q_{w_1} für das Beispiel § 2 aufgezeichnet; es sind die $E\delta_{xx}$- bzw. $E\delta_{yy}$-fachen Einflußlinien für $X_{\pi=1}$ bzw. $Y_{\pi=1}$.

Wir wollen hier noch eine interessante Beziehung zwischen der Wirkung der lotrecht wirkenden Einzelkraft $P_m = 1$ und dem wandernden Moment $\pi_m = 1$ ableiten. Man differentiere $X_{P_m=1}$ und

$Y_{Pm=1}$ partiell nach der laufenden Koordinate a der Einflußlinie als Argument:

$$\frac{\partial X_{Pm=1}}{\partial a} = \frac{1}{E \cdot \delta_{xx}}$$

$$\times \frac{\partial}{\partial a} \left\{ \int_A^m (x-a) \cdot \boxed{\frac{y \cdot ds}{J}}_{dw_2} - \int_A^m \sin\varphi \cos\cdot(\varphi-\psi)\frac{ds}{F} + \int_A^m \cos\varphi \sin(\varphi-\psi)\cdot\frac{E\cdot ds}{G\cdot F'} \right\}$$

$$= \frac{1}{E\cdot\delta_{xx}} \cdot \int_A^m \frac{\partial}{\partial a}\cdot(x-a)\cdot dw_2 = \frac{1}{E\cdot\delta_{xx}} \cdot \int_A^m (0-1)\cdot dw_2 = -\frac{Q_{w_2}}{E\cdot\delta_{xx}}$$

$$\frac{\partial}{\partial a}\cdot X_{Pm=1} = X_{\pi m=1}\cdot$$

$$\frac{\partial Y_{Pm=1}}{\partial \dot a} = \frac{1}{E\cdot\delta_{yy}}$$

$$\times \frac{\partial}{\partial a}\left\{ \int_A^m (x-a)\cdot \boxed{\frac{x\cdot ds}{J}}_{dw_1} + \int_A^m \sin^2\varphi\cdot\frac{ds}{F} + \int_A^m \cos^2\varphi\cdot\frac{E\cdot ds}{G\cdot F'} \right\}$$

$$= \frac{1}{E\cdot\delta_{yy}}\cdot\int_A^m \frac{\partial}{\partial a}\cdot(x-a)\cdot dw_1 = \frac{1}{E\cdot\delta_{yy}}\cdot\int_A^m (0-1)\cdot dw_1 = -\frac{Q_{w_1}}{E\cdot\delta_{yu}}$$

$$\frac{\partial}{\partial a}\cdot Y_{Pm=1} = Y_{\pi m=1}\cdot$$

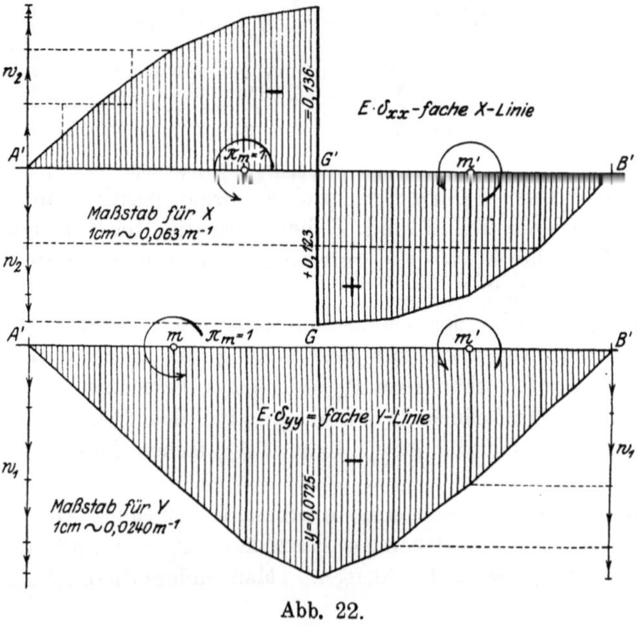

Abb. 22.

Satz: Die Einflußlinie für $\begin{cases} X \\ Y \end{cases}$ infolge der Belastung durch das linksdrehende Moment $\pi_m = 1$ ist die Differentialkurve der Einflußlinie $\dfrac{X}{Y}$ bei lotrechter Belastung.

Es ist:

$$\left.\begin{aligned} X_{\pi_m=1}^{\curvearrowleft} &= \frac{\partial}{\partial a} X_{Pm=1}\downarrow = -\frac{\partial}{\partial b} \cdot X_{Tm=1\ \leftarrow}, \\ Y_{\pi_m=1}^{\curvearrowleft} &= \frac{\partial}{\partial a} Y_{Pm=1}\downarrow = -\frac{\partial}{\partial b} \cdot Y_{Tm=1\ \leftarrow}. \end{aligned}\right\} \quad \ldots \ldots (30)$$

c) Die Wirkung der Bremskraft.

Die parallel zur x-Achse und in der Höhe h über dem Bogenachsenpunkt m wirkende Bremskraft B_m erzeugt im Punkt m die

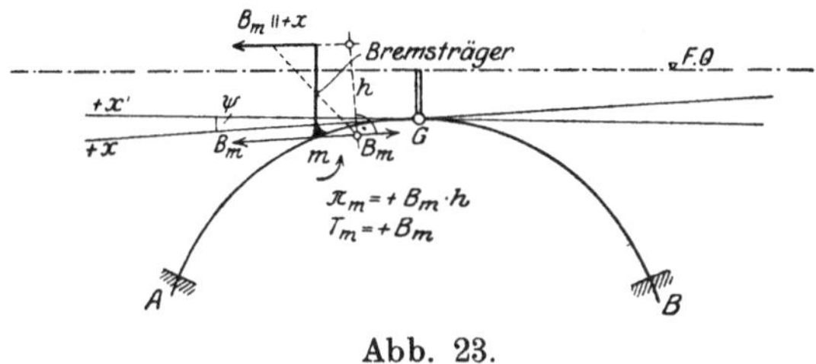

Abb. 23.

parallel zur x-Achse wirkende Kraft $T_m = + B_m$ und das positive Moment $\pi_m = + B_m \cdot h$, weshalb

$$X = + B_m \cdot (X_{Tm=1} + h \cdot X_{\pi_m=1})$$
$$Y = + B_m \cdot (Y_{Tm=1} + h \cdot Y_{\pi_m=1})$$

wird. Mit Rücksicht darauf, daß bei Straßenbrücken die Bremskräfte eine untergeordnete Rolle spielen, wurde auf eine weitere Untersuchung bezüglich der Uebertragungsweise derselben verzichtet.

§ 7. Die Kämpferdruck- und die Kämpferdruckumhüllungslinie.

Sie läßt sich aus den schon vorher bestimmten Einflußlinien leicht konstruieren; besitzt aber praktisch keinen großen Wert, da man in kürzerer Zeit die Einflußlinien für die Kernmomente bestimmen kann, welche die ungünstigsten Laststellungen übersichtlicher angeben. Sie wird deshalb hier weggelassen.

§ 8. Die Durchbiegung des Eingelenkbogens unter der ständigen Last.

a) Der Verschiebungsplan für ständige Last.

Handelt es sich darum, in mehreren Punkten des Tragwerkes die Verschiebungen zu bestimmen, so werden die analytischen Berechnungsmethoden sehr umfangreich und zeitraubend. Da es sich hier um einen festen Belastungszustand handelt, wird man mit Vorteil die Verschiebungen mit Hilfe eines Verschiebungsplanes, etwa nach dem Stabzugverfahren ermitteln.

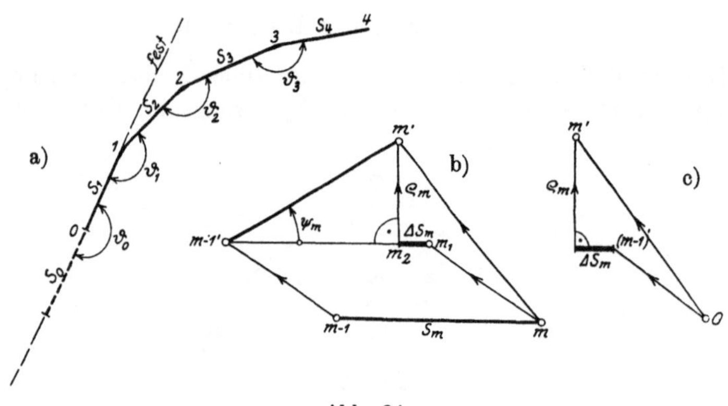

Abb. 24.

Für den in Abb. 10 dargestellten biegungsfesten Stabzug $(m-1)-m-(m+1)$ erhält man nach Müller-Breslau, „Graphische Statik IIb" für den Drehwinkel $\Delta\vartheta_m$ im Knoten m:

$$\Delta\vartheta_m = \tau_m + \tau'_{m+1},$$

worin

$$\tau_m = \frac{M_{m-1}+2\,M_m}{6\,E\,J_m}\,s_m + \cdot\frac{(M_m - M_{m-1})}{G\,F'_m\cdot s_m} + \alpha\cdot(t_{u\,m} - t_{o\,m})\cdot\frac{s_m}{2\,h_m}$$

$$\tau'_{m+1} = \underbrace{\frac{M_{m+1}+2\,M_m}{6\,E\,J_{m+1}}\cdot s_{m+1}}_{\text{Momente}} + \underbrace{\frac{(M_m - M_{m+1})}{G\,F'_{m+1}\cdot s_{m+1}}}_{\text{Querkräfte}} + \underbrace{\alpha\cdot(t_{u,\,m+1} - t_{o,\,m+1})\cdot\frac{s_{m+1}}{2\,h_{m+1}}}_{\substack{\text{ungleichmäßige}\\\text{Temperatur}}}$$

Nach § 2 c ist $E\cdot\Delta\vartheta_m$ gleich dem elastischen Gewicht, das in der Trennungsfuge der Elemente angreift.

$$E\cdot\Delta\vartheta_m = w_m.$$

Die Längenänderungen $\varDelta s_m$ und die Winkeländerungen $\varDelta \vartheta_m$ sind bekannt, denn es wird im Stützliniengewölbe allgemeinster Art:

$$M_m = -\varDelta X_e \cdot y_m + \varDelta Y_e \cdot x_m \quad {}^1)$$

$$= -\boxed{\frac{H'}{E \cdot \delta_{xx}} \cdot \frac{l_x}{F_s}} \cdot y_m + \boxed{\frac{H'}{E \cdot \delta_{yy}} \cdot \frac{l_y}{F_s}} \cdot x_m$$

konst.
für den Bel.-Fall　　　　　　konst.

und deshalb aus Gl. 14:

$$E \cdot \varDelta \vartheta_m = w_m = -\varDelta X_e \cdot w_{m,\,2} + \varDelta Y_e \cdot w_{m,\,1}$$

$$E \cdot \varDelta s_m = \frac{N_s}{F_m} \cdot s_m = -\frac{H' \cdot s_m}{F_m \cdot \cos \varphi_m}.$$

Die Richtung der Achse irgendeines Stabes, z. B. Stab s_0, und ein Punkt 0 dieses Stabes sollen festliegen. Die übrigen Stäbe werden sich um gewisse Winkel ψ_1, ψ_2, ψ_m drehen und zwar ist:

$$\psi_1 = \varDelta \vartheta_0; \quad \psi_2 = \psi_1 + \varDelta \vartheta_1; \quad \psi_m = \psi_{m-1} + \varDelta \vartheta_{m-1} = \sum_0^{m-1} \varDelta \vartheta_m.$$

Man betrachtet nun den beliebigen Stab (Element) s_m, dessen Endpunkte die Ordnungsziffern $(m-1)$ und m haben (Abb. 24 b). Der Weg $(m-1) - (m-1)'$ des Punktes $m-1$ sei gegeben. Zur Bestimmung der neuen Lage m' verschiebt man den Stab s_m parallel zu sich selbst nach $(m-1)' - m_1$, ändert seine Länge um $\varDelta s_m$ und dreht ihn schließlich um den Winkel ψ_m. Hierbei beschreibt m_2 den Kreisbogen:

$$\overline{m_2\,m'} = (s_m \pm \varDelta s_m) \cdot \psi_m,$$
+ Verlängerung
− Verkürzung

der aber wegen der kleinen Verschiebung durch das in m_2 errichtete Lot von der Länge

$$\varrho_m = s_m \cdot \psi_m$$

ersetzt werden darf (Abb. 24 c).

In Abb. 25 ist die Durchbiegung für das in § 2 c behandelte Zahlenbeispiel aufgezeichnet.

Wir beginnen zweckmäßigerweise den Verschiebungsplan mit dem starren Element s_0, dessen Richtung festgehalten wird. Vom Punkt $0'$ bzw. A' tragen wir die Verkürzung $\varDelta 1$ in Richtung $1-0$ ab. Den Wert $\varrho_1 = s_1 \cdot \psi_1 = s_1 \cdot \varDelta \vartheta_1$ trägt man im Endpunkt nach rechts auf und gelangt so zu $1'$. Auf diesem Wege gelangt man schließlich zu G'. Die wahre Verschiebung des Gelenks wird durch den Vektor $o'' - G'$ dargestellt. In gleicher Weise zeichnen

---

${}^1)$ Für $\varDelta X_e$ und $\varDelta Y_e$ sind die absoluten Werte einzusetzen.

wir die Verschiebungen der rechten Hälfte, indem wir bei B beginnen. Wählt man 8′ in 0′, so soll der Endpunkt G' in den vorhin gefundenen Punkt fallen, denn die Kräfte im statisch bestimmten
Hauptsystem sind so bestimmt worden, daß die beiden auskragenden Balken in G die nämliche Durchbiegung aufweisen. In Abb. 25 b
sind noch die lotrechten Durchbiegungen dargestellt worden, indem

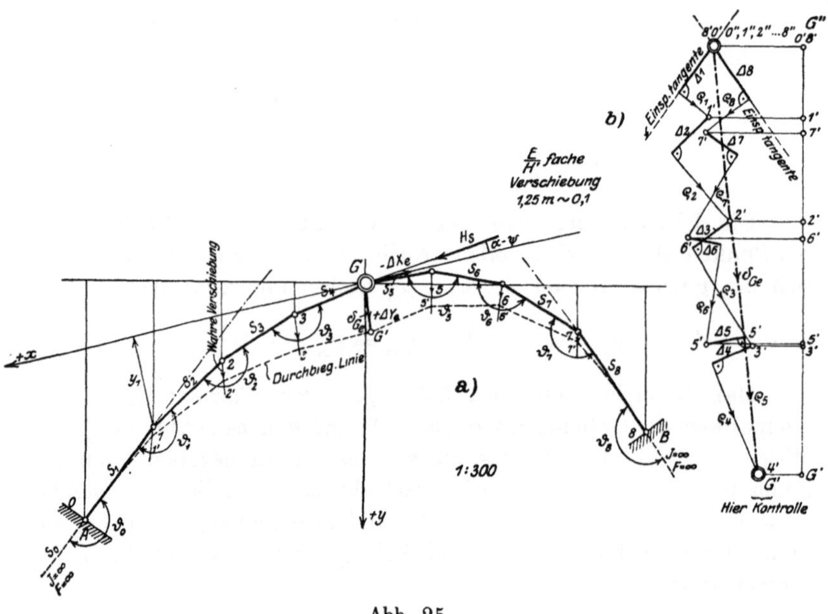

Abb. 25.

wir die Punkte 1′, 2′ usw. auf eine Lotrechte projizieren. In Abb. 25 a
ist die wahre Durchbiegung des Eingelenkbogens verzerrt gestrichelt
eingetragen.

b) Die Einsenkung im Scheitel.

Gewöhnlich genügt die Kenntnis der Einsenkung im Scheitel
der Brücke. In diesem Fall empfiehlt es sich einfachere Beziehungen
abzuleiten, die gestatten aus den Projektangaben die Durchbiegung
im Scheitel schneller zu ermitteln als dies unter a) gezeigt wurde.

Die Gewölbemittellinie ist wieder die Drucklinie für ständige
Last; dann wirken im Schnitte m mit den Schwerpunktskoordinaten
x und y die Längskraft:

$$N_m = -\frac{H_s \cdot \cos \alpha}{\cos \varphi} + \Delta X_e \cdot \cos(\varphi - \psi) + \Delta Y_e \cdot \sin \varphi$$

und das Moment:

$$M_m = -\Delta X_e \cdot y + \Delta Y_e \cdot x,$$

worin wir der Einfachheit halber noch $H_s \cdot \cos \alpha = H'$ setzen. Infolge des Momentes M_m am Element ds verdrehen sich die Querschnitte I und II um den Winkel

$$d\gamma = \frac{M_m}{E \cdot J} \cdot ds$$

gegeneinander. Wegen der Längskraft N_m erleiden sie eine Parallelverschiebung

$$\Delta ds = \frac{N_m}{E \cdot F} \cdot ds.$$

Wird das Element ds an der Stelle m allein als elastisch betrachtet, während alle übrigen Elemente starr zu denken sind, so

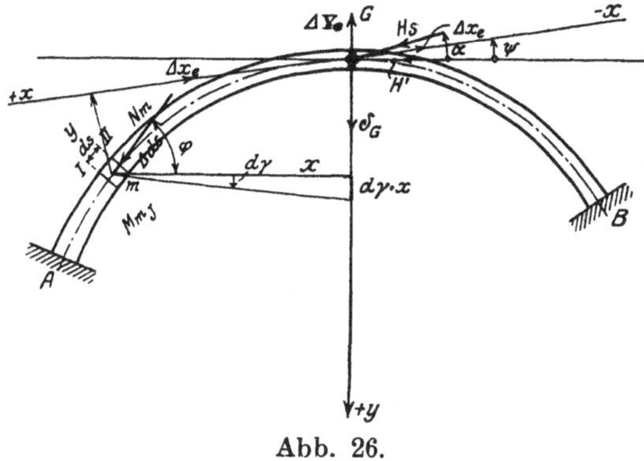

Abb. 26.

ergibt sich unter Vernachlässigung des Einflusses der Querkräfte die Einsenkung des Scheitelgelenks zu:

$$d\delta_G = -x \cdot d\gamma - \Delta ds \cdot \sin \varphi.$$

Die Scheitelsenkung inf. der Elastizität aller Elemente ergibt sich durch Integration dieses Ausdruckes über den halben Bogen.

$$\delta_G = -\int_A^G x \cdot d\gamma - \int_A^G \Delta \cdot ds \cdot \sin \varphi = -\int_A^G \frac{M}{EJ} \cdot x \cdot ds - \int_A^G \frac{N}{EF} \cdot ds \cdot \sin \varphi.$$

In diesen Ausdruck haben wir für M und N die oben abgeleiteten Werte einzuführen, womit:

$$\delta_{Ge} = + \Delta X_e \cdot \int_A^G \frac{x \cdot y}{EJ} \cdot ds - \Delta Y_e \cdot \int_A^G \frac{x^2 \cdot ds}{EJ} + H' \cdot \int_A^G \frac{ds}{EF} \frac{\sin \varphi}{\cos \varphi}$$

$$- \Delta X_e \cdot \int_A^G \frac{ds}{EF} \cdot \cos(\varphi - \psi) \cdot \sin \varphi - \Delta Y_e \cdot \int_A^G \frac{ds}{EF} \sin^2 \varphi.$$

Die Glieder mit $\varDelta X_e$ und $\varDelta Y_e$ ziehen wir zusammen, dann erhalten wir:

$$\delta_{Ge} = \varDelta X_e \cdot \left\{ \underbrace{\int_A^G \frac{x \cdot y}{EJ} \cdot ds - \int_A^G \cos(\varphi - \psi) \cdot \sin\varphi \cdot \frac{ds}{E \cdot F}}_{-\delta_{gx} \,=\, \text{Ordinate der Biegungslinie } \delta_{mx}} \right\}$$

im Gelenk.

$$- \varDelta Y_e \cdot \left\{ \underbrace{\int_A^G \frac{x^2 \cdot ds}{EJ} + \int_A^G \sin^2\varphi \cdot \frac{ds}{EF}}_{-\delta_{gy} \,=\, \text{Ordinate der}} \right\} + H' \cdot \int_A^G \frac{dy'}{E \cdot F \cdot \cos\varphi},$$

Biegungslinie δ_{my} im Gelenk (links)

setzt man noch zur Abkürzung $F\cos\varphi = F_s =$ Scheitelquerschnitt, so folgt: die Einsenkung im Scheitel zu

$$E \cdot \delta_{Ge} = + H' \cdot \frac{f}{F_s} + \varDelta X_e \cdot E \cdot \delta_{gx} - \varDelta Y_e \cdot E \cdot \delta_{gy} \quad . \quad . \quad (31)$$

NB. Für H', $\varDelta X_c$ und $\varDelta Y_e$ sind absolute Werte einzuführen.

Führt man an Stelle der Biegelinienordinaten $E \cdot \delta_{gx}$ und $E \cdot \delta_{gy}$ die Ordinaten der Einflußfläche für X bzw. Y ein, so wird wegen

$$X_{Pm=1} = - \frac{\delta_{mx}}{\delta_{xx}}; \quad -\delta_{mx} = X_{Pm=1} \cdot \delta_{xx}.$$

$$E \cdot \delta_{Ge} = + H' \cdot \frac{f}{F_s} + \varDelta X_e \cdot X_{PG=1} \cdot E \cdot \delta_{xx} - \varDelta Y_e \cdot Y_{PGe=1} \cdot E \cdot \delta_{yy} \quad (31\,\text{a})$$

Die Gleichungen (30) lassen sich noch vereinfachen, wenn wir für $\varDelta X_e$ und $\varDelta Y_e$ ihre angenäherten Werte aus § 3 einführen (Gl. 17):

$$\varDelta X_e = - \frac{H'}{E \cdot \delta_{xx}} \cdot \frac{l_x}{F_s},$$

$$\varDelta Y_e = + \frac{H'}{E \cdot \delta_{yy}} \cdot \frac{l_y}{F_s},$$

womit (für $\varDelta X_e$ und $\varDelta Y_e$ absolute Werte einführen)

$$E \cdot \delta_{Ge} = \frac{H'}{F_s} \left\{ f + l_x \cdot X_{PG=1} - l_y \cdot Y_{PGe=1} \right\} \quad . \quad . \quad . \quad . \quad . \quad (31\,\text{b})$$

In dieser Formel bedeuten:

$Y_{P_{G_e}=1}$ die Einflußordinate der Y-Linie unmittelbar links von G,

$X_{P_G=1}$ die Einflußordinate der X-Linie im Gelenk,

l_y den Höhenunterschied der Kämpfer A und B,

l_x die in Richtung der x-Achse gemessene Spannweite,

f die Pfeilhöhe (Höhenunterschied zwischen Kämpfer A und dem Gelenk G),

$H' = H_s \cdot \cos \alpha$ der Horizontalschub aus ständiger Last,

$F_s =$ Scheitelquerschnitt,

δ_{G_e} die Einsenkung des Scheitels,

E der Elastizitätsmodul $= 200\ t/\mathrm{cm}^2$ für jungen Beton.

c) Die gegenseitige Verdrehung der Scheitelquerschnitte.

Die Gesamtdrehung der Scheitelquerschnitte gegeneinander ergibt sich als Summe aller Einzeldrehungen der Elemente.

$$\gamma_e = \int_A^B d\gamma = \int_A^B \frac{M}{EJ} \cdot ds = -\,\varDelta X_e \cdot \int_A^B \frac{y \cdot ds}{EJ} + \varDelta Y_e \cdot \int_A^B \frac{x \cdot ds}{EJ}$$

oder mit Einführung der Werte:

$$d w_2 = \frac{y \cdot ds}{J}; \qquad d w_1 = \frac{x \cdot ds}{J}$$

$$E \cdot \gamma'_e = -\varDelta X_e \cdot \sum_A^B w_2 + \varDelta Y_e \cdot \sum_A^B w_1, \quad \begin{array}{l}\text{Gesamtdrehung} \\ \text{inf. Eigengew.}\end{array} \tag{32}$$

Hierin darf man das zweite Glied unbedenklich vernachlässigen.

§ 9. Einfluß einer gleichmäßigen Temperaturänderung auf die lotrechten Bewegungen des Scheitels und die Verdrehung der Scheitelquerschnitte.

a) Die Scheitelbewegung.

Wie im vorigen Abschnitt setzen wir für die Drehung des Elementes ds:

$$d\gamma_t = \frac{M_t}{EJ} \cdot ds$$

und die Parallelverschiebung der Querschnitte I und II gegeneinander:

$$\varDelta ds = \frac{N_t}{EF} \cdot ds + \alpha \cdot t^0 \cdot ds.$$

Die Einsenkung im Scheitel infolge der Elastizität des Elementes ds allein ist wie vorhin

$$d\delta_G = -x \cdot \delta\gamma - \varDelta ds \cdot \sin\varphi.$$

Führen wir die Werte N_t und M_t aus § 4 ein, so wird mit

$$M_t = + X_t \cdot y - Y_t \cdot x$$
$$N_t = - X_t \cdot \cos(\varphi - \psi) - Y_t \cdot \sin\varphi.$$

NB. X_t und Y_t sind bei Erwärmung des Bogens ohne Vorzeichen einzuführen!

$$\delta_{G_t} = -\int_A^G x \cdot d\gamma - \int_A^G \varDelta\, ds \cdot \sin\varphi$$

$$= - X_t \cdot \int_A^G \frac{x \cdot y}{E \cdot J} \cdot ds + Y_t \cdot \int_A^G \frac{x^2}{E \cdot J} \cdot ds + X_t \cdot \int_A^G \cdot \sin\varphi \cdot \cos(\varphi - \psi) \cdot \frac{ds}{E \cdot F}$$

$$+ Y_t \cdot \int_A^G \sin^2\varphi \cdot \frac{ds}{EF} - \alpha \cdot t^0 \cdot \int_A^G ds \cdot \sin\varphi$$

$$= - X_t \cdot \left\{ \int_A^G \frac{x \cdot y}{E \cdot J} \cdot ds - \int_A^G \sin\varphi \cdot \cos(\varphi - \psi) \cdot \frac{ds}{E \cdot F} \right\}$$

$$\underbrace{\phantom{- X_t \cdot \left\{ \int_A^G \frac{x \cdot y}{E \cdot J} \cdot ds - \int_A^G \sin\varphi \cdot \cos(\varphi - \psi) \cdot \frac{ds}{E \cdot F} \right\}}}_{-\delta_{gx}\; =\; \text{Ord. der Biegungsl. } \delta_{mx} \text{ im Gelenk.}}$$

$$+ Y_t \cdot \left\{ \int_A^G \frac{x^2}{EJ} \, ds + \int_A^G \sin^2\varphi \cdot \frac{ds}{EF} \right\} - \alpha \cdot t^0 \cdot \int_A^G dy$$

$$\underbrace{\phantom{+ Y_t \cdot \left\{ \int_A^G \frac{x^2}{EJ} \, ds + \int_A^G \sin^2\varphi \cdot \frac{ds}{EF} \right\}}}_{-\delta_{yg}\; =\; \text{Ord. der Biegungsl. } \delta_{my} \text{ im Gelenk.}}$$

$$\delta_{G_t} = -\alpha \cdot t^0 \cdot f - \delta_{gx} \cdot X_t + \delta_{gy} \cdot Y_t \quad\ldots\ldots\ldots\ldots \quad (33)$$

oder mit
$$\delta_{mx} = X_{Pm=1} \cdot \delta_{xx}:$$

$$\delta_{G_t} = -\alpha \cdot t^0 \cdot f - X_t \cdot X_{P_{G=1}} \cdot \delta_{xx} + Y_t \cdot Y_{P_{Ge=1}} \cdot \delta_{yy} \quad \ldots \quad (33\,\mathrm{a})$$

woraus nach Einführen der Werte X_t und Y_t entsteht:

$$\delta_{G_t} = -\alpha \cdot t^0 \cdot \left\{ f + l_x \cdot X_{P_{G=1}} - l_y \cdot Y_{P_{Ge=1}} \right\} \quad \ldots\ldots \quad (33\,\mathrm{b})$$

Diese Formel ist gleich aufgebaut wie Gl. 31 b, nur tritt an Stelle der mittleren Zusammendrückung pro Längeneinheit $\dfrac{H'}{EF_s}$ die lineare Ausdehnung $\alpha \cdot t^0$.

b) Die Scheitelquerschnittverdrehung.

$$\gamma_t = \int_A^B d\gamma = -X_t \cdot \underbrace{\int_A^B y \cdot \frac{ds}{EJ}}_{\frac{1}{E}\sum_A^B w_2} + Y_t \cdot \underbrace{\int_A^B \frac{x \cdot ds}{EJ}}_{\frac{1}{E}\sum_A^B w_1}$$

$$E\,\gamma_t = -X_t \cdot \sum_A^B w_2 + Y_t \cdot \sum_A^B w_1 \quad \ldots \ldots \ldots \ldots (34)$$

§ 10. Die Einflußlinie für die lotrechte Durchbiegung im Scheitel.

a) Rechnerische Bestimmung.

Der Eingelenkbogen wird auf seinem rechten Teil GB durch die in m angreifende Last $P_m = 1$ belastet; dann wirken auf den linken Teil GA nur die Gelenkreaktionen:

$$X_{P_m=1} \quad \text{und} \quad Y_{P_m=1},$$

welche im Teil AG die Momente:

$$M_P = +\, y \cdot X_{P_m=1} - x \cdot Y_{P_m=1}$$

erzeugen. (Die Kräfte X und Y sind ohne Vorzeichen einzuführen. Im Teil BG ist die Einflußordinate für Y negativ.) Der Einfluß der Längskräfte und Querkräfte wird in diesem Belastungsfall vernachlässigt. Infolge der Deformation des einzigen Elementes ds senkt sich der Scheitel G um

$$d\delta_G = -\, x \cdot d\gamma, \quad \text{worin} \quad d\gamma = \frac{M_P}{EJ} \cdot ds$$

somit im linken Teil:

$$\delta_{Gm} = -\int_A^G x \cdot d\gamma = -X_{P_m=1} \cdot \underbrace{\int_A^G \frac{x \cdot y}{EJ} \cdot ds}_{-\delta_{gx}} + Y_{P_m=1} \cdot \underbrace{\int_A^G \frac{x^2}{EJ} \cdot ds}_{-\delta_{gy}}$$

$$\delta_{G,m} = -\delta_{gx} \cdot X_{Pm=1} + \delta_{gy} \cdot Y_{Pm=1} \quad \ldots \ldots (35)$$

δ_{Gm} ist die Einflußordinate im Punkt m für die Durchbiegung im Scheitel infolge der Last $P_m = 1$ im Punkte m. Zur Aufzeichnung der Einflußlinie für die Durchbiegung im Scheitel verwenden wir das Verfahren der graphischen Multiplikation, wie es in § 2, d dargestellt wurde.

Beispielsweise ist hier die Einflußlinie für die Durchbiegung im Scheitel für das unter § 2 behandelte Zahlenbeispiel aufgetragen worden.

Die Durchbiegung δ_G im Scheitel G des Eingelenkbogens infolge des Lastenzuges aus den Lasten P_m ergibt sich zu:

$$\delta_G = \sum P_m \cdot \delta_{Gm}.$$

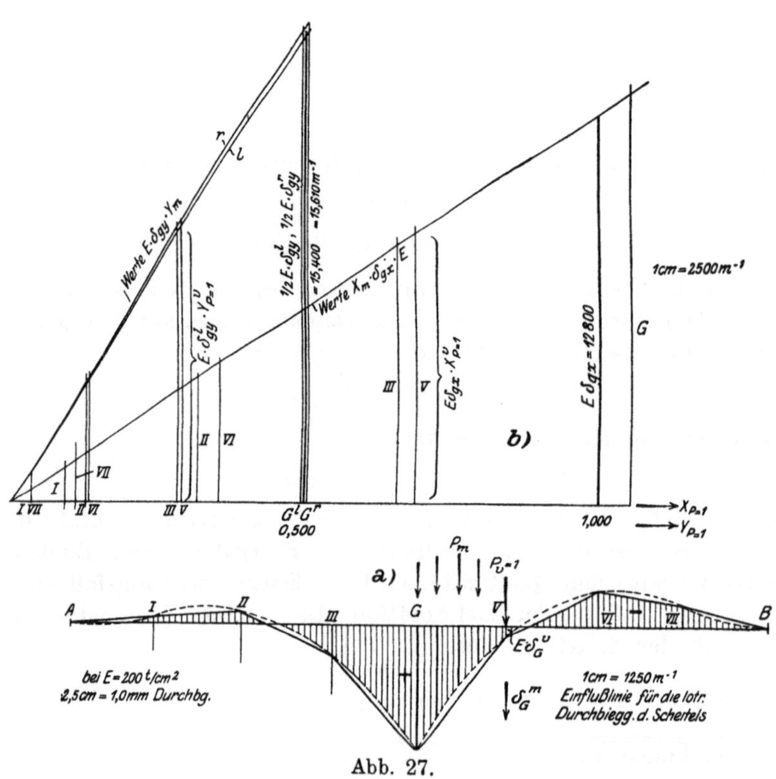

Abb. 27.

b) Graphische Lösung.

Die Lösung stützt sich auf den Satz von Maxwell von der Gegenseitigkeit der Formänderung, wonach

$$\delta_{Gm} = \delta_{mG}$$

„Verschiebung des Gelenks in lotrechter Richtung infolge der lotrechten Last $P_m = 1$ in m gleich der lotrechten Verschiebung des Punktes m infolge der Last $P_G = 1$ in G ist."

„Die Einflußlinie für die Durchbiegung im Scheitel ist die Biegungslinie des Eingelenkbogens infolge der Belastung $P_G = 1$ im Gelenk."

Im Teil AG sind die Momente

$$M_m = M_0 + y \cdot X_G + x \cdot Y_G$$
$$= -1 \cdot x + Y_G^l \cdot x + y \cdot X_G = x \cdot Y_G^r + y \cdot X_G = R_A \cdot \eta.$$

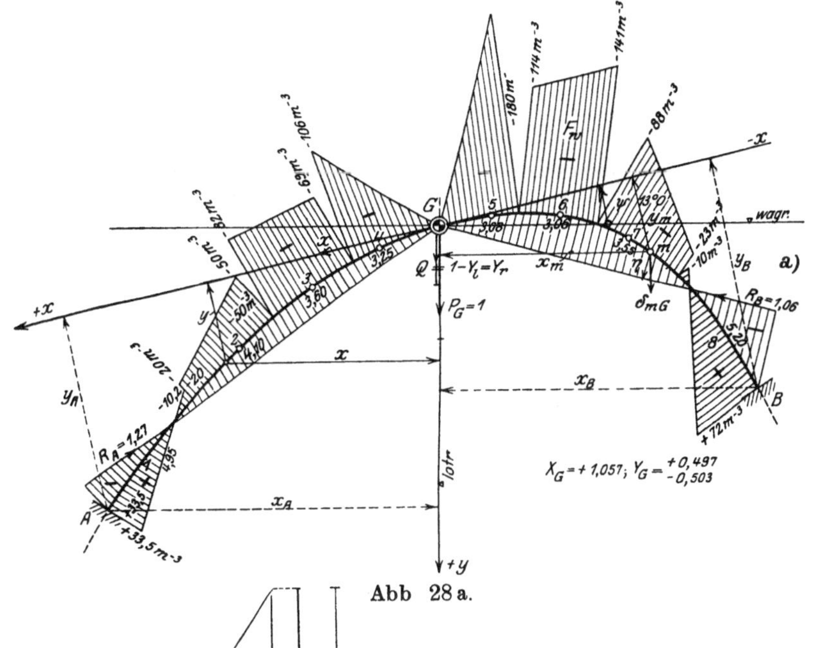

Abb. 28 a.

Abb. 28 b.

Übersichtlicher werden die Momente durch die Stützlinie dargestellt. Abb. 28 a. Für jedes Element s berechnet man nach Mohr das elastische Gewicht zu

$$w = \int_0^s \frac{M}{EJ}\, ds = F_w,$$ wobei für J auf

der endlichen Strecke s ein mittlerer Wert aus der Trägheitsmomentenkurve entnommen wird. Da die Stabelemente s als gerade angenommen sind, so lassen sich in Abb. 28a alle reduzierten Momentenflächen als Dreiecke, Trapeze oder überschlagene Trapeze darstellen. Die Angriffspunkte der elastischen Gewichte sind die Antipole der Reaktionen R_A und R_B bezüglich der Elastizitätsellipsen der Elemente s. Die elastischen Gewichte werden im Kräftepolygon b zusammengesetzt, wobei wir zweckmäßig beim Widerlager A beginnen. Das erste elastische Gewicht trägt man positiv nach oben ab, denn ein positives Moment am auskragenden Balken bringt eine Hebung des Endes hervor. Das elastische Gewicht $\Delta\vartheta$ im Scheitelgelenk G ergibt sich aus der Bedingung, daß die Einspanntangente der Einflußlinie in B horizontal sein soll; man beginnt deshalb die elastischen Gewichte für Teil GB zweckmäßig bei B mit dem Gewicht w_8, · welches vom Anfangspunkt an nun nach abwärts aufzutragen ist, weil in der umgekehrten Richtung fortgeschritten wird.

Mit der Polweite $H = 500 \ m^{-2}$ zeichnet man die Einflußlinie des Eingelenkbogens als Seilpolygon c zum eben angegebenen Kräftepolygon b. Als Probe dient die Bedingung, daß sowohl Balken AG als auch BG in G die nämliche Durchbiegung aufweisen müssen, da ja beide durch das Gelenk G zum Eingelenkbogen zusammen verbunden wurden. Das unter a angegebene Verfahren ist vorzuziehen.

§ 11. Die Einflußlinie für die gegenseitige Drehung der Scheitelquerschnitte.

Zur Darstellung der Einflußfläche für die Scheitelquerschnittsdrehung bietet das unter § 10a angeführte Verfahren keinen wesentlichen Vorteil mehr gegenüber dem Verfahren nach Mohr und Maxwell und es soll hier deshalb allein dieses letztere angewendet werden. Nach Maxwell ist „die Einflußlinie für die gegenseitige Verdrehung der Scheitelquerschnitte die Biegungslinie des Eingelenkbogens infolge der Belastung der Scheitelquerschnitte durch die Momente $\pi_G^l = -1$ und $\pi_G^r = +1$".

Infolge der Belastungen $\pi_G^l = -1$ und $\pi_G^r = +1$, wobei als positive Richtung für die angreifenden Momente π_m nach § 6, b der Gegenuhrzeigersinn festgelegt wird, entsteht im Eingelenkbogen Abb. 29 die Bogenkraft $X = +0{,}259$ t/mt und die Querkraft $Y \cong 0$. Die Drucklinie besteht aus den zwei entgegengesetzt gleichen, in einer Geraden liegenden Reaktionen $R_A = R_B = +X$.

Die Einflußordinaten geben zunächst Verschiebungen in mm der Scheitelquerschnitte am Hebelarm $1 \text{ m} = 1000 \text{ mm}$, so daß die Drehungen in $^0/_{00}$ erhalten werden. Die Promille 1 mm auf 1 m Radius lassen sich in einfacher Weise auf sexagesimale Teilung umrechnen.

Dividieren wir jede Einflußordinate der Biegungslinie durch den Winkel $E\alpha$, den die letzten Seilpolygonseiten 4 und 5 mitein-

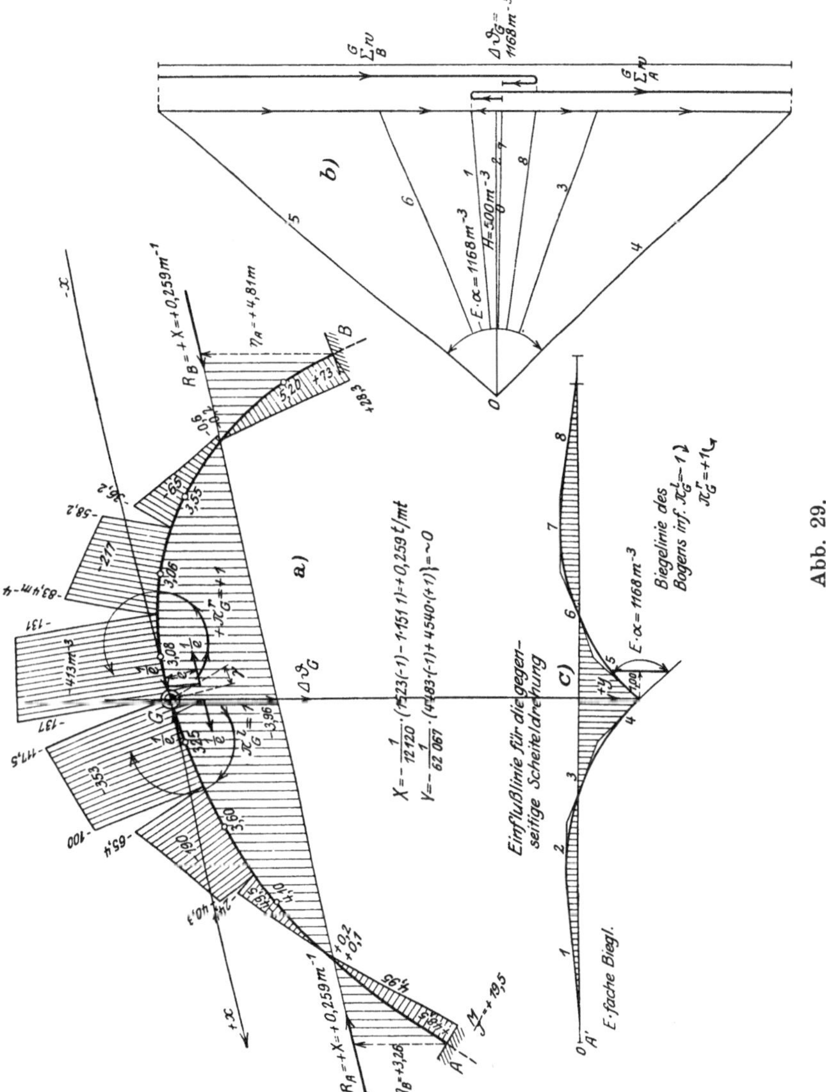

Abb. 29.

ander einschließen, so erhalten wir die Einflußlinie für das Scheitelmoment des eingespannten Bogens AB.

$E\alpha$ erhält man im Abstand 1 m vom Schnittpunkt der letzten Seilseiten als lotrechte Ordinate zwischen diesen im Maßstab der Biegelinie gemessen.

Zweites Kapitel.

Der symmetrische Eingelenkbogen.

§ 1. Die Achsenrichtung und die Nenner der statisch nicht bestimmbaren Größen.

In der Gleichung 3, § 1, Kap. I

$$\operatorname{tg}\psi = \frac{\displaystyle\int_A^B y'\cdot x\cdot\frac{ds}{J} - \int_A^B \cos\varphi\,\sin\varphi\cdot ds\cdot\left(\frac{1}{F}-\frac{E}{GF'}\right)}{\displaystyle\int_A^B x^2\cdot\frac{ds}{J} + \int_A^B \sin^2\varphi\cdot\frac{ds}{F} + \int_A^B \cos^2\varphi\cdot\frac{E\cdot ds}{GF'}}$$

entspricht:

jedem Element ds links	mit dem	ein Element ds rechts
J	Trägheitsmoment	J
F	Querschnitt	F
F'	red. Querschnitt	F'
$+x$	Abszisse	$-x$
$+y'$	Ordinate	$+y'$
$+\varphi$	Winkel	$-\varphi$

deshalb wird im Zähler:

$$\int_A^G y'\cdot x\cdot\frac{ds}{J} = -\int_G^B y'\cdot x\cdot\frac{ds}{J}\,;\qquad \int_A^B = 0$$

$$\int_A^G \cos\varphi\,\sin\varphi\cdot ds\cdot\left(\frac{1}{F}-\frac{E}{GF'}\right) = -\int_G^B \cos\varphi\,\sin\varphi\cdot ds\left(\frac{1}{F}-\frac{E}{GF'}\right);\ \int_A^B = 0$$

und somit:

$$\operatorname{tg}\psi = 0;\quad \underline{\underline{\psi = 0}}$$

Die neue x-Achse fällt mit der wagrechten x'-Achse, d. h. mit der Scheiteltangente zusammen.

Symmetrieachse und wagrechte Scheiteltangente sind Hauptachsen des Systems; die elastische Verschiebung δ_{yy} erreicht ihren Größt-, δ_{xx} ihren Kleinstwert.

Der **Nenner der Bogenkraft** X, die wir beim symmetrischen Bogen zweckmäßig mit H bezeichnen wollen zum Zeichen, daß sie gleiche Richtung mit dem Horizontalschub hat, ergibt sich zu:

$$\left.\begin{aligned}
E\cdot\delta_{xx} &= J_x + \text{ Einfluß der Längs- und Querkräfte} \ldots \\
&= 2\int_A^G y^2\cdot\frac{ds}{J} + \ldots + \ldots \\
&= 2\sum_A^G w_2\cdot y_2 + 2\sum_A^G \cos^2\varphi\cdot\frac{s}{F} + 2\sum_A^G \sin^2\varphi\cdot\frac{E\cdot s}{G\cdot F''},
\end{aligned}\right\} \quad (1)$$

worin wir für den Einfluß der Längs- und Querkräfte genau genug:

$$2\sum_A^G \cos^2\varphi\cdot\frac{s}{F} + 2\sum_A^G \sin^2\varphi\cdot\frac{E\cdot s}{G\cdot F'} = \sim\frac{l}{F_s}$$

setzen, wo l die Spannweite und F_s' den Scheitelquerschnitt bedeuten. Für $\dfrac{J_x}{E}$ setzen wir N, welches uns an Nenner erinnern soll, dann wird mit den Ausführungen des § 3

$$\delta_{xx} = N + \frac{l}{E\cdot F_s} = N\cdot(1+\mu) \quad \ldots \ldots \ldots (1\mathrm{a})$$

Der **Nenner der Gelenkquerkraft** Y wird:

$$\left.\begin{aligned}
E\cdot\delta_{yy} &= J_y + \ldots \left\{\begin{array}{l}\text{Einfluß der Längs- und Querkräfte}\\ \text{gew. vernachlässigen}\end{array}\right. \\
&= 2\int_A^G x^2\cdot\frac{ds}{J} + \ldots \\
&= 2\sum_A^G w_1\cdot x_1 + 2\sum_A^G \sin^2\varphi\cdot\frac{s}{F} + 2\sum_A^G \cos^2\varphi\cdot\frac{E\cdot s}{G\cdot F'}.
\end{aligned}\right\} \quad (2)$$

§ 2. Einfluß lotrechter Einzellasten P_m.

Aus Gl. 10 § 2 Kap. I ergibt sich für die Bogenkraft:

$$X_P = H$$

$$= + \frac{P_m}{E \cdot N(1+\mu)} \cdot \left\{ \sum_A^m w_2 \cdot (x_2 - a) - \sum_A^m \sin\varphi \cos\varphi \cdot \frac{s}{F} + \sum_A^m \sin\varphi \cos\varphi \frac{E \cdot s}{G \cdot F'} \right\}$$

$$= + \frac{P_m}{E \cdot N(1+\mu)} \cdot \left\{ \int_A^m (x - a) \cdot \frac{y \cdot ds}{J} - \cdots + \cdots \right\}$$

$$= + P_m \cdot \frac{Z_{mx} - \cdots + \cdots}{J_x + \frac{l}{F_s}}$$

$$\left. \right\} \quad (3$$

und die Gelenkquerkraft:

$$Y_P = + \frac{P_m}{E \cdot \delta_{yy}} \cdot \left\{ \sum_A^m w_1 \cdot (x_1 - a) + \sum_A^m \sin^2\varphi \cdot \frac{s}{F} + \sum_A^m \cos^2\varphi \cdot \frac{E \cdot s}{G \cdot F'} \right\}$$

$$= + P_m \cdot \frac{1}{E\delta_{yy}} \int_A^m (x - a) \cdot \frac{x \cdot ds}{J} + \cdots + P_m \cdot \frac{Z_{my}}{J_y}$$

$$\left. \right\} \quad (4$$

Läßt man der Reihe nach die Kraft $P_m = 1$ alle Stellungen zwischen A und G einnehmen, so erhalten wir der Reihe nach alle Einflußordinaten der Bogenkraft $H = X$ und der Gelenkquerkraft Y. Im Gelenk G ergibt sich für die Einflußordinate der Y-Linie: $a = 0$

$$Y_{P_{G=1}} = \frac{\pm \left\{ \sum_A^G w_1 x_1 + \sum_A^G \sin^2\varphi \frac{s}{F} + \sum_A^G \cos^2\varphi \frac{Es}{GF'} \right\}}{2 \sum_A^G w_1 x_1 + 2 \sum_A^G \sin^2\varphi \frac{s}{F} + 2 \sum_A^G \cos^2\varphi \frac{Es}{GF'}} = \pm \frac{1}{2} \cdot$$

Die X- oder H-Linie ist in bezug auf die $+y$-Achse symmetrisch, die Y-Linie polarsymmetrisch. Die Berechnung geschieht nach einer der in Kap. I § 2 angegebenen Methoden. Die Konstruktion der Einflußlinien für Momente und Querkräfte geschieht nach § 2 d und e und braucht hier nicht mehr angeführt zu werden.

§ 3. Einfluß der ständigen Last.

Fällt die Bogenachse mit der Drucklinie aus ständiger Last zusammen, so folgen aus Gl. 17 u. 18 die Zusatzkräfte zu:

$$(\cos\alpha = 1;\quad H_s = H'\qquad l_x = l,\; l_y = 0)$$

$$\left.\begin{aligned}
\Delta X_e &= -\frac{H_s}{E\cdot\delta_{xx}}\cdot\sum_A^B \frac{s}{F} = -H_s\cdot\frac{l}{E F_s\cdot N(1+\mu)} \cong -\mu\cdot H_s^{\,1)}\\
\Delta Y_e &= 0\,.
\end{aligned}\right\}\qquad (5)$$

Der Abstand ν der wirklich eintretenden Drucklinie im Eingelenkbogen von der Bogenachse ergibt sich aus der Momentengleichung:

Moment in bezug auf einen Punkt der neuen Drucklinie $= 0$

$$\underbrace{\Delta X_e}_{-\mu\cdot H_s}\cdot(y+\nu) + H_s\cdot\nu = 0$$

$$\nu = +\frac{\mu}{1-\mu}\cdot y$$

im Kämpfer:

$$\nu_k = +\frac{\mu}{1-\mu}\cdot f\,.$$

Weicht die Bogenachse von der Drucklinie aus ständiger Last ab um Beträge η, so ergibt sich zum Einfluß ΔX_e noch der von den Momenten

$$\left.\begin{aligned}
\Delta X_\eta &= -\frac{2H_s}{E\delta_{xx}}\cdot\sum_A^G \eta\cdot w_2 = -\frac{2H_s}{E\cdot N(1+\mu)}\int_A^G \eta\cdot\frac{y\cdot ds}{J}\\
\Delta Y_\eta &= -\frac{H_s}{E\delta_{yy}}\cdot\sum_A^B \eta\cdot w_1 = 0
\end{aligned}\right\}\cdot\;(6)$$

§ 4. Wärmeänderung und Schwinden.

a) Gleichmäßige Temperaturerhöhung um t^0 C.

Aus Gl. 24 wird, sobald wir $l_x = l$, $l_y = 0$ einsetzen:

$$X_t = +\frac{\alpha\cdot t^0\cdot l}{\delta_{xx}};\quad Y_t = 0 \quad\ldots\ldots\ldots (7)$$

b) Schwinden (nach schweiz. Vorschrift 20^0 Temperaturabfall):

$$X_{schw} = -\frac{\alpha\cdot 20^0\cdot l}{\delta_{xx}} = -\frac{500\cdot l}{E\cdot\delta_{xx}};\quad Y_{schw} = 0\,.$$

---

[1] Sobald μ klein gegen 1 ist, was für praktisch vorkommende Fälle fast immer zutrifft.

§ 5. Wagrechte Bremskraft $B=1$ im Scheitel.

Die Bremskraft greife in der Höhe h über dem Gelenk an und wirke von rechts nach links. Aus Gl. 28, und 29 wird mit $b=0$

$$X_{B=1}=-\frac{\sum\limits_{A}^{G}y_2\cdot w_2+\sum\limits_{A}^{G}\frac{s}{F}\cos^2\varphi+\sum\limits_{A}^{G}\frac{E\cdot s}{G\cdot F'}\sin^2\varphi}{2\left\{\sum\limits_{A}^{G}y_2 w_2+\sum\limits_{A}^{G}\frac{s}{F}\cos^2\varphi+\sum\limits_{A}^{G}\frac{E\cdot s}{G\cdot F'}\sin^2\varphi\right\}}$$

$$-\frac{h}{E\delta_{xx}}\cdot\sum\limits_{A}^{G}w_2$$

$$X_{B=1}=-\frac{1}{2}-\frac{h}{E\delta_{xx}}\cdot\sum\limits_{A}^{G}w_2 \quad\ldots\ldots\ldots\ldots\ldots (8)$$

$$Y_{B=1}=-\frac{\sum\limits_{A}^{G}w_1\cdot y_1-\sum\limits_{A}^{G}\frac{s}{F}\cos\varphi\cdot\sin\varphi+\sum\limits_{A}^{G}\frac{E\cdot s}{G\cdot F'}\cdot\cos\varphi\cdot\sin\varphi}{E\cdot\delta_{yy}}$$

$$-\frac{h}{E\cdot\delta_{yy}}\cdot\sum\limits_{A}^{G}w_1.$$

Nun ist aber:

$$\sum\limits_{A}^{G}w_1\cdot y_1-\sum\limits_{A}^{G}\frac{s}{F}\cdot\cos\varphi\cdot\sin\varphi+\sum\limits_{A}^{G}\frac{E\cdot s}{G\cdot F'}\cos\varphi\cdot\sin\varphi=E\cdot\delta_{gx}.$$

somit

$$Y_{B=1}=-\frac{E\cdot\delta_{gx}}{E\cdot\delta_{yy}}-\frac{h}{E\delta_{yy}}\cdot\sum\limits_{A}^{G}w_1,$$

oder, wenn nur die Einflußlinienordinate $X_{P_{G=1}}$ bekannt ist,

$$Y_{B=1}=-X_{P_{G=1}}\cdot\frac{\delta_{xx}}{\delta_{yy}}-\frac{h}{E\delta_{yy}}\cdot\sum\limits_{A}^{G}w_1. \quad\ldots (9)$$

§ 6. Die Einsenkungen im Scheitel.

a) Einsenkung unter der ständigen Last.

Aus Gl. 31 b § 8 Kap. I wird mit $l_y=0$; $l_x=l$, $H'=H_s$ die Einsenkung:

$$\delta_{Ge}=\frac{H_s}{EF_s}\cdot\{f+l\cdot X_{P_G=1}\}, \quad\ldots\ldots (10)$$

worin $\quad$ δ_{Ge} Einsenkung im Scheitel inf. Eigenlast,
H_s Horizontalschub im Dreigelenkbogen,
F_s Scheitelquerschnitt,
f Pfeilhöhe,
l Spannweite,
$X_{P_{G}=1}$ Ordinate der X-Linie im Gelenk G.

Diese Formel liefert die Einsenkung sehr rasch und scharf. Bedingung ist jedoch, daß die gesamte ständige Last aufgebracht oder an deren Stelle künstliche Belastungen angebracht werden. Sollte die Drucklinie z. B. im Bauzustand nicht mit der Bogenachse zusammenfallen, so sind an Stelle der $\varDelta X_e$ in Gl. 31 die $\varDelta X_s$ einzuführen. Die obige Formel gilt dann nicht mehr und würde zu kleine Einsenkungen liefern, man hat dann Gl. 10 abzuändern in:

$$ E \cdot \delta_{Ge} = + H'_B \cdot \frac{f}{F_s} + \varDelta X_s \cdot E \cdot \delta_{gx} - H'_B \cdot \int_A^G \eta \cdot \frac{x \cdot ds}{J} \quad ^1) \quad (11) $$

$H'_B = $ Horiz.-Schub im Bauzustand

b) Wärmeänderung.

Infolge gleichmäßiger Temperaturerhöhung um t^0 wird aus Gl. 38 mit $\varDelta Y_t = 0$

$$ \delta_{Gt} = - a \cdot t^0 \cdot \{f + l \cdot X_{P_{G}=1}\}, \quad\ldots\ldots (12) $$

wobei das Minuszeichen Hebung inf. Erwärmung bedeutet.

c) Ausweichen der Widerlager um $\varDelta l$.

Infolge der Spannweitevergrößerung $\varDelta l$ entstehen die Momente $M_v = X_v \cdot y$ und die Längskräfte $N_v = - X_v \cos \varphi$:

$$ d\gamma = \frac{M_v}{EJ} \cdot ds, \qquad \varDelta ds = \frac{N_v}{EF} \cdot ds. $$

Setzen wir diese Werte in der Ableitung § 9a Kap. 1 ein, so erhalten wir schließlich mit

$$ X_v = - \frac{\varDelta l}{E \delta_{xx}}, \qquad Y_v = 0 $$

$$ \delta_{G,\,v} = - \delta_{gx} \cdot X_v = + \varDelta l \cdot X_{P_{G}=1} \quad \ldots\ldots (13) $$

d) Die Einsenkung unter der Verkehrslast.

Die Einsenkung wird für wandernde Lasten am besten mit Hilfe einer Einflußlinie bestimmt, die zeichnerisch ermittelt wird:

$$ \delta_{Gm} = - \delta_{gx} \cdot X_{P_m=1} + \tfrac{1}{2} \delta_{yy} \cdot Y_{P_m=1} \quad \ldots\ldots (14) $$

$^1)$ Im Bauzustand verläuft die Drucklinie gewöhnlich unterhalb der Bogenachse und η wird negativ.

§ 7. Die Verdrehung der Scheitelquerschnitte.

a) Eigengewicht.

Aus Gl. 32 wird mit $\Delta Y_s = 0 \quad \sum\limits_{A}^{B} w_1 = 0$

$$E \cdot \gamma_e = -\Delta X_e \cdot \sum\limits_{A}^{B} w_2 = +2\,\mu \cdot H_s \cdot \sum\limits_{A}^{G} w_2 \quad \ldots \ldots \quad (15)$$

b) Temperaturänderung.

$$E \cdot \gamma_t = -X_t \cdot \sum\limits_{A}^{B} w_2 = -\frac{2\,\alpha \cdot t^0 \cdot l}{\delta_{xx}} \cdot \sum\limits_{A}^{G} w_2 \quad \ldots \ldots \quad (16)$$

c) Spannweitevergrößerung.

$$E \cdot \gamma_v = +X_v \cdot \sum\limits_{A}^{B} w_2 = +\frac{2\,\Delta l}{\delta_{xx}} \cdot \sum\limits_{A}^{G} w_2 \quad \ldots \ldots \quad (17)$$

d) Verkehrslast.

Wir wollen hier im Gegensatz zu § 11 Kap. I die Einflußlinie ableiten, da die Untersuchung auch Wert für den eingespannten Bogen hat. Infolge der Momente $\overset{\frown}{\pi_G^l} = -1$ und $\overset{\frown}{\pi_G^r} = -1$ entstehen im Eingelenkbogen:

$$X_{\pi_G=1} = +\frac{2 \cdot \sum\limits_{A}^{G} w_2}{E \cdot \delta_{xx}}; \qquad Y = 0$$

$$M = +y \cdot X_{\pi_G=1} - 1.$$

Die Einflußlinie ergibt sich nach Mohr als Momentenlinie des in G eingespannten Balkens AG bzw. BG, belastet mit der reduzierten Momentenfläche:

$$\delta_m = \int\limits_{A}^{m} \frac{M}{EJ} \cdot ds \cdot (x-a) = \int\limits_{A}^{m} \left(\frac{y \cdot X_{\pi_G=1}}{EJ} - \frac{1}{EJ} \right) \cdot ds \cdot (x-a)$$

$$E \cdot \delta_m = X_{\pi_G} \cdot \int\limits_{A}^{m} \frac{y \cdot (x-a)}{J} \cdot ds - \int\limits_{A}^{m} \frac{(x-a)}{J} \cdot ds$$

stat. Moment der w-Gewichte in
bezug auf eine Lotrechte durch m

$$E \cdot \delta_m = +E \cdot \delta_{mx} \cdot X_{\pi_G=1} - \sum\limits_{A}^{m} w \cdot (x_0 - a) \quad \ldots \ldots \quad (18)$$

zu entnehmen aus
Fig. 7 d

Drittes Kapitel.

Tabellen und Tafeln
für symmetrische Eingelenkbogen-Brücken.

§ 1. Vorbemerkungen.

Die in Kap. I und II dargestellte Methode führt stets zum Ziel und eignet sich besonders zum Spannungsnachweis in Gewölben, deren Form bereits festgelegt ist. Diese Berechnungsart ist jedoch zeitraubend und deshalb für die anfängliche Berechnung ungeeignet.

Die Rechnung wird erleichtert, wenn man für die statisch nicht bestimmbaren Größen geschlossene Ausdrücke herleiten kann, was jedoch erfordert, daß man für Gewölbeachse und Querschnittszunahme mathematische Gesetze zugrunde legt, die sich der Wirklichkeit möglichst gut anpassen. Solche Gesetze sind bereits von Dr. Max Ritter, Vieser[1]), Dr. Färber und Straßner aufgestellt worden. Obschon sie, mit Ausnahme des Vieserschen allgemeinen Gesetzes, für den gelenklosen Bogen aufgestellt wurden, so läßt sich doch sagen, daß sie für den Eingelenkbogen sehr gut passen, sogar viel besser als für gelenklose Gewölbe. Das Gesetz Straßners schließt sich an die günstigste Gewölbeform, was Materialverbrauch anbelangt, bis auf $4,5\,^0/_0$ an, ohne daß in irgendeinem Schnitte die Spannungen überschritten würden. Die Annäherungsformeln werden sowohl für das Rittersche als auch das Straßnersche Gesetz gegeben. Die verschiedenen Gesetze werden an Hand eines Beispiels im Kap. IV miteinander verglichen.

§ 2. Die Bogenform.

Die Achse massiver Bogentragwerke wird gewöhnlich nach einer, von der Drucklinie für ständige Last oder ständige Last $+\,^1/_2$ Verkehrslast wenig abweichenden Kurve gebildet. Die Auffindung der Drucklinie wird insofern erschwert, als sie vom Gewicht des darüberliegenden Aufbaues abhängt, letzteres aber wiederum von der

---

[1]) Ing. Vieser, Triest, Der Eingelenkbogen. Arm. Beton 1914.

Drucklinienform selbst abhängig ist. Die folgenden Untersuchungen bezwecken, das Suchen nach der richtigen Drucklinie abzukürzen und die theoretische Grundlage für die anzuwendenden Gesetze der Bogenform zu geben.

a) Ableitung des Bogenmittelliniengesetzes für den rechtwinklig symmetrischen Bogen.

Wir tragen in jedem Schnitt des Bogens von einer horizontalen Geraden die Belastung g pro Längeneinheit aus ständiger Last als Ordinaten auf und verbinden deren Endpunkte durch eine Kurve,

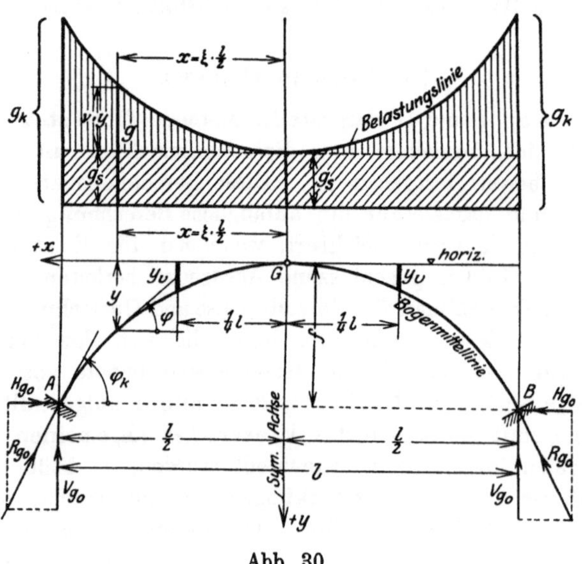

Abb. 30.

die Belastungslinie des Bogens. Sie hat im Scheitel die Ordinate g_s im Kämpfer g_k gleich dem Kämpfergewicht pro Längeneinheit. Die Belastungsfläche setzt sich im wesentlichen aus einem Rechteck von der Höhe g_s gleich dem Scheitelgewicht und einem der Bogenordinate y proportionalen Teil νy zusammen. Die Beziehung lautet im Punkte (ξ, y)

$$g = g_s + \nu \cdot y,$$

im Kämpfer

$$g_k = g_s + \nu \cdot f,$$

woraus

$$\nu = \frac{g_k - g_s}{f}$$

und somit

$$g = g_s \cdot \left(1 + \frac{y}{f} \cdot \left(\frac{g_k}{g_s} - 1\right)\right).$$

Setzen wir hierin zur Abkürzung

$$m = \frac{g_k}{g_s}, \quad \ldots \ldots \ldots \ldots \quad (1)$$

so folgt für das Belastungsgesetz des symmetrischen Bogens:

$$g = g_s \left[1 + \frac{y}{f} \cdot (m-1)\right] \quad \ldots \ldots \ldots \quad (2)$$

Die Differentialgleichung der Seilkurve lautet:

$$H_{g_0} \cdot \frac{d^2 y}{dx^2} = g = g_s \cdot \left[1 + \frac{y}{f}(m-1)\right]$$

oder wegen

$$x = \frac{l}{2}\xi, \quad dx = \frac{l}{2}d\xi, \quad dx^2 = \frac{l^2}{4}d\xi^2$$

geordnet:

$$\frac{d^2 y}{d\xi^2} - \underbrace{\frac{(m-1)}{f} \cdot \frac{g_s}{H_{g_0}} \cdot \frac{l^2}{4}}_{k^2} \cdot y = \underbrace{\frac{g_s}{H_{g_0}} \cdot \frac{l^2}{4}}_{k^2 \cdot \frac{f}{m-1}} \quad \ldots \ldots \ldots \quad (3)$$

Differentialgleichung der Bogenmittellinie d. symmetrischen Bogens

Die Differentialgleichung ist linear und inhomogen, sie besitzt eine Lösung

$$y = \eta + y_0,$$

worin η die Lösung der reduzierten Differentialgleichung und y_0 ein partikuläres Integral bedeutet. Die reduzierte Differentialgleichung

$$\frac{d^2 \eta}{d\xi^2} - k^2 \cdot y = 0$$

besitzt die Lösungen:

$$\eta = c_1 \cdot e^{r_1 \xi} + c_2 \cdot e^{r_2 \xi},$$

dabei sind aus der charakteristischen Gleichung r nach

$$r^2 - k^2 = 0, \quad \frac{r_1}{r_2} = \frac{+}{-} k$$

zu bestimmen.

$$\eta = c_1 \cdot e^{\xi k} + c_2 \cdot e^{-\xi k} \quad \text{Lösung der reduzierten Differentialgleichung.}$$

Für das partikuläre Integral setzen wir probeweise:

$$y_0 = c_3 \cdot \frac{g_s}{H_{g_0}} \cdot \frac{l^2}{4}.$$

Dieser Wert muß die Differentialgleichung 3 erfüllen. Setzt man in 3 $y = y_0$ ein, so folgt unmittelbar aus Gl. 3

$$\frac{d^2 y_0}{d\xi^2} = 0,$$

$$0 - k^2 \cdot y_0 = k^2 \cdot \frac{f}{m-1},$$

$$y_0 = - \frac{f}{m-1}.$$

Die Lösung der Differentialgleichung 3 ergibt sich demnach zu:

$$y = y_0 + \eta = - \frac{f}{m-1} + c_1 \cdot e^{\xi k} + c_2 \cdot e^{-\xi k},$$

$$\frac{dy}{d\xi} = k \cdot c_1 \cdot e^{\xi k} - k \cdot c_2 \cdot e^{-\xi k}.$$

Im Scheitel ist die Tangente horizontal:

$$\xi = 0, \quad \frac{dy}{d\xi} = 0 = c_1 \cdot 1 - c_2 \cdot 1, \quad c_2 = c_1 = c,$$

$$y = - \frac{f}{m-1} + c \cdot (e^{\xi k} + e^{-\xi k})$$

für $\xi = 0$, ist $y = 0$

$$0 = - \frac{f}{m-1} + 2c, \quad c = + \frac{f}{2(m-1)}.$$

Die Gleichung der Bogenachse des symmetrischen Bogens ergibt sich nun zu:

$$y = - \frac{f}{m-1} + \frac{f}{m-1} \cdot \frac{1}{2} \cdot (e^{\xi k} + e^{-\xi k}) = \frac{f}{m-1} \cdot \left(\frac{e^{\xi k} + e^{-\xi k}}{2} - 1 \right)$$

oder nach Einführen des hyperbolischen Kosinus:

$$\mathfrak{Cof}\, \xi k = \frac{e^{\xi k} + e^{-\xi k}}{2}.$$

Gleichung der Bogenachse des symmetrischen Gewölbes:

$$(S) \quad \boxed{\, y = \frac{f}{m-1} \left[\mathfrak{Cof}\, \xi k - 1 \right] \,} \quad \ldots \ldots \quad (4)$$

Hierin ist k noch nicht bestimmt. Im Kämpfer wird $y = f$

$$\xi = 1, \quad f = \frac{f}{m-1} \cdot \left[\mathfrak{Cof}\, k - 1 \right];$$

$$(\text{Gl. 1}) \qquad m = \frac{g_k}{g_s}, \qquad \mathfrak{Cof}\, k = m, \qquad k = \mathfrak{Ar}\, \mathfrak{Cof}\, m \quad \ldots \ldots \quad (5)$$

Dieses ist das von Ingenieur Straßner und Färber auf etwas anderem Wege abgeleitete Gesetz.

Aus

$$k^2 = \frac{m-1}{f} \cdot \frac{g_s}{H_{g_0}} \cdot \frac{l^2}{4}$$

folgt die Bogenkraft H_{g_0} aus ständiger Last zu:

$$H_{g_0} = \frac{g_s \cdot l^2}{8f} \cdot 2\,\frac{m-1}{k^2} \quad \dots \dots \dots \dots \quad (6)$$

Die lotrechte Auflagerkraft V_{g_0} wird:

$$V_{g_0} = \int\limits_0^{\frac{l}{2}} g \cdot dx = \frac{l}{2}\int\limits_0^1 g_s \cdot \left(1 + \frac{y}{f}(m-1)\right) d\xi$$

$$= \frac{l \cdot g_s}{2}\int\limits_0^1 \left[1 + (\mathfrak{Cof}\,\xi\,k - 1)\right] d\xi = g_s \cdot \frac{l}{2}\int\limits_0^1 \mathfrak{Cof}\,\xi\,k \cdot d\xi,$$

$$V_{g_0} = g_s \cdot \frac{l}{2} \cdot \frac{\mathfrak{Sin}\,k}{k} \quad \dots \dots \dots \dots \quad (7)$$

Der Winkel φ, den die Tangente an die Bogenachse mit der Horizontalen einschließt, ergibt sich durch Differentiation der Gleichung für die Bogenachse:

$$\operatorname{tg}\varphi = \frac{dy}{dx} = \frac{2}{l} \cdot \frac{dy}{d\xi} = \frac{2}{l} \cdot \frac{f \cdot k}{m-1} \cdot \mathfrak{Sin}\,\xi\,k,$$

$$\operatorname{tg}^2\varphi = \frac{4f^2}{l^2} \cdot \frac{k^2}{(m-1)^2} \cdot \mathfrak{Sin}^2\,\xi\,k;$$

oder

$$\left(\frac{l}{f}\right)^2 \cdot \operatorname{tg}^2\varphi = \frac{4k^2}{(m-1)^2} \cdot \mathfrak{Sin}^2\,\xi\,k \quad \dots \dots \dots \quad (8)$$

Oft wird die Bogenform, anstatt durch das Verhältnis $m = \dfrac{g_k}{g_s}$, durch das Verhältnis der Ordinate y_v im Gewölbeviertel zur Pfeilhöhe charakterisiert.

Es ist aus Gl. 4 mit $\xi = \frac{1}{2}$, $y = y_v$

$$\mathfrak{Cof}\,\frac{k}{2} = (m-1) \cdot \frac{y_v}{f} + 1.$$

Nun ist aber aus der Theorie der Hyperbelfunktionen:

$$\mathfrak{Cof}\,\frac{k}{2} = \mathfrak{Cof}\,\frac{1}{2}\,\mathfrak{Ar}\,\mathfrak{Cof}\,m = \mathfrak{Cof}\,\mathfrak{Ar}\,\mathfrak{Cof}\,\sqrt{\frac{m+1}{2}} = \sqrt{\frac{m+1}{2}}$$

in die obere Gleichung eingesetzt und quadriert:

$$\frac{m+1}{2} = \left(\frac{y_v}{f}\right)^2 (m-1)^2 + 2(m-1)\frac{y_v}{f} + 1$$

oder

$$m+1 = 2\left(\frac{y_v}{f}\right)^2 (m-1)^2 + 4\frac{y_v}{f}(m-1) + 2\,;$$

$$m-1 = \frac{1 - 4\frac{y_v}{f}}{2\left(\frac{y_v}{f}\right)^2} \quad \ldots \ldots \ldots \ldots \quad (9)$$

Die genaue Beziehung zwischen m und $\frac{y_v}{f}$ ist, wie man sieht, sehr einfacher Natur. Für

$$\frac{y_v}{f} = \frac{1}{4} = 0{,}25$$

liefert sie

$$m = 1\,, \qquad g_k = g_s\,.$$

In diesem Falle wird

$$H_{g_0} \cdot \frac{d^2 y}{d\xi^2} = \frac{l^2}{4} \cdot g_s,$$

$$\frac{dy}{d\xi} = \frac{l^2}{4} \cdot \frac{g_s}{H_{g_0}} \cdot \xi,$$

$$y = \frac{l^2}{2 \cdot 4 H_{g_0}} \cdot g_s \cdot \xi^2, \qquad \text{die Integrationskonstanten}$$
verschwinden.

Für $\xi = 1$ wird $y = f$:

$$f = \frac{l^2}{8} \cdot \frac{g_s}{H_{g_0}}\,;$$

daraus:

Parabel:
$m = 1$
$\frac{y_v}{f} = 0{,}25$

$$\left.\begin{array}{l} H_{g_0} = \dfrac{g_s \cdot l^2}{8 \cdot f}, \\[2mm] y = f \cdot \xi^2; \qquad \xi = \dfrac{x}{l/2} \end{array}\right\} \quad \ldots \ldots \ldots \quad (10)$$

$$\operatorname{tg}\varphi = \frac{dy}{dx} = \frac{dy}{d\xi} \cdot \frac{2}{l} = 4 \cdot \frac{f}{l} \cdot \xi,$$

$$\left(\frac{l}{f}\right)^2 \operatorname{tg}^2\varphi = 16\,\xi^2\,.$$

Wir wollen hier noch eine Näherungslösung der Gl. 4 ableiten, die für die Berechnung der statisch nicht bestimmbaren Größen hinreichend genau ist. Wir entwickeln $\mathfrak{Cof}\,\xi k$ in eine unendliche Reihe:

$$\mathfrak{Cof}\,\xi k = 1 + \xi^2 \cdot \frac{k^2}{2!} + \xi^4 \cdot \frac{k^4}{4!} + \xi^6 \cdot \frac{k^6}{6!} + \cdots$$

$$y = \frac{f}{m-1} \cdot [\mathfrak{Cof}\,\xi k - 1] = \frac{f}{m-1} \cdot \left[\xi^2 \cdot \frac{k^2}{2!} + \xi^4 \cdot \frac{k^4}{4!} + \cdots\right]$$

$$= f \cdot (a_1\,\xi^2 + a_2\,\xi^4).$$

Hier sind a_1 und a_2 unbestimmte Koeffizienten.

$$\left.\begin{array}{l} \xi = 1\ ;\quad y = f\ ;\quad a_1 + a_2 = 1 \\[2mm] \xi = \dfrac{1}{2}\ ;\quad y = y_v\ ;\quad \dfrac{a_1}{4} + \dfrac{a_2}{16} = \dfrac{y_v}{f} \end{array}\right\}\quad -4;\quad -16.$$

Aus diesen zwei Gleichungen lassen sich a_1 und a_2 berechnen:

$$a_2 \cdot \underset{\frac{3}{4}}{\left(1 - \frac{1}{4}\right)} = 1 - 4\,\frac{y_v}{f}\ ;\quad a_2 = \frac{4}{3} \cdot \left(1 - 4\,\frac{y_v}{f}\right),$$

$$a_1 \,(1 - 4) = 1 - 16\,\frac{y_v}{f}\ ;\quad a_1 = \frac{1}{3}\left(16\,\frac{y_v}{f} - 1\right),$$

$$\left.\begin{array}{l} y = \dfrac{f}{3}\left[\left(16\,\dfrac{y_v}{f} - 1\right) \cdot \xi^2 - 4 \cdot \left(4\,\dfrac{y_v}{f} - 1\right)\xi^4\right], \\[4mm] \text{oder mit Einführen von } \beta = 4 \cdot \dfrac{y_v}{f}: \\[4mm] y = \dfrac{f}{3} \cdot [(4\beta - 1)\,\xi^2 - 4 \cdot (\beta - 1)\,\xi^4]. \end{array}\right\}\quad \ldots\ (11)$$

Für die Ordinaten der Bogenachse ist am Schlusse des 3. Paragraphen eine Tabelle zusammengestellt worden, welche für verschiedenes $m = \dfrac{g_k}{g_s}$ die Ordinaten y in 24 Punkten des Bogens enthält. Diese Tabelle soll eine Vervollständigung der Straßnerschen Tabellen darstellen. Die Tabelle für die Winkel φ wird im § 3 angeführt.

b) Das Bogenmittelliniengesetz für Bögen mit gleich hohen Kämpfern, aber ansteigender Fahrbahn.

Mit den Bezeichnungen der Abb. 31 erhält man für das Belastungsgesetz:

$$g = g_s + \nu \cdot y + \frac{\varDelta g}{2} \cdot \xi.$$

Im Kämpfer links ist $\xi = +1; \quad g = g_{kl}; \quad y = f$

$$g_{kl} = g_s + \nu \cdot f + \frac{\varDelta g}{2};$$

im Kämpfer rechts ist $\xi = -1; \quad g = g_{kr}; \quad y = f$

$$g_{kr} = g_s + \nu f - \frac{\varDelta g}{2}.$$

Im Scheitel

$$\xi = 0, \quad y = 0, \quad g_s.$$

Wir addieren die beiden Gleichungen und erhalten:

$$g_{kl} + g_{kr} = 2 g_s + 2 \nu \cdot f$$

$$f \cdot \nu = \frac{g_{kl} + g_{kr}}{2} - g_s,$$

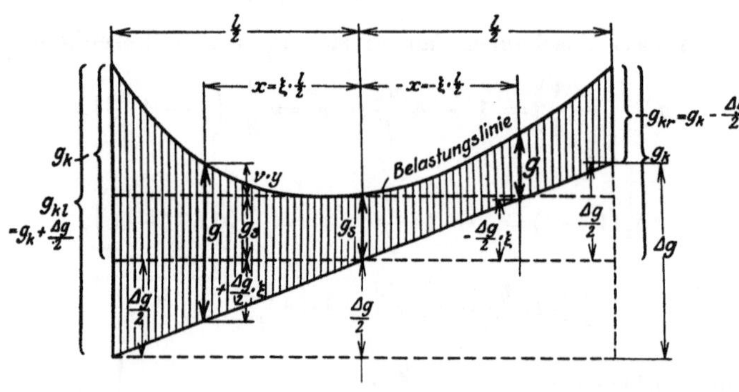

Abb. 31.

nun ist aber

$$g_{kl} = g_k + \frac{\varDelta g}{2},$$

$$g_{kr} = g_k - \frac{\varDelta g}{2},$$

also:

$$\nu \cdot f = g_k - g_s, \quad \nu = \frac{g_s}{f} \cdot (m - 1)$$

$$g = g_s \left[1 + \frac{\varDelta g}{2 g_s} \cdot \xi + \frac{y}{f} \cdot (m - 1) \right] \quad \ldots \ldots \quad (12)$$

Die Differentialgleichung der Bogenmittellinie lautet nach Einführen der horizontalen Komponente H' der Bogenkraft:

$$H' \cdot \frac{d^2 y}{dx^2} = g; \quad \frac{d^2 y}{d\xi^2} = \frac{g_s \cdot l^2}{4 H'} \cdot \left[1 + \frac{\varDelta g}{2 g_s} \cdot \xi + \frac{y}{f} (m - 1) \right].$$

Die Lösung dieser linearen, inhomogenen Differentialgleichung setzt sich aus der Lösung der reduzierten Gleichung:

$$\frac{d^2\eta}{d\xi^2} - \frac{g_s \cdot l^2\,(m-1)}{4\,H' \cdot f} \cdot \eta = 0$$

und einem partikulären Integral zusammen zu:

$$y = \eta + y_0.$$

Die Lösung der reduzierten Differentialgleichung lautet mit der Abkürzung:

$$k^2 = \frac{m-1}{f} \cdot \frac{g_s}{H'} \cdot \frac{l^2}{4}$$

wie beim symmetrischen Bogen:

$$\eta = c_1 \cdot e^{+\xi k} + c_2 \cdot e^{-\xi k}.$$

Für das partikuläre Integral setzt man wieder:

$$y_0 = c_3 \cdot \frac{f}{m-1} \cdot k^2 \cdot \left(1 + \frac{\Delta g}{2\,g_s} \cdot \xi\right)$$

$$\frac{d^2 y_0}{d\xi^2} = 0 = k^2 \cdot \frac{f}{m-1} \cdot \left[\left(1 + \frac{\Delta g}{2\,g_s} \cdot \xi\right) + c_3 \cdot k^2 \cdot \left(1 + \frac{\Delta g}{2\,g_s} \cdot \xi\right)\right],$$

daraus folgt

$$c_3 = -\frac{1}{k^2}.$$

und

$$y_0 = -\frac{f}{m-1} \cdot \left(1 + \frac{\Delta g}{2\,g_s} \cdot \xi\right)$$

als partikuläre Lösung.

Hiermit die allgemeine Lösung:

$$y = \eta + y_0 = -\frac{f}{m-1} \cdot \left(1 + \frac{\Delta g}{2\,g_s} \cdot \xi\right) + c_1 \cdot e^{+\xi k} + c_2 \cdot e^{-\xi k}.$$

In den beiden Kämpfern ist $y = f$; $\xi = +1, -1$

$$\xi = +1; \quad f = -\frac{f}{m-1} \cdot \left(1 + \frac{\Delta g}{2\,g_s}\right) + c_1 \cdot e^{+k} + c_2 \cdot e^{-k} \quad \cdot \ \cdot \ (a)$$

$$\xi = -1; \quad f = -\frac{f}{m-1} \cdot \left(1 - \frac{\Delta g}{2\,g_s}\right) + c_1 \cdot e^{-k} + c_2 \cdot e^{+k} \quad \cdot \ \cdot \ (b)$$

$$\xi = 0; \quad y = 0 = -\frac{f}{m-1} + c_1 + c_2 \quad \cdot \ \cdot \ \cdot \ \cdot \ \cdot \ \cdot \ \cdot \ \cdot \ (c)$$

b von **a** subtrahiert:

$$0 = -\frac{f}{m-1}\cdot\frac{\Delta g}{2g_s}\cdot 2 + c_1\cdot(e^{+k}-e^{-k}) - c_2\cdot(e^{+k}-e^{-k})$$

$$0 = -\frac{f}{m-1}\cdot\frac{\Delta g}{2g_s} + c_1\cdot\frac{1}{2}(e^k-e^{-k}) - c_2\cdot\frac{1}{2}(e^k-e^{-k})$$

$$0 = -\frac{f}{m-1}\cdot\frac{\Delta g}{2g_s} + c_1\cdot\mathfrak{Sin}\,k - c_2\cdot\mathfrak{Sin}\,k$$

$$c_1 - c_2 = +\frac{f}{m-1}\cdot\frac{\Delta g}{2g_s}\cdot\frac{1}{\mathfrak{Sin}\,k} \quad \cdots \cdots \quad (d)$$

$$c_1 + c_2 = +\frac{f}{m-1} \quad \cdots \cdots \cdots \quad (c)$$

Aus den Gl. d und c erhalten wir für die Koeffizienten:

$$c_1 = +\frac{1}{2}\cdot\frac{f}{m-1}\cdot\left(1+\frac{\Delta g}{2g_s}\cdot\frac{1}{\mathfrak{Sin}\,k}\right),$$

$$c_2 = +\frac{1}{2}\cdot\frac{f}{m-1}\cdot\left(1-\frac{\Delta g}{2g_s}\cdot\frac{1}{\mathfrak{Sin}\,k}\right).$$

Dies in die Gleichung für y eingesetzt:

$$y = -\frac{f}{m-1}\cdot\left[\left(1+\frac{\Delta g}{2g_s}\cdot\xi\right) - \frac{1}{2}\cdot\left(1+\frac{\Delta g}{2g_s}\cdot\frac{1}{\mathfrak{Sin}\,k}\right)\cdot e^{+\xi\cdot k}\right.$$

$$\left. - \frac{1}{2}\cdot\left(1-\frac{\Delta g}{2g_s}\cdot\frac{1}{\mathfrak{Sin}\,k}\right)\cdot e^{-\xi\cdot k}\right]$$

$$= +\frac{f}{m-1}\cdot\left[\frac{1}{2}\cdot(e^{\xi k}+e^{-\xi k}) + \frac{\Delta g}{2g_s}\cdot\frac{1}{\mathfrak{Sin}\,k}\cdot\frac{1}{2}\cdot(e^{\xi k}-e^{-\xi k})\right.$$

$$\left. - 1 - \frac{\Delta g}{2g_s}\cdot\xi\right].$$

Hieraus wird durch Einführen der Hyperbelfunktionen

$$\mathfrak{Cof}\,x = \tfrac{1}{2}(e^x+e^{-x}); \quad \mathfrak{Sin}\,x = \tfrac{1}{2}(e^x-e^{-x}):$$

$$\underline{\underline{y = \frac{f}{m-1}\cdot\left[(\mathfrak{Cof}\,\xi k - 1) + \frac{\Delta g}{2g_s}\cdot\left(\frac{\mathfrak{Sin}\,\xi k}{\mathfrak{Sin}\,k} - \xi\right)\right]}}$$

als Gleichung der Drucklinie im unsymmetrischen Bogen erhalten, worin wegen

$$\xi = 1; \quad y = f; \quad m-1 = \mathfrak{Cof}\,k - 1 + \underbrace{\frac{\Delta g}{2g_s}\left(\frac{\mathfrak{Sin}\,k}{\mathfrak{Sin}\,k} - 1\right)}_{0}: \quad \left.\right\} \cdot \ (13)$$

$$\Delta g = g_{kl} - g_{kr},$$

$$\mathfrak{Cof}\,k = m; \quad k = \mathfrak{Ar}\,\mathfrak{Cof}\,m; \quad m = \frac{g_k}{g_s}; \quad g_k = \frac{g_{kl}+g_{kr}}{2}.$$

Bezeichnet man die Ordinate des symmetrischen Bogens mit y_I, diejenige des unsymmetrischen Bogens mit y_{II}, so wird:

<table>
<tr><td align="center">symmetrischer Bogen</td><td align="center">unsymmetrischer Bogen mit gleich
hohen Kämpfern</td></tr>
</table>

$$y_I = \frac{f}{m-1}\left(\mathfrak{Cof}\,\xi\,k - 1\right);\qquad y_{II} = \frac{f}{m-1}\cdot\left(\mathfrak{Cof}\,\xi\,k - 1\right)$$

$$+ \frac{f}{m-1}\cdot\frac{\varDelta g}{2\,g_s}\cdot\left(\frac{\mathfrak{Sin}\,\xi\,k}{\mathfrak{Sin}\,k} - \xi\right);$$

der Unterschied $\varDelta y$ zwischen beiden Ordinaten:

(U.)
$$\boxed{\varDelta y = y_{II} - y_I = \frac{\varDelta g}{2\,g_s}\cdot\frac{f}{m-1}\cdot\left[\frac{\mathfrak{Sin}\,\xi\,k}{\mathfrak{Sin}\,k} - \xi\right].}\quad \ldots \ (14)$$

Die Werte $\dfrac{1}{m-1}\cdot\left[\dfrac{\mathfrak{Sin}\,\xi\,k}{\mathfrak{Sin}\,k} - \xi\right]$ sind am Schluß des Paragraphen 3 in einer Tabelle zusammengestellt, in der man in jedem 24. Punkt des Bogens für verschiedene m die $\varDelta y$ ablesen kann. Der Horizontalschub H' ergibt sich aus:

$$k^2 = \frac{m-1}{f}\cdot\frac{g_s}{H'}\cdot\frac{l^2}{4},$$

$$H' = \frac{g_s\cdot l^2}{8\cdot f}\cdot 2\cdot\frac{m-1}{k^2} = H_{g_0} \quad \ldots \ldots \ (13)$$

Wird $m = 1$, so resultiert aus Gl. 13 und 14 die unbestimmte Form $\frac{0}{0}$; man integriert hier besser die Differentialgleichung nochmals unter der Annahme $m = 1$.

$$\frac{d^2y}{d\xi^2} = \frac{g_s\,l^2}{4\,H'}\cdot\left(1 + \frac{\varDelta g}{2\,g_s}\cdot\xi\right),$$

$$\frac{dy}{d\xi} = \frac{g_s\,l^2}{4\,H'}\cdot\left(\xi + \frac{\varDelta g}{2\,g_s}\cdot\frac{\xi^2}{2} + c_1\right),$$

$$y = \frac{g_s\cdot l^2}{4\,H'}\cdot\left(\frac{\xi^2}{2} + \frac{\varDelta g}{2\,g_s}\cdot\frac{\xi^3}{6} + c_1\cdot\xi\right) + c_2.$$

Im Scheitel ist $y = 0$, $\xi = 0$, deshalb $c_2 = 0$,
„ linken Kämpfer ist $y = f$, $\xi = +1$,
„ rechten „ „ $y = f$, $\xi = -1$.

$$\xi = +1;\qquad f = \frac{g_s\,l^2}{4\,H'}\cdot\left(\frac{1}{2} + \frac{1}{6}\frac{\varDelta g}{2\,g_s} + c_1\right)\quad \ldots \ldots \ (a)$$

$$\xi = -1;\qquad f = \frac{g_s\,l^2}{4\,H'}\cdot\left(\frac{1}{2} - \frac{1}{6}\frac{\varDelta g}{2\,g_s} - c_1\right)\quad \ldots \ldots \ (b)$$

$$a + b; \qquad f = \frac{g_s\, l^2}{8\,H'}, \quad \text{daraus:} \quad \underline{H' = \frac{g_s \cdot l^2}{8 \cdot f}},$$

$$a - b; \qquad 0 = \frac{2}{6}\frac{\Delta g}{2\,g_s} + 2\,c_1; \quad c_1 = -\frac{1}{6}\frac{\Delta g}{2\,g_s},$$

$$m = 1$$

$$\frac{y_v}{f} = 0{,}25 \qquad y = f\,\xi^2 + \underbrace{\frac{f}{3}\cdot\frac{\Delta g}{2\,g_s}\cdot\xi\cdot(\xi^2 - 1)}_{\Delta y} \;\; \ldots\ldots\ldots \quad (13\,\mathrm{a})$$

$$\text{Parabel}$$

Ähnlich wie im vorigen Abschnitt leiten wir für Gl. 14 eine Näherungsformel ab, indem wir setzen:

$$\Delta y = \frac{\Delta g}{2\,g_s}\cdot\frac{f}{m-1}\cdot\left[\frac{\mathfrak{Sin}\,\xi\,k}{\mathfrak{Sin}\,k} - \xi\right] = \Delta y_v\cdot(a_1\,\xi + a_2\,\xi^3),$$

$$\left.\begin{aligned}\xi &= \pm 1; \quad \Delta y = 0; \qquad 0 = a_1 + a_2 \\[4pt]\xi &= \pm\,{}^1\!/_2; \quad \Delta y = \pm\,\Delta y_v; \quad 1 = \frac{a_1}{2} + \frac{a_2}{8}\end{aligned}\right\},$$

$$a_1 = -\,a_2 = a,$$

$$1 = \frac{a}{2} - \frac{a}{8} \qquad a = \frac{8}{3},$$

$$\Delta y = \frac{8}{3}\,\Delta y_v\cdot\xi\cdot(1 - \xi^2) \;\; \ldots\ldots\ldots \quad (15)$$

Abweichung der Bogenmittellinie des symmetrischen Bogens vom unsymmetrischen Bogen.

c) Bogen mit ungleich hohen Kämpfern und parallel zur Sehne ansteigender Fahrbahn. Bogen schiefer Symmetrie.

Für die folgenden Untersuchungen empfiehlt es sich, ein schiefwinkliges Koordinatensystem $\bar{x}, \bar{y}$ zu verwenden, dessen $\bar{y}$-Achse lotrecht steht und die Sehne AB halbiert und dessen andere Achse durch den Schnittpunkt G der $\bar{y}$-Achse mit der Bogenachse, parallel zur Sehne AB verläuft. Zunächst sind einige neue Begriffe festzulegen. Wir definieren als ersten Differentialquotient im schiefwinkligen Koordinatensystem, dessen Achsen miteinander den Winkel $90^0 - \alpha$ einschließen, den Ausdruck:

$$\bar{y}' = \frac{d\bar{y}}{d\bar{x}}.$$

Dabei ist $\bar{y}'$ nicht mehr die trigonometrische Tangente des Winkels der Tangente gegen die $\bar{x}$-Achse, sondern es ist nach dem Sinussatz:

$$\bar{y}' = \lim_{\Delta x = 0} \frac{\Delta \bar{y}}{\Delta \bar{x}} = \frac{\sin \bar{\varphi}}{\sin (90^0 - (\alpha + \bar{\varphi}))} = \frac{\sin \bar{\varphi}}{\cos (\alpha + \bar{\varphi})} = \frac{d\bar{y}}{d\bar{x}},$$

für $\alpha = 0$ wird dieser Ausdruck

$$\frac{dy}{dx} = \frac{\sin \varphi}{\cos \varphi} = \operatorname{tg} \varphi.$$

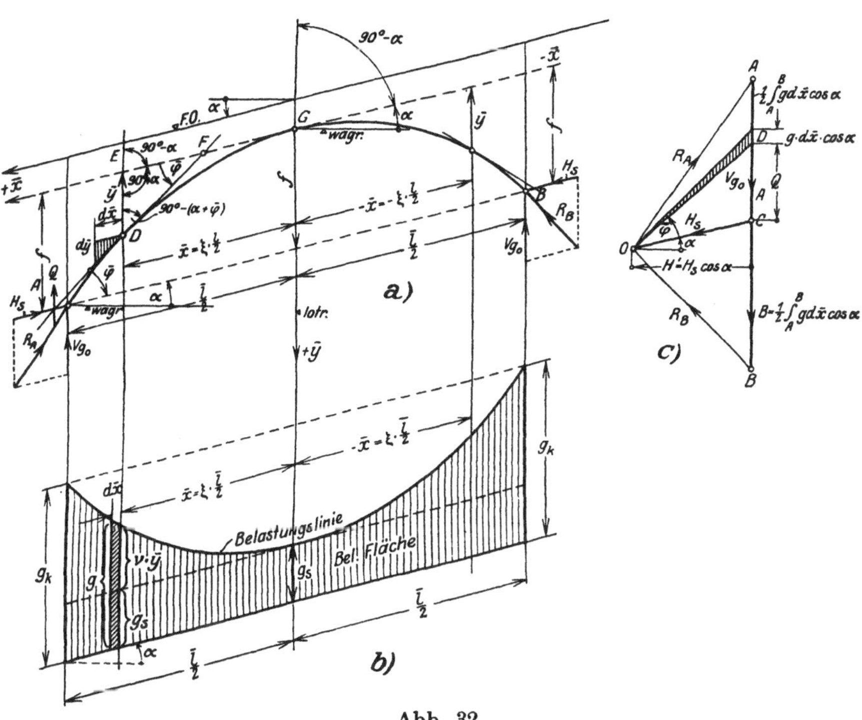

Abb. 32.

Aus den Figuren a und c entnehmen wir:

$$\triangle DEF \sim \triangle DOC \sim \text{Elementardreieck mit den Seiten } d\bar{x} \text{ und } d\bar{y}.$$
$$\text{Kräfte-}$$
$$\text{polygon}$$

$$\frac{d\bar{y}}{d\bar{x}} = \frac{Q}{H_s} = \frac{1}{H_s} \cdot \cos \alpha \int\limits_0^x g \cdot d\bar{x};$$

dieses Resultat differentiieren wir noch einmal nach $d\bar{x}$ und erhalten:

$$H_s \cdot \frac{d\bar{y}^2}{d\bar{x}^2} = \cos \alpha \cdot g$$

und dieses ist die Differentialgleichung der Drucklinie in schiefwinkligen Koordinaten. Für das Belastungsgesetz setzen wir ähnlich
wie bei rechtwinkliger Symmetrie:

$$g = g_s + \nu \cdot \bar{y} = g_s \cdot \left[1 + \frac{\bar{y}}{f} \cdot (m - 1) \right],$$

worin $m = \dfrac{g_k}{g_s}$ ist, womit

$$H_s \cdot \frac{d^2 \bar{y}}{d \bar{x}^2} = g_s \cdot \left[1 + \frac{\bar{y}}{f} \cdot (m - 1) \right] \cdot \cos \alpha.$$

Hierin führen wir

$$\bar{x} = \xi \cdot \frac{\bar{l}}{2}$$
$$d\bar{x} = d\xi \cdot \frac{\bar{l}}{2} \qquad d\bar{x}^2 = \frac{\bar{l}^2}{4} \cdot d\xi^2 \quad \text{ein}$$

$$\frac{d^2 \bar{y}}{d \xi^2} - \underbrace{\frac{g_s \cdot \bar{l}^2}{4 H_s} \cdot \frac{(m-1)}{f}}_{k^2} \cdot \cos \alpha \cdot \bar{y} = \underbrace{\frac{g_s \cdot \bar{l}^2}{4 H_s} \cdot \cos \alpha}_{k^2 \cdot \frac{f}{m-1}}.$$

Die lineare inhomogene Differentialgleichung:

$$\frac{d^2 \bar{y}}{d \xi^2} - k^2 \cdot \bar{y} = k^2 \cdot \frac{f}{m-1}$$

hat die Lösung:

$$\bar{y} = - \frac{f}{m-1} + c_1 \cdot e^{\xi k} + c_2 \cdot e^{-\xi k}.$$

$$\xi = 0; \qquad \bar{y} = 0; \quad 0 = - \frac{f}{m-1} + c_1 + c_2 \quad \cdots \cdots \quad \text{(a)}$$

$$\xi = +1; \quad \bar{y} = f; \quad f = - \frac{f}{m-1} + c_1 \cdot e^{+k} + c_2 \cdot e^{-k} \quad . \quad \text{(b)}$$

$$\xi = -1; \quad \bar{y} = f; \quad f = - \frac{f}{m-1} + c_1 e^{-k} + c_2 e^{+k} \quad . \; . \quad \text{(c)}$$

(b — c):
$$0 = c_1 \cdot (e^k - e^{-k}) - c_2 \cdot (e^k - e^{-k}),$$
$$c_1 = c_2 = c,$$

aus (a):
$$c = \frac{f}{2 \cdot (m-1)},$$

$$\bar{y} = - \frac{f}{m-1} + \frac{f}{m-1} \cdot \frac{1}{2} (e^{\xi k} + e^{-\xi k}),$$

woraus die Gleichung der Bogenachse in schiefwinkligen Koordinaten zu:

$$\bar{y} = \frac{f}{m-1} \cdot [\mathfrak{Cof}\, \xi\, k - 1] \quad \ldots \ldots \ldots \quad (4')$$

folgt,

$$\mathfrak{Cof}\, k = m; \quad k = \mathfrak{Ar}\,\mathfrak{Cof}\, m, \quad m = \frac{g_k}{g_s},$$

weiter folgt aus der Relation:

$$\cdot k^2 = \frac{g_s \cdot \bar{l}^2}{4 H_s} \cdot \frac{m-1}{f} \cos \alpha.$$

die schief gerichtete Bogenkraft:

$$H_s = \frac{g_s \cdot \bar{l}^2}{8 \cdot f} \cdot \frac{2\,(m-1)}{k^2} \cdot \cos \alpha \quad \ldots \ldots \quad (16)$$

$\bar{l}$ schief gemessen
f lotrecht gemessen.

Wenn wir l horizontal messen, so folgt wegen $l = \bar{l} \cos \alpha$

$$H_s = \frac{g_s \cdot l^2}{8f} \cdot 2 \cdot \frac{m-1}{k^2} \cdot \frac{\cos \alpha}{\cos^2 \alpha}$$

$$H_s \cdot \cos \alpha = H' = \frac{g_s \cdot l^2}{8f} \cdot 2 \frac{m-1}{k^2} = H_{g0} \quad \ldots \ldots \quad (16\,\mathrm{a})$$

Aus $\quad \dfrac{d\bar{y}}{d\xi} = \dfrac{f \cdot k}{m-1} \cdot \mathfrak{Sin}\, \xi\, k = \dfrac{2}{l} \cdot \dfrac{\sin \bar{\varphi}}{\cos(\alpha + \bar{\varphi})}$

folgt für $\xi = 0$, $\mathfrak{Sin}\, \xi\, k = 0$

$$\frac{d\bar{y}}{d\xi} = 0 = \frac{2}{l} \cdot \frac{\sin \bar{\varphi}}{\cos(\alpha + \bar{\varphi})}, \quad \sin \bar{\varphi} = 0, \quad \bar{\varphi} = 0$$

Die $\bar{x}$-Achse ist Scheiteltangente und unter dem Winkel α gegen die Horizontale geneigt.

Satz: Die resultierende Drucklinie ist eine Kurve schiefer Symmetrie und hat insbesondere in schiefwinkligen Koordinaten die nämliche Gleichung wie die Bogenachse eines rechtwinklig symmetrischen Stützliniengewölbes.

Wir können die Tabellen für das symmetrische Gewölbe auch hier verwenden, nur sind jetzt die Ordinaten y, anstatt von einer horizontalen Geraden, von einer Parallelen zur Bogensehne durch den Scheitel, lotrecht nach unten abzutragen.

Gl. 4′ soll noch auf rechtwinklige Koordinaten transformiert werden. Aus der Abb. 33 lesen wir ab:

$$\bar{x} = x \cdot \sec \alpha$$

$$\bar{y} = y - x \cdot \operatorname{tg} \alpha$$

$$\bar{x} = \frac{\bar{l}}{2}\,\xi; \qquad \xi = 2 \cdot \frac{\bar{x}}{\bar{l}} = 2 \cdot \frac{x}{l}$$

$$\bar{y} = \frac{f}{m-1} \cdot \left[\mathfrak{Cof}\,\xi k - 1\right]$$

$$y - x\,\operatorname{tg}\alpha = \frac{f}{m-1} \cdot \left[\mathfrak{Cof}\,\xi k - 1\right]$$

$$y = x \cdot \operatorname{tg}\alpha + \frac{f}{m-1} \cdot \left[\mathfrak{Cof}\,\xi k - 1\right] \qquad \begin{array}{l}\text{Gl. der Drucklinie}\\ \text{in rechtw. Koord.}\end{array}$$

Das oben skizzierte Verfahren ist somit bestätigt.
Der Winkel folgt durch Differentiation nach x.

$$\operatorname{tg}\varphi = \frac{dy}{dx} = \operatorname{tg}\alpha + \frac{2}{l} \cdot \frac{f \cdot k}{m-1} \cdot \mathfrak{Sin}\,\xi \cdot k.$$

Das Resultat unserer Untersuchungen über Stützlinien gewölbter Brücken mit stetig gegen die Kämpfer hin zunehmender, lotrechter Belastung fassen wir in den Satz zusammen:

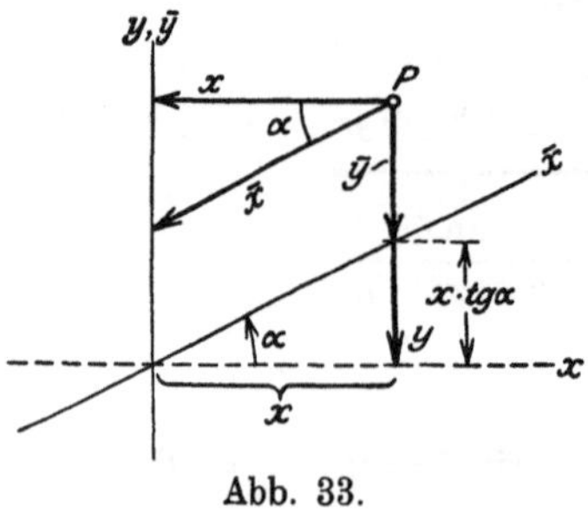

„Je nach der gegenseitigen Lage der Kämpfer und der abgeglichenen Belastungslinie oder der Fahrbahnoberkante gibt es vier Arten von Stützliniengewölben, nämlich:

a) bei gleichhohen Kämpfern und wagrechter Fahrbahn oder symmetrisch zur Mitte ansteigender Fahrbahn:

Abb. 33.

der rechtwinklig symmetrische Bogen mit der Gleichung

$$y = \frac{f}{m-1}\left[\mathfrak{Cof}\,\xi k - 1\right] = S$$

in rechtwinkligen Koordinaten;

b) bei gleich hohen Kämpfern und ansteigender Fahrbahn:

der gerade, unsymmetrische Bogen mit der Gleichung:

$$y = \frac{f}{m-1}\left[\mathfrak{Cof}\,\xi k - 1\right] + \frac{\varDelta g}{2\,g_s} \cdot \frac{f}{m-1} \cdot \left[\frac{\mathfrak{Sin}\,\xi k}{\mathfrak{Sin}\,k} - \xi\right]$$

$$y = S + U$$

in rechtwinkligen Koordinaten;

c) bei ungleich hohen Kämpfern

und parallel zur Kämpfersehne ansteigender Fahrbahn:

der schiefe, symmetrische Bogen mit der Gleichung:

$$\bar{y} = S$$

in schiefwinkligen Koordinaten;

d) bei ungleich hohen Kämpfern

und nicht parallel zur Kämpfersehne ansteigender Fahrbahn:

der schiefe, unsymmetrische Bogen mit der Gleichung

$$\bar{y} = S + U$$

in schiefwinkligen Koordinaten."

§ 3. Die Querschnittsänderung.

Die Anforderungen, die man an ein Gesetz über die Querschnittsänderung stellen kann, sind folgende:

1. Das Gesetz soll sich an die, durch die statische Eigenart des Tragwerkes bedingte Form möglichst gut anschließen, so daß die zulässige Materialbeanspruchung in jedem Schnitt erreicht, aber nirgends überschritten wird.

2. Soll es so allgemein gehalten sein, daß die im modernen Brückenbau auftretenden Formen (kastenförmige und volle Querschnitte) rechnerisch damit erfaßt werden können.

3. Soll es mathematisch einfach zu behandeln sein.

Den drei Anforderungen kommt das 1914 im Arm. Beton von Ingenieur Vieser, Triest, für Eingelenkbögen vorgeschlagene Gesetz gut nach und soll deshalb hier Verwendung finden. Es lautet:

$$\frac{J_s}{J \cos \varphi} = 1 - (1-n) \cdot \frac{x^r}{\left(\frac{l}{2}\right)^r} = 1 - (1-n)\xi^r \quad . \quad . \quad . \quad (17)$$

Hierin bedeuten:

J_s das Trägheitsmoment im Scheitel,

J „ „ an der Stelle ξ, y,

φ den Winkel der Bogenachsentangente gegen die Wagrechte.

n ein Wert kleiner als 1, welcher die Querschnittszunahme charakterisiert,

r ein Exponent, der die Bogenart charakterisiert,

$2 > r \geq 1$ für Bogen mit vollem Querschnitt (Gewölbe),

$r < 1$ für sogenannte Kastenträger.

Dr.-Ing. Neumann schlägt für

$$\text{volle Querschnitte } r \leqq 1; \quad n = \frac{1}{2} \text{ bis } \frac{1}{6},$$

$$\text{Kastenträger} \quad r < 1; \quad \frac{1}{109} > n > \frac{1}{300}$$

vor.

Aus diesem allgemeinen Vieserschen Gesetze leitet man als Spezialfälle das Gesetz von Dr.-Ing. Max Ritter mit

$$r = 2; \quad \frac{J_s}{J \cos \varphi} = 1 - (1 - n)\,\xi^2 \quad \ldots \ldots (17\,\text{a})$$

und das von Ing. A. Straßner mit

$$r = 1; \quad \frac{J_s}{J \cos \varphi} = 1 - (1 - n)\,\xi \quad \ldots \ldots (17\,\text{b})$$

ab.

Die Konstante n ergibt sich, wenn wir für den Kämpfer die Werte einsetzen $\xi = +\,1$

$$\frac{J_s}{J_k \cos \varphi_k} = 1 - (1 - n) \cdot 1^r = n \quad \ldots \ldots (18)$$
für jeden Exponenten r

Den Exponenten r gewinnen wir bei betrachten des Bogenviertels: $\xi = \frac{1}{2}, \quad J = J_v, \quad \cos \varphi = \cos \varphi_v$

$$\frac{J_s}{J_v \cos \varphi_v} = 1 - (1 - n) \cdot \left(\frac{1}{2}\right)^r,$$

$$(1 - n) \cdot \left(\frac{1}{2}\right)^r = 1 - \frac{J_s}{J_v \cdot \cos \varphi_v},$$

logarithmiert:

$$\log(1 - n) + r \cdot \log\left(\frac{1}{2}\right) = \log \cdot \left(1 - \frac{J_s}{J_v \cos \varphi_v}\right)$$

$$\log \frac{1}{2} = -\,0{,}30103 .$$

$$\text{Exponent: } r = \frac{-1}{0{,}30103} \cdot \log \left\{ \frac{1 - \dfrac{J_s}{J_v \cos \varphi_v}}{1 - n} \right\} \ldots \ldots (19)$$

Die Änderung der Querschnitte.

Es ist das Trägheitsmoment $J = \dfrac{d^3 \cdot b}{12}$, worin b die Gewölbebreite, d die Dicke bedeutet.

$$\frac{J_s}{J \cos \varphi} = \frac{d_s^{\,3} \cdot b_s}{d^3 \cdot b \cdot \cos \varphi} = 1 - (1 - n)\,\xi^r,$$

woraus

$$d^3 = d_s^{\,3} \cdot \frac{b_s}{b} \cdot \frac{1}{\cos \varphi} \cdot \frac{1}{1 - (1 - n)\,\xi^r}$$

und mit

$$\cos \varphi = \frac{1}{\sqrt{1 + \operatorname{tg}^2 \varphi}}$$

$$d^3 = d_s^{\,3} \cdot \frac{b_s}{b} \cdot \frac{\sqrt{1 + \operatorname{tg}^2 \varphi}}{1 - (1 - n)\,\xi^r},$$

oder die Gewölbestärke

$$\left. \underline{d = d_s \sqrt[3]{\frac{b_s}{b}} \cdot \frac{\sqrt[6]{1 + \operatorname{tg}^2 \varphi}}{\sqrt[3]{1 - (1 - n)\,\xi^r}} = d_s \cdot c \cdot \sqrt[6]{1 + \operatorname{tg}^2 \varphi} \cdot \sqrt[3]{\frac{b_s}{b}}} \,, \atop \text{worin} \qquad\qquad c = \frac{1}{\sqrt[3]{1 - (1 - n)\,\xi^r}} \right\} \quad . \; . \,(20)$$

Die Anwendung dieser Gleichung wird sehr erleichtert, wenn man c und $\operatorname{tg}^2 \varphi$ aus Tabellen ablesen kann.

Tabelle III gibt die Werte $\left(\dfrac{l}{f}\right)^2 \operatorname{tg}^2 \varphi = \dfrac{4\,k^2}{(m - 1)^2} \cdot \operatorname{Sin}^2 \xi k$ für variables $m = \dfrac{g_k}{g_s}$ von Zwölftel zu Zwölftel des halben Bogens.

Tabelle IV gibt die Werte c für $r = 1$ und variables n; sie ist in ihrem vollen Umfang dem Werke Straßners über elastische Bogenträger entnommen.

Tabelle V gibt die Werte c für $r = 2$, also für das Gesetz von Dr. Max Ritter; sie wurde neu berechnet.

Tabelle I.

Gewölbeordinaten des symmetrischen Gewölbes

Gleichung S; $y = \dfrac{f}{m-1}\cdot[\mathfrak{Cof}\,\xi k - 1]$

Gewölbe-Punkt

$m=\dfrac{g_k}{g_s}$	Kämpfer	Achtel				Viertel			Achtel				Scheitel
m	12	11	10	9	8	7	6	5	4	3	2	1	
1	1	0,8403	0,6944	0,5625	0,4444	0,3403	**0,2500**	0,1736	**0,1111**	0,0625	0,0278	0,0070	0
1,5	1	0,8300	0,6784	0,5440	0,4260	0,3238	**0,2360**	0,1628	**0,1038**	0,0582	0,0258	0,0064	0
2	1	0,8216	0,6652	0,5286	0,4109	0,3099	**0,2248**	0,1544	**0,0979**	0,0547	0,0242	**0,0060**	0
2,5	1	0,8141	0,6537	0,5158	0,3980	0,2984	**0,2153**	0,1472	**0,0931**	0,0518	0,0229	0,0057	0
3	1	0,8076	0,6436	0,5042	0,3872	0,2884	**0,2070**	0,1412	**0,0888**	0,0494	0,0218	0,0054	0
3,5	1	0,8019	0,6349	0,4944	0,3771	0,2798	**0,2000**	0,1357	**0,0852**	0,0472	0,0208	0,0052	0
4	1	0,7966	0,6235	0,4855	0,3683	0,2720	**0,1937**	0,1310	**0,0820**	0,0453	0,0199	0,0049	0
4,5	1	0,7918	0,6199	0,4773	0,3605	0,2652	**0,1881**	0,1268	**0,0792**	0,0437	0,0191	0,0047	0
5	1	0,7875	0,6129	0,4700	0,3534	0,2589	**0,1830**	0,1230	**0,0766**	0,0422	0,0185	0,0046	0
6	1	0,7796	0,6011	0,4569	0,3410	0,2476	**0,1742**	0,1164	**0,0754**	0,0398	0,0174	0,0043	0
7	1	0,7727	0,5909	0,4457	0,3303	0,2386	**0,1667**	0,1109	**0,0685**	0,0375	0,0163	0,0040	0
8	1	0,7667	0,5819	0,4359	0,3208	0,2305	**0,1602**	0,1061	**0,0653**	0,0356	0,0155	0,0038	0
9	1	0,7616	0,5737	0,4271	0,3125	0,2234	**0,1545**	0,1019	**0,0625**	0,0340	0,0148	0,0036	0
10	1	0,7561	0,5664	0,4148	0,3051	0,2170	**0,1495**	0,0982	**0,0600**	0,0326	0,0130	0,0035	0
	12	11	10	9	8	7	6	5	4	3	2	1	

f

Tabelle II.

Ordinatenunterschiede für unsymmetrische Stützliniengewölbe

Gleichung U; $\Delta y = \dfrac{\Delta g}{2 g_s}\cdot f\cdot\dfrac{1}{m-1}\cdot\left[\dfrac{\mathfrak{Sin}\,\xi k}{\mathfrak{Sin}\,k} - \xi\right]$

Gewölbe-Punkt

$m=\dfrac{g_k}{g_s}$	y_v/f	Kämpfer	Achtel				Viertel			Achtel			
m	y_v/f	12	11	10	9	8	7	6	5	4	3	2	1
1	**0,2500**	0	0,0486	0,0848	0,1094	0,1234	0,1282	**0,1250**	0,1148	0,0988	0,0781	0,0540	0,027
1,5	**0,2360**	0	0,0424	0,0730	0,0936	0,1052	0,1088	**0,1056**	0,0966	0,0854	0,0654	0,0452	0,023
2	**0,2248**	0	0,0377	0,0646	0,0825	0,0921	0,0949	**0,0918**	0,0837	0,0716	0,0565	0,0390	0,019
2,5	**0,2153**	0	0,0341	0,0581	0,0738	0,0821	0,0843	**0,0813**	0,0741	0,0632	0,0497	0,0343	0,017
3	**0,2070**	0	0,0316	0,0530	0,0670	0,0744	0,0761	**0,0732**	0,0665	0,0567	0,0446	0,0306	0,015
3,5	**0,2000**	0	0,0280	0,0488	0,0615	0,0682	0,0695	**0,0667**	0,0604	0,0514	0,0404	0,0278	0,014
4	**0,1937**	0	0,0268	0,0453	0,0569	0,0628	0,0640	**0,0613**	0,0554	0,0471	0,0368	0,0254	0,012
4,5	**0,1881**	0	0,0251	0,0423	0,0530	0,0584	0,0593	**0,0567**	0,0513	0,0435	0,0341	0,0234	0,011
5	**0,1830**	0	0,0236	0,0397	0,0497	0,0546	0,0553	**0,0528**	0,0477	0,0404	0,0316	0,0217	0,011
6	**0,1742**	0	0,0212	0,0355	0,0445	0,0484	0,0490	**0,0465**	0,0419	0,0355	0,0277	0,0190	0,009
7	**0,1667**	0	0,0194	0,0322	0,0399	0,0434	0,0439	**0,0417**	0,0402	0,0316	0,0247	0,0169	0,008
8	**0,1602**	0	0,0178	0,0295	0,0365	0,0397	0,0399	**0,0377**	0,0339	0,0285	0,0222	0,0152	0,007
9	**0,1545**	0	0,0165	0,0273	0,0336	0,0365	0,0366	**0,0346**	0,0312	0,0260	0,0203	0,0138	0,007
10	**0,1495**	0	0,0154	0,0254	0,0312	0,0338	0,0338	**0,0319**	0,0285	0,0228	0,0186	0,0126	0,006
m	y_v/f	12	11	10	9	8	7	6	5	4	3	2	1

$\dfrac{\Delta g}{2 g_s}\cdot f$

$\Delta g = g_{kl} - g_{kr}$ $g_k = \dfrac{g_{kl}+g_{kr}}{2}$

Tabelle III.

$$\text{Werte } \left(\frac{l}{f}\right)^2 \cdot \text{tg}^2\,\varphi = \frac{4\,k^2}{(m-1)^2} \cdot \mathfrak{Sin}^2\,\xi\,k.$$

$m = \dfrac{g_k}{g_s}\,;\quad \dfrac{y_v}{f} = \dfrac{\text{Ordinate im Gew.-Viertel}}{\text{Gewölbepfeil}}$

m	$\frac{y_v}{f}$	Kämpfer	Achtel				Viertel			Sechstel	Achtel			Scheitel	m
		12	11	10	9	8	7	6	5	4	3	2	1	S	
1,000	0,2500	16.000	13,444	11,111	9,000	7,111	5,444	4,000	2,778	**1,778**	1,000	0,444	0,111	0	1
1,500	0,2360	18,525	14,854	11,759	9,158	6,985	5,183	3,705	2,514	**1,564**	0,879	0,385	0,096	0	1,5
2,000	0,2248	20,816	16,083	12,300	9,274	6,872	4,966	3,469	2,308	**1,393**	0,779	0,348	0,084	0	2
2,500	0,2153	22,913	17,166	12,756	9,365	6,767	4,781	3,273	2,140	**1,303**	0,705	0,304	0,075	0	2,5
3,000	0,2070	24,846	18,139	13,147	9,425	6,665	4,618	3,106	2,000	**1,202**	0,643	0,276	0,068	0	3
3,500	0,2000	26,677	19,036	13,498	9,486	6,579	4,477	2,965	1,882	**1,117**	0,592	0,253	0,062	0	3,5
4,000	0,1937	28,381	19,850	13,808	9,526	6,491	4,349	2,838	1,779	**1,045**	0,550	0,233	0,056	0	4
4,500	0,1881	29,999	20,609	14,087	9,557	6,414	4,235	2,727	1,690	**0,983**	0,513	0,216	0,052	0	4,5
5,000	0,1830	31,529	21,312	14,338	9,583	6,340	4,129	2,628	1,611	**0,928**	0,481	0,201	0,049	0	5
6,000	0,1742	34,387	22,588	14,778	9,618	6,205	3,928	2,457	1,477	**0,837**	0,428	0,177	0,042	0	6
7,000	0,1667	37,000	23,717	15,155	9,635	6,080	3,787	2,313	1,367	**0,764**	0,385	0,158	0,038	0	7
8,000	0,1602	39,433	24,742	15,483	9,646	5,967	3,650	2,191	1,274	**0,703**	0,351	0,143	0,034	0	8
9,000	0,1545	41,674	25,658	15,759	9,641	5,861	3,525	2,084	1,196	**0,651**	0,322	0.130	0,031	0	9
10,000	0,1495	43,803	26,508	16,012	9,637	5,766	3,416	1,991	1,128	**0,607**	0,298	0,120	0,028	0	10

$$\left(\frac{f}{l}\right)^2$$

Tabelle IV.

Werte c nach Gl. 20; Gesetz von Straßner $r=1$.

Punkt	Kämpfer						Viertel	Sechstel					Scheitel		n
	12	11	10	9	8	7	6	5	4	3	2	1	s	
1,00	1,000	1,000	1,000	1,000	1,000	1,000	1,000	1,000	**1,000**	1,000	1,000	1,000	1,000	1,00
0,50	1,260	1,227	1,197	1,170	1,145	1,122	1,101	1,081	**1,063**	1,046	1,029	1,014	1,000	0,50
0,40	1,357	1,305	1,260	1,221	1,186	1,154	1,126	1,101	**1,077**	1,056	1,036	1,017	1,000	0,40
0,30	1,494	1,408	1,339	1,282	1,233	1,191	1,154	1,122	**1,093**	1,066	1,042	1,020	1,000	0,30
0,25	1,587	1,474	1,387	1,317	1,260	1,211	1,170	1,133	**1,101**	1,072	1,046	1,022	1,000	0,25
0,20	1,710	1,554	1,442	1,357	1,289	1,233	1,186	1,145	**1,109**	1,077	1,049	1,023	1,000	0,20
0,15	1,882	1,655	1,508	1,403	1,322	1,256	1,203	1,157	**1,117**	1,083	1,052	1,025	1,000	0,15
0,10	2,153	1,790	1,587	1,458	1,360	1,282	1,221	1,169	**1,128**	1,091	1,056	1,027	1,000	0,10

Row label for the $Punkt$ column: $n = \dfrac{J_s}{J_k \cos\varphi_k}$

Tabelle V.

Werte c nach Gl. 20; Gesetz von Ritter $r=2$.

Punkt	Kämpfer			Achtel			Viertel			Achtel			Scheitel		n
	12	11	10	9	8	7	6	5	4	3	2	1	s	
1,00	1,000	1,000	1,000	1,000	1,000	1,000	1,000	1,000	1,000	1,000	1,000	1,000	1,000	1,00
0,80	1,077	1,060	1,052	1,043	1,034	1,026	1,019	**1,013**	1,008	1,004	1,002	1,001	1,000	0,80
0,60	1,186	1,149	1,116	1,089	1,068	1,052	1,038	**1,023**	1,013	1,007	1,004	1,001	1,000	0,60
0,50	1,260	1,200	1,154	1,118	1,087	1,063	1,047	**1,032**	1,018	1,010	1,005	1,002	1,000	0,50
0,40	1,357	1,265	1,197	1,148	1,111	1,081	1,058	**1,038**	1,023	1,013	1,006	1,002	1,000	0,40
0,30	1,494	1,344	1,256	1,183	1,135	1,094	1,066	**1,045**	1,027	1,016	1,007	1,002	1,000	0,30
0,25	1,587	1,395	1,278	1,203	1,146	1,104	1,073	**1,048**	1,029	1,017	1,008	1,003	1,000	0,25
0,20	1,710	1,450	1,310	1,221	1,158	1,113	1,079	**1,052**	1,031	1,018	1,008	1,003	1,000	0,20
0,15	1,882	1,518	1,350	1,242	1,171	1,121	1,086	**1,054**	1,033	1,019	1,009	1,003	1,000	0,15
0,10	2,153	1,600	1,389	1,266	1,188	1,129	1,090	**1,059**	1,036	1,020	1,010	1,003	1,000	0,10

Row label for the $Punkt$ column: $n = \dfrac{J_s}{J_k \cos\varphi_k}$

§ 4. Berechnung des symmetrischen Bogens unter der Annahme einer gewöhnlichen Parabel $y = f \cdot \xi^2$ als Achse und des allgemeinen Querschnittsgesetzes

$$\frac{J_s}{J \cdot \cos\varphi} = 1 - (1 - n)\,\xi^r.$$

Tafeln für Kastenträger.

a) Die Nenner.

Auf Grund der angeschriebenen Gesetze läßt sich nach Gl. 1 Kap. 2 für den Nenner der Bogenkraft H schreiben:

$$EN = 2\int_A^G y^2 \cdot \frac{ds}{J} = 2\int_A^G y^2 \cdot \frac{dx}{J \cdot \cos\varphi} = 2\int_0^1 \frac{f^2 \cdot \xi^4}{J_s} \cdot \frac{l}{2} \cdot d\xi \cdot \left(1 - (1 - n)\,\xi^r\right)$$

$$= \frac{f^2 \cdot l}{J_s} \cdot \left(\frac{1}{5} - \frac{(1 - n)}{r + 5}\right),$$

woraus man für den Nenner der Bogenkraft erhält

$$N = \frac{r+5\,n}{5\cdot(r+5)}\cdot\frac{f^2\cdot l}{EJ_s},$$

$$\mu = \frac{\dfrac{l}{EF_s}}{N} = \frac{l\cdot E\cdot J_s}{E\cdot F_s\cdot l\cdot f^2}\cdot\frac{5\cdot(r+5)}{r+5\,n} = \frac{5\cdot(r+5)}{r+5\,n}\cdot\left(\frac{i_s}{f}\right)^2$$

$$\delta_{xx} = N\cdot(1+\mu), \qquad\qquad i_s^2 = \frac{J_s}{F_s}$$

$$\left.\begin{array}{l}\\ \\ \\ \end{array}\right\} \cdot\ \cdot\ \cdot\ (21)\quad \begin{array}{l} n = \text{bel.}\\ m = 1\\ r = \text{bel.}\end{array}$$

Die Werte N, Gl. 21, sind auf Tafel I für variables r und n graphisch dargestellt (r wird als Parameter genommen).

Aus Gl. 21 folgt für das Gesetz von Straßner, $r=1$,

$$N_{r=1,\,m=1} = \frac{1+5\,n}{30}\cdot\frac{f^2\cdot l}{EJ_s}, \qquad \mu = \frac{30}{1+5\,n}\cdot\left(\frac{i_s}{f}\right)^2$$

und für Ritter, $r=2$,

$$N_{r=2,\,m=1} = \frac{2+5\,n}{35}\cdot\frac{f^2\cdot l}{EJ_s}, \qquad \mu = \frac{35}{2+5\,n}\cdot\left(\frac{i_s}{f}\right)^2$$

und für $n=1$, $r=\text{bel.}$, $m=1$

$$N_{n=1} = \frac{f^2\cdot l}{5\,EJ_s}, \qquad \mu = 5\left(\frac{i_s}{f}\right)^2.$$

Der Nenner der Gelenkquerkraft Y folgt aus Gl. 2 Kap. 2 zu

$$\delta_{yy} = 2\int_A^G x^2\cdot\frac{ds}{EJ} = 2\cdot\int_0^1 \xi^2\cdot\frac{l^2}{4}\cdot\frac{l}{2}\cdot d\xi\cdot\frac{1}{EJ_s}\cdot(1-(1-n)\,\xi^r)$$

$$= \frac{l^3}{4\,EJ_s}\cdot\left(\frac{1}{3}-\frac{1-n}{r+3}\right)$$

$$\delta_{yy} = \frac{r+3\,n}{12\cdot(r+3)}\cdot\frac{l^3}{E\cdot J_s} \quad r=\text{bel.},\ n=\text{bel.},\ m=\text{bel.}\ \ .\quad (22)$$

$$r=1;\quad \delta_{yy} = \frac{1+3\,n}{48}\cdot\frac{l^3}{EJ_s}; \qquad r=2;\quad \delta_{yy} = \frac{2+3\,n}{60}\cdot\frac{l^3}{EJ_s}$$

$$n=1,\ r=\text{bel.},\ m=\text{bel.} \qquad \delta_{yy} = \frac{1}{12}\cdot\frac{l^3}{EJ_s}.$$

Die Nennerwerte δ_{yy} sind auf Tafel II dargestellt. Es ist hier zu bemerken, daß die Gelenkquerkraft Y vollständig unabhängig von der Bogenform ist.

b) Einflußlinien für lotrechte Belastungen.

1. Die X-Linie.

Zur Ermittlung des Zählers δ_{mx} bedienen wir uns nach Mohr der Differentialgleichung der elastischen Linie:

$$-\frac{d^2\delta_{mx}}{dx^2} = \frac{M_x}{E\cdot J\cdot\cos\varphi} = \frac{y}{E\cdot J\cdot\cos\varphi} = \frac{f\cdot\xi^2}{EJ_s}\cdot(1-(1-n)\,\xi^r)$$

$$dx^2 = \frac{l^2}{4}\,d\xi^2$$

$$-\frac{d^2\delta_{mx}}{d\xi^2} = \frac{f\cdot l^2}{EJ_s}\cdot\frac{1}{4}\,(\xi^2-(1-n)\,\xi^{r+2})$$

$$-\frac{EJ_s}{f\cdot l^2}\frac{d\delta_{mx}}{d\xi} = \frac{1}{4}\cdot\left(\xi^3\cdot\frac{1}{3}-\frac{(1-n)}{r+3}\cdot\xi^{r+3}+c_1\right).$$

Wegen der festen Einspannung im Kämpfer wird für $\xi=1$

$$\frac{d\delta_{mx}}{d\xi} = 0;$$

$$c_1 = -\frac{r+3\,n}{3\cdot(r+3)}$$

$$-\frac{EJ_s}{f\cdot l^2}\cdot\delta_{mx} = \frac{1}{4}\cdot\left(\frac{\xi^4}{12}-\frac{(1-n)}{(r+3)(r+4)}\cdot\xi^{r+4}-\frac{(r+3\,n)}{3\cdot(r+3)}\cdot\xi+c_2\right)$$

für $\xi=1$, ist die Durchbiegung $\delta_{mx}=0$

$$c_2 = \frac{r+4\,n}{4\cdot(r+4)}.$$

Der Zähler $-\delta_{mx}$ von X wird deshalb

$$\left.\begin{aligned}
-\delta_{mx} &= \frac{f\cdot l^2}{E\cdot J_s}\frac{1}{4}\cdot\left[\frac{\xi^4}{12}-\frac{(1-n)}{(r+3)(r+4)}\cdot\xi^{r+4}-\frac{(r+3\,n)}{3\cdot(r+3)}\cdot\xi+\frac{r+4\,n}{4\cdot(r+4)}\right].\\
&\quad\left(r=\text{bel.},\ n=\text{bel.},\ m=1,\ \frac{y_v}{f}=0{,}25\right),\\[2ex]
&\text{woraus:}\\[1ex]
&\text{Einflußordinate}\ X_{P_m=1}, = -\frac{\delta_{mx}}{\delta_{xx}}\cdot 1.
\end{aligned}\right\} \quad (23)$$

Für $r=1$ folgt hieraus:

$$-\delta_{mx} = \frac{f\cdot l^2}{48\,EJ_s}\cdot\left[\xi^4-\frac{3}{5}\cdot(1-n)\,\xi^5-(1+3\,n)\,\xi+\frac{3}{5}\cdot(1+4\,n)\right],$$

für $r = 2$:

$$-\delta_{mx} = \frac{f \cdot l^2}{48\,EJ_s} \cdot \left[\xi^4 - \frac{2}{5} \cdot (1-n) \cdot \xi^6 - \frac{4}{5} \cdot (2+3n) \cdot \xi + (1+2n)\right],$$

für $n = 1$, $r = \text{bel.}$:

$$-\delta_{mx} = \frac{f \cdot l^2}{48\,EJ_s} \cdot [\xi^4 - 4\,\xi + 3]$$

$$\delta_{xx} = \sim \frac{f^2 \cdot l}{5\,EJ_s}; \qquad X_{\substack{n=1\\m=1}} = \frac{5}{48} \cdot \frac{l}{f} \cdot (\xi^4 - 4\,\xi + 3).$$

Hieraus folgt die Einflußordinate im Gelenk $\xi = 0$ zu

$$X_{P_{G=1}} = \frac{5}{16} \cdot \frac{l}{f}.$$

Um die Anwendung der Gl. 23 in der Praxis zu erleichtern, sind für verschiedene r und n für die Einflußordinaten X- und Y-Tabellen aufgestellt worden. Solche findet man in der Abhandlung Viesers, „Der Eingelenkbogen" im Arm. Beton 1914, Seite 18. Aus dieser Quelle stammt die Tabelle VI. Einflußordinaten für die statisch nicht bestimmbaren Größen X und Y bei Eingelenkbögen mit kastenförmigem Querschnitt $r = {}^1/_8$, $n = {}^1/_{100}$.

Die Form der X-Linie für $n = 1$ und $r = {}^1/_8$, $n = {}^1/_{100}$ ist in Abb. 35a maßstäblich dargestellt worden.

2. Die Y-Linie.

Hier ist in die Differentialgleichung der Biegungslinie $M_y = x$ einzusetzen:

$$-\frac{d^2 \delta_{my}}{dx^2} = \frac{x}{EJ \cos \varphi},$$

woraus wegen

$$x = \frac{l}{2}\,\xi, \qquad dx^2 = \frac{l^2}{4}\,d\xi^2, \qquad \frac{J_s}{J \cos \varphi} = 1 - (1-n)\,\xi^r$$

$$-\frac{d^2 \delta_{my}}{d\xi^2} = \frac{l^3}{8\,EJ_s} \cdot \xi \cdot (1 - (1-n)\,\xi^r)$$

$$-\frac{d \delta_{my}}{d\xi} = \frac{l^3}{8\,EJ_s} \cdot \left(\frac{\xi^2}{2} - \frac{(1-n)}{(r+2)} \cdot \xi^{r+2} + c_1\right).$$

Wegen der starren Einspannung am Kämpfer verschwindet der Differentialquotient für $\xi = 1$, weshalb

$$c_1 = -\frac{r + 2n}{2\,(r+2)}.$$

Durch nochmalige Integration gewinnt man die Ordinate δ_{my} der Biegungslinie zu

$$-\delta_{my} = \frac{l^3}{8\,EJ} \cdot \left[\frac{\xi^3}{6} - \frac{(1-n)}{(r+2)(r+3)} \cdot \xi^{r+3} - \frac{r+2\,n}{2\cdot(r+2)} \cdot \xi + c_2\right].$$

Die Integrationskonstante c_2 folgt aus der Bedingung, daß δ_{my} für $\xi = 1$ null werden muß. Nach einiger Umformung gewinnt man:

$$c_2 = +\frac{r+3\,n}{3\cdot(r+3)},$$

womit wir für die Ordinate der Biegungslinie

$$-\delta_{my} = \frac{l^3}{8\,EJ_s} \cdot \left[\frac{\xi^3}{6} - \frac{(1-n)}{(r+2)(r+3)} \cdot \xi^{r+3} - \frac{r+2n}{2\,(r+2)} \cdot \xi + \frac{r+3\,n}{3\cdot(r+3)}\right]$$

und für

$$Y = -\frac{\delta_{my}}{\delta_{yy}} \cdot 1$$

$$= \frac{3}{2} \cdot \frac{(r+3)}{(r+3\,n)} \cdot \left[\frac{\xi^3}{6} - \frac{(1-n)}{(r+2)(r+3)} \cdot \xi^{r+3} - \frac{(r+2\,n)}{2\,(r+2)} \cdot \xi + \frac{r+3\,n}{3\,(r+3)}\right]$$

$$(24)$$

bei $r=$ bel., $n=$ bel., $m=$ bel. erhalten.

Hieraus folgt für das Gesetz von Straßner mit $r=1$

$$Y = \frac{1}{(1+3\,n)} \cdot \left[\xi^3 - \frac{1}{2} \cdot (1-n)\,\xi^4 - (1+2\,n)\,\xi + \frac{1}{2} \cdot (1+3\,n)\right].$$

Hierfür ist am Schlusse des Kapitels eine Tabelle berechnet worden, welche in 24 Punkten des Bogens für verschiedene n die Einflußwerte angibt.

Für das Rittersche Gesetz würde man mit $r=2$ erhalten:

$$Y = \frac{1}{2+3\,n} \cdot \left[1{,}250\cdot\xi^3 - 0{,}375\cdot(1-n)\,\xi^5 - 1{,}875\,(1+n)\,\xi + \frac{1}{2}\,(2+3\,n)\right]$$

und für $n=1$ und jedes r

$$Y_{n=1} = \frac{3}{2} \cdot \left[\frac{\xi^3}{6} - \frac{1}{2}\,\xi + \frac{1}{3}\right] = \frac{\xi^3}{4} - \frac{3}{4}\,\xi + \frac{1}{2}.$$

Die zwei extremen Y-Linien für $n=1$ und $r=\frac{1}{8}$, $n=\frac{1}{100}$ sind maßstäblich in Abb. 35 dargestellt.

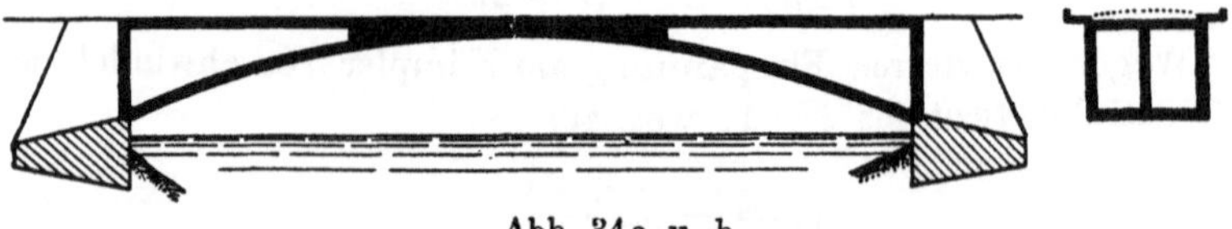

Abb. 34a u. b.

Tabelle VI.

Einflußordinaten für die statisch nicht bestimmbaren Größen X und Y im Eingelenkbogen mit kastenförmigem Querschnitt $r = {}^1/_8$, $n = {}^1/_{100}$. (Werte nach Vieser.)

Punkt	Bogenkraft X	Gelenkquerkraft Y
Scheitel	0,370	0,500
1	0,320	0,414
2	0,271	0,335
Achtel	0,222	0,262
4	0,175	0,199
5	0,135	0,142
Viertel	0,097 $\rangle\, l/f$	0,098
7	0,064	0,058
8	0,039	0,036
Achtel	0,020	0,015
10	0,007	0,006
11	0,002	0,001
Kämpfer	0	0

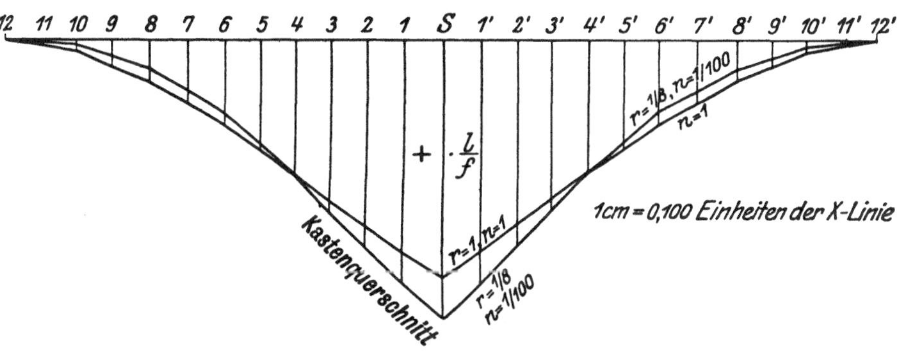

Abb. 35a.

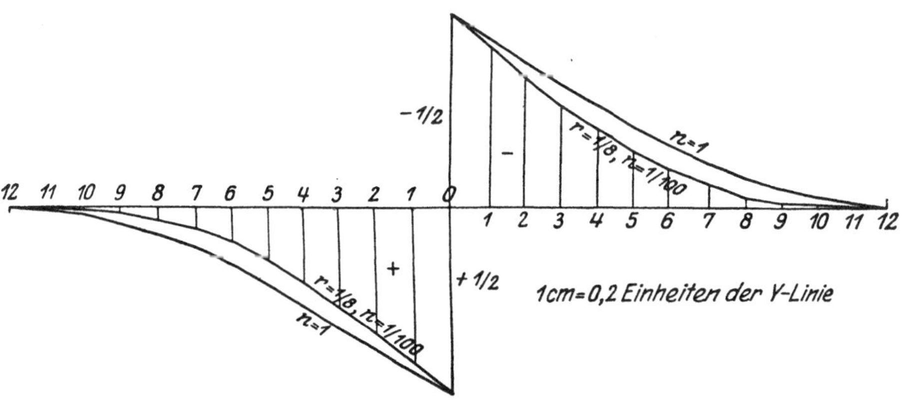

Abb. 35b.

3. Einflußlinien für die Momente.

Um das Moment in irgendeinem Schnitte eines Kastenträgers infolge von Einzellasten zu bestimmen, wird man die Einflußlinie nach dem in Kap. 1, § 2 d angegebenen Verfahren unter Verwendung von Tabelle VI aufzeichnen. Für Tonnengewölbe, bei denen die Fahrbahn nicht mittragend ausgebildet ist, verwende man die am Schlusse von Kap. III angegebenen Tabellen.

Für Vorprojekte genügt gewöhnlich die Kenntnis der Bogenstärken im Kämpfer, Scheitel und Sechstel oder Viertel. Um die Schätzung dieser Querschnitte zu erleichtern, sind auf Tafel III die Einflußlinien für das Kämpfermoment und das Moment im Sechstel bzw. Viertel der Spannweite für die Spannweite $l = 1$ aufgetragen. Die Momente ergeben sich zu:

$$M^{(\mathrm{mt})} = 0{,}02 \cdot l^{(\mathrm{m})} \cdot \varSigma P^{(\mathrm{t})} \cdot \eta^{(\mathrm{cm})}.$$

c) Die Wirkung der gleichmäßig verteilten Verkehrslast $p^{\mathrm{t/m}}$. Näherungsformeln für die Momente im Kämpfer und im Sechstel n. d. Scheitel.

1. Gleichmäßig verteilte Last p über der ganzen Spannweite. Totallast.

Aus Gründen der Symmetrie verschwindet für Totallast die Querkraft in Brückenmitte. $Y = 0$. Während die Bogenkraft:

$$X = - \int_A^B M_0 \cdot y \cdot \frac{ds}{EJ} : N(1 + \mu)$$

wird. Im Zählerintegral haben wir für:

$$M_0 = - \frac{p \cdot x^2}{2} = - p \cdot \frac{l^2}{8} \cdot \xi^2$$

$$y = f \cdot \xi^2 \quad \text{und} \quad \frac{ds}{EJ} = \frac{l}{2} \cdot d\xi \cdot \frac{1}{EJ_s} \left(1 - (1-n)\xi^r\right)$$

einzusetzen, womit:

$$- \int_A^B M_0 \cdot y \cdot \frac{ds}{EJ} = + 2 \int_0^1 \frac{p \cdot l^2}{8} \cdot \xi^2 \cdot f \cdot \xi^2 \cdot \frac{l}{2} \cdot d\xi \cdot \frac{1}{EJ_s} \cdot \left(1 - (1-n)\xi^r\right)$$

$$= \frac{p \cdot l^2}{8} \cdot \frac{f \cdot l}{EJ_s} \cdot \frac{r + 5n}{5 \cdot (r + 5)}.$$

Somit wird die Bogenkraft

$$X_{p\,\mathrm{tot}} = \frac{p \cdot l^2}{8} \cdot \frac{f \cdot l}{EJ_s} \cdot \frac{r + 5n}{5(r + 5)} : \frac{l \cdot f^2}{EJ_s} \cdot \frac{r + 5n}{5(r + 5)} \cdot (1 + \mu) = \frac{p \cdot l^2}{8 \cdot f \cdot (1 + \mu)}.$$

Das Moment in irgendeinem Schnitt des parabelförmigen Bogens wird:

$$M = -\frac{p \cdot x^2}{2} + y \cdot X = \underbrace{-\frac{p \cdot l^2}{8} \cdot \xi^2 + \frac{p \cdot l^2}{8} \frac{f}{f} \cdot \xi^2}_{= 0} - \underbrace{\frac{\mu}{\mu + 1} \cdot f \cdot \xi^2 \cdot \frac{p \cdot l^2}{8 \cdot f}}_{\text{Korr. aus den Längskräften}},$$

d. h. bei Vernachlässigung des Einflusses der Zusammendrückung der Bogenachse verschwinden bei Totalbelastung die Momente im Eingelenkbogen. Dieses Resultat war zu erwarten, denn beim parabelförmigen Bogen deckt sich die Stützlinie durch Mitte Kämpfer und Scheitel aus gleichmäßig verteilter Last mit der Bogenachse und die Momente M_0 im Dreigelenkbogen verschwinden.

2. Gleichmäßig verteilte Verkehrslast p auf einer Brückenhälfte. Einseitige Belastung.

In diesem Belastungsfall ist X nur halb so groß wie im vorigen:

$$X_p = + \frac{1}{16} \cdot \frac{p \cdot l^2}{f} \cdot \frac{1}{(1 + \mu)} \quad \ldots \ldots \ldots \quad (25)$$

Die Gelenkquerkraft verschwindet nicht mehr, sondern es wird:

$$Y_p = -\frac{\int_A^G M_0 \cdot x \cdot \frac{ds}{EJ}}{\delta_{yy}},$$

worin

$$-\int_A^G M_0 x \cdot \frac{ds}{EJ} = +\int_0^1 \frac{p \cdot l^2}{8} \cdot \xi^2 \cdot \frac{l}{2} \xi \frac{l}{2} \cdot d\xi \cdot \frac{1}{EJ_s} \cdot (1 - (1 - n)\xi^r)$$

$$= \frac{p \cdot l^4}{32\,EJ_s} \cdot \frac{r + 4\,n}{4\,(r + 4)}$$

und:

$$Y_p = \frac{p \cdot l^4}{32\,EJ_s} \cdot \frac{r + 4\,n}{4\,(r + 4)} : \frac{l^3}{12\,EJ_s} \cdot \frac{r + 3\,n}{r + 3} - + \frac{3}{32} \cdot \frac{(r + 3)\,(r + 4\,n)}{(r + 4)\,(r + 3\,n)} \cdot p \cdot l. \quad (26)$$

Mit diesen Werten von X und Y erhalten wir für das Kämpfermoment:

Kämpfer, links:
$$M = M_0 + X \cdot f + Y \cdot \frac{l}{2}$$

$$= -\frac{p \cdot l^2}{8} + \frac{p \cdot l^2}{16} - \underbrace{\mu \cdot X_p \cdot f}_{\text{Korrektur}} + \frac{3}{64} \cdot \frac{(r + 3)(r + 4\,n)}{(r + 4)(r + 3\,n)} \cdot p \cdot l^2$$

$$= -\frac{p \cdot l^2}{16} \cdot \left[1 - \frac{3}{4} \cdot \frac{r + 3}{r + 4} \cdot \frac{r + 4\,n}{r + 3\,n}\right] - \frac{5 \cdot (r + 5)}{r + 5\,n} \cdot \left(\frac{i_s}{f}\right)^2 \cdot \frac{p \cdot l^2}{16}.$$

Infolge der einseitigen Belastung p der linken Brückenhälfte erhält man für das Moment im

linken Kämpfer:

$$M_{neg} = -\frac{p \cdot l^2}{16} \cdot \left[1 - \frac{3}{4} \cdot \frac{(r+3)}{(r+4)} \cdot \frac{(r+4n)}{(r+3n)} + \overbrace{\frac{5 \cdot (r+5)}{r+5n} \cdot \left(\frac{i_s}{f}\right)^2}^{\text{Korrektur}}\right]$$

rechten Kämpfer:

$$M_{pos} = +\frac{p \cdot l^2}{16} \cdot \left[1 - \frac{3}{4} \cdot \frac{(r+3)}{(r+4)} \cdot \frac{(r+4n)}{(r+3n)} - \underbrace{\frac{5 \cdot (r+5)}{r+5n} \cdot \left(\frac{i_s}{f}\right)^2}_{\text{Korrektur}}\right] \Bigg\} \quad (27)$$

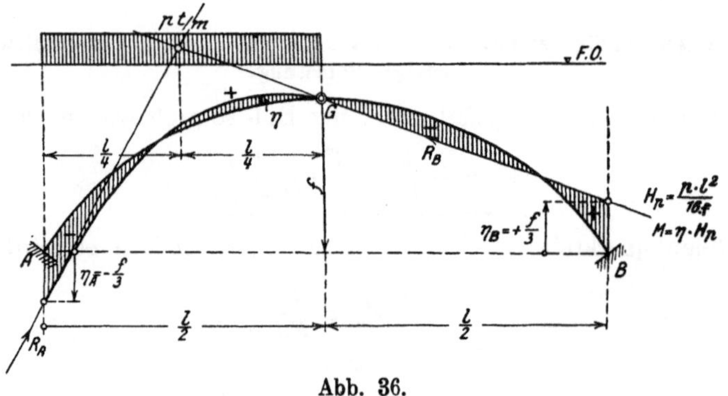

Abb. 36.

Bei rechteckigem Querschnitt kann man an Stelle von $i_s^2 = {}^1/_{12} \cdot d_s^2$ setzen, womit:

l. K.: $\quad M_{neg} = -\frac{p \cdot l^2}{16} \cdot \left[1 - \frac{3}{4} \cdot \frac{(r+3)(r+4n)}{(r+4)(r+3n)} + \frac{5}{12} \cdot \frac{r+5}{r+5n} \cdot \left(\frac{d_s}{f}\right)^2\right]$

r. K.: $\quad M_{pos} = +\frac{p \cdot l^2}{16} \cdot \left[1 - \frac{3}{4} \cdot \frac{(r+3)(r+4n)}{(r+4)(r+3n)} - \frac{5}{12} \cdot \frac{r+5}{r+5n} \cdot \left(\frac{d_s}{f}\right)^2\right].$

Als gute Annäherung darf man hierin $r = 1$ und $n = 0{,}20$ setzen und erhält damit, wenn man noch für das Pfeilverhältnis $\frac{f}{l} = \psi$ setzt:

Kämpfermomente infolge halbseitiger Belastung

$$M_{neg} = -\frac{p \cdot l^2}{49} - \frac{1}{13} \cdot \left(\frac{d_s}{\psi}\right)^2 \cdot p$$

$$M_{pos} = +\frac{p \cdot l^2}{49} - \frac{1}{13} \cdot \left(\frac{d_s}{\psi}\right)^2 \cdot p \qquad \psi = \frac{f}{l} \cdot \Bigg\} \quad (27\,\text{a})$$

Bezeichnet man die lotrechte Abweichung der Drucklinie vom Kämpferschwerpunkt mit η_A, η_B, so wird

$$\eta_A = \frac{M_A}{X} = \left[-\frac{p \cdot l^2}{16}(1+\mu) + \frac{3}{64} \cdot \frac{(r+3)(r+4\,n)}{(r+4)(r+3\,n)} p \cdot l^2\right] : \frac{p \cdot l^2}{16\,f(1+\mu)}$$

$$= -f \cdot \left[(1+\mu)^2 - \frac{3}{4}\frac{(r+3)}{(r+4)} \cdot \frac{(r+4\,n) \cdot (1+\mu)}{(r+3\,n)}\right]$$

$$\eta_B = +f \cdot \left[(1-\mu^2) - \frac{3}{4}\frac{(r+3)}{(r+4)} \cdot \frac{(r+4\,n) \cdot (1+\mu)}{(r+3\,n)}\right]$$

angenähert und unter Vernachlässigung des Einflusses der Längskräfte

$$\eta_k = \pm \frac{p \cdot l^2}{49} : \frac{p \cdot l^2}{16 \cdot f} = \sim \,^1/_3 \cdot f.$$

In Abb. 36 ist die Stützlinie für einseitige Verkehrslast eingezeichnet. Dieser Belastungsfall kann bei Bogendächern mit einseitiger Schneebelastung auftreten. Man gewinnt dann in diesem Fall die Angriffsmomente in bezug auf die Kernpunkte genau genug aus der Stützlinie, die als Parabel sehr leicht eingezeichnet werden kann.

Das Moment im Sechstel nächst dem Scheitel für halbseitige Belastung. Hier ist:

$$\xi = \frac{1}{3}, \qquad y = \frac{1}{9} \cdot f.$$

$$M_4 = -p \cdot \frac{l^2}{2 \cdot 4 \cdot 9} + \frac{p \cdot l^2}{16 \cdot 9} + \frac{r+3}{r+4} \cdot \frac{r+4\,n}{r+3\,n} \cdot \frac{3}{32}\frac{l}{2} \cdot \frac{1}{3} \cdot p \cdot l - \frac{5(r+5)}{r+5\,n}\left(\frac{i_s}{f}\right)^2 \frac{p \cdot l^2}{16 \cdot 9}$$

$$\left.\begin{array}{l} M_{4\,\text{neg}} = -\frac{p \cdot l^2}{144} \cdot \left[1 - \frac{9}{4} \cdot \frac{(r+3)}{(r+4)} \cdot \frac{(r+4\,n)}{(r+3\,n)} + \frac{5(r+5)}{r+5\,n} \cdot \left(\frac{i_s}{f}\right)^2\right] \\[2ex] M_{4\,\text{pos}} = +\frac{p \cdot l^2}{144} \cdot \left[1 - \frac{9}{4} \cdot \frac{(r+3)(r+4\,n)}{(r+4)(r+3\,n)} - \frac{5(r+5)}{r+5\,n} \cdot \left(\frac{i_s}{f}\right)^2\right] \end{array}\right\} \quad (28)$$

Hierin setzen wir wieder bei rechteckigen Querschnitten

$$i_s^2 = \frac{d_s^2}{12}, \qquad \psi = \frac{f}{l}$$

und zur Annäherung: $r=1$, $n=0{,}2$, dann werden die Momente im Sechstel:

$$\left.\begin{array}{l} M_4 = \pm \frac{p \cdot l^2}{140} - \frac{1}{115}\left(\frac{d_s}{\psi}\right)^2 \cdot p \cdot \\[2ex] \qquad\qquad H = \frac{p \cdot l^2}{16\,f}. \end{array}\right\} \quad \ldots \ldots (28a)$$

3. Die maximalen Kämpfermomente.

Wie aus den Einflußlinien Tafel III ersichtlich ist, liegt die Belastungsscheide E etwa um ein Zehntel der Spannweite vom Scheitel entfernt. Man erhält deshalb unter Benutzung von Abb. 37 für den Zähler der Bogenkraft:

$$-\int_E^A M_0 \cdot y \cdot \frac{ds}{E\cdot J} = +\frac{p\cdot l^3 \cdot f}{16\,EJ_s}\int_{+0,2}^{+1}(\xi^2 - 0{,}40\,\xi + 0{,}04)\cdot \xi^2 \cdot d\xi \cdot (1-(1-n)\,\xi^r)$$

$$= \frac{p\cdot l^3 \cdot f}{16\,EJ_s}\cdot \frac{r+5\,n}{5\cdot(r+5)}\cdot \left\{1 - \left[0{,}50\cdot \frac{r+5}{r+4}\cdot \frac{r+4\,n}{r+5\,n} - 0{,}20\cdot \frac{r+5}{3\,(r+3)}\cdot \frac{r+3\,n}{r+5\,n}\right]\right\}$$

mit $N = \dfrac{r+5\,n}{5\cdot(r+5)}\cdot \dfrac{f^2\cdot l}{EJ_s}$ erhalten wir hieraus:

$$X = \underbrace{\frac{p\cdot l^2}{16\cdot f\cdot (1+\mu)}}_{\substack{\text{Horizontalschub}\\ \text{b. halbs. Belastung}}} - \underbrace{\frac{5}{160}\cdot \frac{p\cdot l^2}{f\cdot(\mu+1)}\cdot \frac{r+5}{r+5\,n}\cdot \left\{\frac{r+4\,n}{r+4} - \frac{2}{15}\cdot \frac{r+3\,n}{r+3}\right\}}_{\text{Korrekturglied für das Minimal- bzw. Maximalmoment}} \left.\vphantom{\frac{p\cdot l^2}{16\cdot f\cdot (1+\mu)}}\right\} \quad (29$$

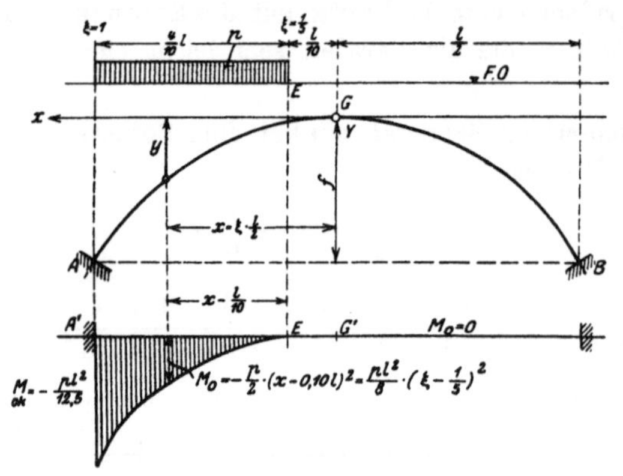

Abb. 37.

Für den Zähler von Y hat man zu setzen:

$$-\int_E^A M_0 \cdot x \cdot \frac{ds}{EJ} = +\frac{p\cdot l^2}{8}\cdot \frac{l}{2}\cdot \frac{l}{2}\cdot \frac{1}{EJ_s}\cdot \int_{0,2}^{1}(\xi^2 - 0{,}4\,\xi + 0{,}04)\cdot \xi \cdot d\xi \cdot (1-(1-n$$

$$= \frac{p\cdot l^4}{32\,EJ_s}\cdot \left\{\frac{r+4\,n}{4\cdot(r+4)} - 0{,}4\cdot \frac{r+3\,n}{3\cdot(r+3)} + 0{,}04\cdot \frac{r+2\,n}{2\cdot(r+2)} + \ldots\right\}$$

$$Y = +\underbrace{\frac{3}{32}\cdot \frac{r+4\,n}{r+3\,n}\cdot \frac{r+3}{r+4}\cdot p\cdot l}_{\substack{\text{Gelenkquerkraft } Y \text{ bei halb-}\\ \text{seitiger Belastung}}} - \underbrace{\frac{p\cdot l}{20}\cdot \left\{1 - \frac{3}{20}\cdot \frac{r+2\,n}{r+3\,n}\cdot \frac{r+3}{r+2}\right\}}_{\substack{\text{Korrekturglied für das Maximal- oder}\\ \text{Minimalmoment}}} \left.\vphantom{\frac{3}{32}}\right\} \quad (30)$$

Für Brücken mit rechteckigem Gewölbequerschnitt darf man setzen:

$$r = 1, \qquad n = 0,30,$$

dann wird:

$$(1 + \mu) \cdot X = + \frac{1}{29,3} \cdot \frac{p \cdot l^2}{f} \sim \frac{p \cdot l^2}{30 \cdot f}.$$

$$Y = + \frac{1}{22,2} \cdot p \cdot l.$$

Somit erhält man für das minimale bzw. maximale **Kämpfermoment**:

$$M_{\mathrm{min}} = - \frac{p \cdot l^2}{12,5} + \frac{1}{29,3} \cdot p \cdot l^2 + \frac{1}{44,4} \cdot p \cdot l^2 - \mu \cdot \frac{1}{29,3} \, p \cdot l^2$$

$$\left. \begin{aligned} M_{\mathrm{min}} &= - \frac{p \cdot l^2}{43} - \underbrace{\frac{1}{30} \cdot \left(\frac{d_s}{\psi}\right)^2 \cdot p}_{\text{Korr. f. Längskr.}} \qquad && H = \frac{p \cdot l^2}{30\,f} \\[2em] M_{\mathrm{max}} &= + \frac{p \cdot l^2}{43} - \frac{1}{11} \cdot \left(\frac{d_s}{\psi}\right)^2 \cdot p \qquad && H = \frac{p \cdot l^2}{11 \cdot f} \end{aligned} \right\} \quad \dots \dots \ (31)^*)$$

Diese Formel gibt das Kämpfermoment schon recht genau, die Korrektur für die Längskräfte kann man in den meisten Fällen entbehren.

4. Die maximalen und die minimalen Momente im Sechstel nächst dem Scheitel (Punkt 4).

Als Belastungsscheide wird hier genau genug der Zwölftel nächst dem Scheitel angenommen $\xi_E = {}^1/_6$. Hier wird das Moment im statisch bestimmten Hauptsystem

$$M_0 = - \frac{p \cdot l^2}{8} \left(\xi - \frac{1}{6}\right)^2$$

---

*) Die Maximalwerte des Kämpfermomentes für verschiedene n findet man in Tabelle Seite 120.

und im Schnitt 4 selbst $\xi = {}^1/_3$

$$M_{0_4} = -\frac{pl^2}{8} \cdot \left(\frac{1}{3} - \frac{1}{6}\right)^2 = -\frac{pl^2}{288}$$

$$-\int_E^A M_0 \cdot y \cdot \frac{ds}{EJ} = +\frac{pl^3 \cdot f}{16\,EJ_s} \cdot \int_{1/6}^1 \left(\xi^2 - \frac{1}{3}\,\xi + \frac{1}{36}\right) \cdot \xi^2 \cdot (1 - (1-n)\xi^r)\,d\xi$$

$$= \frac{pl^3 \cdot f}{16\,EJ_s} \cdot \int_{1/6}^1 \left(\xi^4 - \frac{1}{3}\,\xi^3 + \frac{1}{36}\,\xi^2 - (1-n)\left(\xi^{r+4} - \frac{\xi^{r+3}}{3} + \frac{\xi^{r+2}}{36}\right)\right)d\xi$$

$$= +\frac{pl^3 \cdot f}{16\,EJ_s} \cdot \left[\frac{r+5n}{5\cdot(r+5)} - \frac{1}{3}\cdot\frac{r+4n}{4\cdot(r+4)} + \frac{1}{36}\cdot\frac{r+3n}{3\cdot(r+3)} + \text{Pot. v. }{}^1/_6\right]$$

$$X\cdot(1+\mu) = \frac{pl^2}{16\cdot f} - \underbrace{\frac{5}{192}\cdot\frac{p\cdot l^2}{f}\cdot\frac{r+5}{r+5n}\cdot\left[\frac{r+4n}{r+4} - \frac{r+3n}{9\cdot(r+3)}\right]}_{\text{korr. Glied}}$$

$$-\int_E^A M_0 \cdot x \cdot \frac{ds}{EJ} = +\frac{pl^4}{32\,EJ_s}\int_{1/6}^1 \left(\xi^2 - \frac{1}{3}\,\xi + \frac{1}{36}\right) \cdot \xi \cdot (1 - (1-n)\xi^r))\cdot d\xi$$

$$= \frac{pl^4}{32\,EJ_s} \cdot \int_{1/6}^1 \left(\xi^3 - \frac{1}{3}\,\xi^2 + \frac{1}{36}\,\xi - (1-n)\cdot\left(\xi^{r+3} - \frac{1}{3}\cdot\xi^{r+2} + \frac{1}{36}\,\xi^{r+1}\right)\right)d\xi$$

$$= \frac{pl^4}{32\,EJ_s} \cdot \left[\frac{r+4n}{4\cdot(r+4)} - \frac{1}{3}\cdot\frac{r+3n}{3\cdot(r+3)} + \frac{1}{36}\cdot\frac{r+2n}{2\cdot(r+2)} + \dots\text{Pot. v. }{}^1/_6\right]$$

$$Y = +\frac{3}{32}\cdot\frac{r+4n}{r+3n}\cdot\frac{r+3}{r+4}\cdot p\cdot l - \underbrace{\frac{p\cdot l}{24}\cdot\left[1 - \frac{1}{8}\frac{r+2n}{r+3n}\cdot\frac{r+3}{r+2}\right]}_{\text{korr. Glied.}}.$$

Setzt man in diesen Formeln wieder $r = 1$ und $n = 0{,}30$, so erhält man für

$$(1+\mu)\cdot X = \frac{pl^2}{16f} - \frac{5}{192}\cdot\frac{pl^2}{f}\cdot\frac{6}{2{,}5}\left\{\frac{2{,}2}{5} - \frac{1{,}9}{9\cdot4}\right\} = \frac{1}{26{,}1}\frac{pl^2}{f}$$

$$Y = pl\cdot\frac{3}{32}\cdot\frac{2{,}2}{1{,}9}\cdot\frac{4}{5} - \frac{pl}{24}\cdot\left(1 - \frac{1}{8}\cdot\frac{1{,}6}{1{,}9}\cdot\frac{4}{3}\right) = +\frac{1}{19{,}6}\cdot p\cdot l\,.$$

Das Moment im Sechstel wird mit $x = \dfrac{l}{6}$; $y = \dfrac{f}{9}$

$$M = M_0 + X\cdot y + Y\cdot x = -\frac{pl^2}{288} + \frac{pl^2}{9\cdot26{,}1} + \frac{pl^2}{6\cdot19{,}6}$$

$$\left.\begin{aligned}
M_{\max} &= +\frac{1}{108}\cdot pl^2 - \frac{1}{235}\left(\frac{d_s}{\psi}\right)^2\cdot p = \sim\frac{pl^2}{108}\\[2mm]
M_{\min} &= -\frac{1}{108}\cdot pl^2 - \frac{1}{235}\cdot\left(\frac{d_s}{\psi}\right)^2\cdot p
\end{aligned}\right\} \quad \dots\,(32)$$

$$\mathrm{Z\,u\,s\,a\,m\,m\,e\,n\,s\,t\,e\,l\,l\,u\,n\,g:}$$

$$\text{Moment im Kämpfer } M_{\max} = -\frac{p\,l^2}{43},$$

$$\text{„ „ Sechstel } M_{\max} = \frac{p\,l^2}{108}. \quad *)$$

---

d) Die Wirkung des Eigengewichtes.

Die Bogenkraft aus Eigengewicht setzt sich aus der Bogenkraft H_s im Dreigelenkbogen und der Zusatzkraft ΔX_e, infolge der Verkürzung der Bogenachse, zusammen zu

$$H_e = H_s - \underbrace{\mu \cdot H_s}_{\Delta X_e};$$

für μ entnehmen wir den Wert entweder aus Tafel I oder V.

Es ist

$$\mu = \frac{5 \cdot (r + 5)}{(r + 5\,n)} \cdot \left(\frac{i_s}{f}\right)^2$$

oder bei rechteckigen Querschnitten mit $r = 1$, $i_s^2 = \dfrac{d_s^2}{12}$

$$\mu = \frac{5 \cdot 6}{12\,(1 + 5\,n)} \cdot \left(\frac{d_s}{f}\right)^2 = \frac{5}{2 \cdot (1 + 5\,n)} \cdot \left(\frac{d_s}{f}\right)^2.$$

Nach Dr. M. Ritter darf man die Bogenkraft H_s aus

$$H_s = \frac{5\,g_s + g_k}{48 \cdot f} \cdot l^2 \quad \ldots \ldots \ldots \ldots (33)$$

ermitteln.

Für den häufig vorkommenden Fall $n = 0{,}30$ wird

$$\Delta X_e = -\left(\frac{d_s}{f}\right)^2 \cdot H_s \quad \ldots \ldots \ldots (34)$$

Die Zusatzspannung selbst ergibt sich zu

$$\text{a)}\quad \sigma_g = \pm\frac{\Delta X_e \cdot y}{W} = \mp\left(\frac{d_s}{f}\right)^2 \cdot f \cdot \xi^2 \cdot \frac{6}{1 \cdot d^2} \cdot H_s = 6 \cdot \left(\frac{d_s}{d}\right)^3 \cdot \frac{d}{f} \cdot \xi^2 \cdot \sigma_s.$$

Im Kämpfer erhalten wir mit

$$\left(\frac{d_s}{d_k}\right)^3 = \sim 0{,}3 \cdot \cos \varphi_k$$

und

$$\xi^2 = 1.$$

$$\sigma_g = \pm\frac{1{,}8\,d_k \cos \varphi_k}{f} \cdot \sigma_s ,$$

---

*) Auf Tafel III ist $M_{\text{sechstel}} = \dfrac{p \cdot l^2}{110}$ gesetzt, was $n = 0{,}25$ entspricht.

7*

im Sechstel mit

$$\left(\frac{d_s}{d}\right)^3 = \sim 0,730, \qquad \xi^2 = \frac{1}{9}, \qquad \cos\varphi \sim 1,$$

$$\sigma_g = \pm \frac{d}{2f}\cdot\sigma_s.$$

In diesen Formeln bedeutet $\sigma_s = \dfrac{H_s}{F_s}$ die mittlere Fugenpressung im Scheitel.

e) Wärmeänderung.

Nach § 4, Kap. II erhalten wir für eine gleichmäßige Wärmeänderung um t^0 einen Horizontalschub von

$$X_t = +\frac{\alpha\cdot t^0\cdot l}{\delta_{xx}}.$$

δ_{xx} entnimmt man am besten aus Tafel I oder V.

Um einen Annäherungswert zu erhalten, setzen wir für δ_{xx} den Wert N ein und berücksichtigen wie vorhin $r = 1$, $n = 0{,}30$

$$X_t = +\frac{\alpha\cdot t^0\cdot l}{\dfrac{l\cdot f^2}{EJ_s}\dfrac{r+5n}{5(r+5)}} = +E\cdot\alpha\cdot t^0\cdot\left(\frac{d_s}{f}\right)^2\cdot d_s \ . \ . \ . \ . \ . (35)$$

Die Spannung aus Temperaturänderung ergibt sich zu

$$\text{b)} \quad \sigma_t = \frac{X_t}{W}\cdot y_k = \frac{E\,\alpha\cdot t^0\cdot d_s^{\,3}}{f^2\dfrac{d^2}{6}}\cdot f\cdot\xi^2 = 6\left(\frac{d_s}{d}\right)^3\cdot\frac{d}{f}\cdot\xi^2\cdot E\,\alpha\,t^0.$$

Die Spannungen aus Eigengewicht und Temperaturänderung kombinieren wir in die Formel

$$\sigma = \sigma_s \pm 6\cdot\xi^2\cdot\left(\frac{d_s}{d}\right)^3\cdot\frac{d}{f}\cdot(\sigma_s - E\cdot\alpha\cdot t^0)$$

und hieraus für den Sechstel

$$\sigma = \sigma_s \pm \frac{e}{f}\cdot(\sigma_s - E\,\alpha\,t^0), \quad \ . \ . \ . \ . \ . \ . \ . (36)$$

wenn $e = \dfrac{d}{2}$, und im Kämpfer

$$\sigma = \sigma_s \pm \frac{1{,}8\,d_k\cos\varphi_k}{f}(\sigma_s - E\,\alpha\,t^0).$$

Man erhält σ nach Gl. 36 in der gleichen Form wie Dr. M. Ritter in seiner Schrift über den gelenklosen Bogenträger.

f) Wagerechte Bremskraft $B \approx 1^t$ im Scheitel.

Nach den Gl. 8 und 9. Kap. II wird

$$X_{B=1} = -\frac{1}{2} - \frac{h}{E\delta_{xx}} \cdot \sum_A^G w_2,$$

$$Y_{B=1} = -\frac{\delta_{gx}}{\delta_{yy}} - \frac{h}{E\delta_{yy}} \cdot \sum_A^G w_1.$$

In diesen Formeln sind δ_{xx} auf Tafel I oder V, δ_{yy} auf Tafel II und δ_{gx} auf Tafel IV aufgetragen, worin man sie für jedes n, r und m ablesen kann. Da δ_{gx} nur für $m=1$ aufgetragen worden ist, so werden besser für $m=$ bel. die Einflußlinientabellen verwendet und Y in der Form

$$Y_{B=1} = - X_{PG=1} \cdot \frac{\delta_{xx}}{\delta_{yy}} - \frac{h}{E\delta_{yy}} \cdot \sum_A^G w_1$$

geschrieben.

Es handelt sich jetzt hier noch darum, die $\sum_A^G w_2$ bzw. $\sum_A^G w_1$ zu berechnen. Es ist:

$$dw_2 = y \cdot \frac{ds}{J}; \quad \sum_A^G w_2 = \int_0^1 \frac{f\xi^2 \cdot \frac{l}{2} d\xi}{J_s}(1-(1-n)\xi^r)$$

$$= \frac{f \cdot l}{2J_s}\int_0^1 (\xi^2 - (1-n)\xi^{r+2})d\xi = \frac{f \cdot l}{6J_s} \cdot \frac{r+3n}{r+3},$$

$$dw_1 = x \cdot \frac{ds}{J}; \quad \sum_A^G w_1 = \int_0^1 \frac{\frac{l^2}{4}\xi \cdot d\xi}{J_s} \cdot (1-(1-n)\xi^r) = \frac{l^2}{8J_s} \cdot \frac{r+2n}{r+2}.$$

$$\left. \vphantom{\int} \right\} \quad (37)$$

Für $n=1$ wird demnach

$$\left.\begin{aligned} X_{B=1} &= -\frac{1}{2} - \frac{5}{6} \cdot \frac{h}{f} \\ Y_{B=1} &= -\frac{3}{4} \cdot \frac{f}{l} - \frac{3}{2} \cdot \frac{h}{l} \end{aligned}\right\} \quad \cdots \cdots \cdots (38)$$

§ 5. Berechnung der Bogenkraft X unter Zugrundelegung der angenäherten Stützliniengleichung:

$$y = \frac{f}{3}\left[(4\beta - 1)\,\xi^2 - 4\,(\beta - 1)\,\xi^4\right].$$

a) Der Nenner von X.

Aus den allgemeinen Gleichungen erhalten wir wie früher:

$$N = \int_A^B y^2 \cdot \frac{ds}{EJ} = \frac{l \cdot f^2}{9\,EJ_s} \cdot \int_0^1 (1 - (1-n)\xi^7)\left[(4\beta-1)\xi^2 - 4\,(\beta-1)\xi^4\right]^2 d\xi,$$

$$N = \frac{l \cdot f^2}{9\,EJ_s}$$

$$\times \left[\frac{r+5n}{5\cdot(r+5)}\cdot(4\beta-1)^2 - 8\cdot\frac{r+7n}{7\cdot(r+7)}\cdot(4\beta-1)(\beta-1) + \frac{16}{9}\cdot\frac{r+9n}{r+9}\cdot(\beta-1)^2\right]$$

$$\beta = 4\,\frac{y_v}{f} \quad \cdots \cdots \cdots \cdots \quad (39)$$

$$\delta_{xx} = N\,(1+\mu), \qquad \begin{array}{l} r \text{ bel.} \\ \beta \text{ bel.} \\ n \text{ bel.} \end{array}$$

Dieses ist die allgemeinste Gleichung zur Bestimmung des Nenners; sie gibt ihn für jede Stützlinie bei der die Belastung vom Scheitel gegen den Kämpfer stetig zunimmt.

Für das der günstigsten Materialverteilung nahekommende Straßnersche Gesetz wird der Nenner:

$$N = \frac{l \cdot f^2}{810 \cdot EJ_s}\left\{\left[3 \cdot (4\beta-1)^2 + 16\,(\beta-1)^2 - \frac{90}{7}(4\beta-1)(\beta-1)\right]\right.$$

$$\left. + n\cdot\left[15\,(4\beta-1)^2 + 144\,(\beta-1)^2 - 90\,(4\beta-1)(\beta-1)\right]\right\}.$$

Mit Hilfe dieser Gleichung sind die Tabellen für die Einflußlinien gerechnet worden. Die Nennerwerte sind übersichtlich auf Tafel V dargestellt, wobei von der Eigenschaft, daß die Nennerwerte linear mit n zunehmen, Gebrauch gemacht wurde.

Die Nennerwerte in den Tabellen sind mit Hilfe der Gleichung

$$y = \frac{f}{m-1}\cdot(\mathfrak{Cof}\,\xi\,k - 1)$$ berechnet worden.

b) Der Zähler von X.

Mit den angenommenen Gesetzen geht die Differentialgleichung der Biegungslinie in

$$-\frac{d^2\delta_{mx}}{d\xi^2} = \frac{l^2 \cdot y}{4\,EJ\cos\varphi} = \frac{l^2 f}{12\,EJ_s}\left[(1-(1-n)\xi^7)((4\beta-1)\xi^2 - 4(\beta-1)\xi^4)\right]$$

über

$$-\frac{d\delta_{mx}}{d\xi} = \frac{l^2 f}{12\,EJ_s} \cdot \left[(4\beta-1)\cdot\frac{\xi^3}{3} - 4(\beta-1)\frac{\xi^5}{5} \right.$$

$$\left. -(1-n)\cdot\left((4\beta-1)\frac{\xi^{r+3}}{r+3} - 4(\beta-1)\cdot\frac{\xi^{r+5}}{r+5} \right) + c_1 \right]$$

$$\xi = 1; \quad \frac{d\delta_{mx}}{d\xi} = 0$$

An der Einspannstelle wird die Tangente horizontal.

$$c_1 = -\left[(4\beta-1)\cdot\frac{r+3n}{3\cdot(r+3)} - 4(\beta-1)\cdot\frac{r+5n}{5\cdot(r+5)} \right]$$

$$-\delta_{mx} = \frac{l^2 f}{12\,EJ_s} \cdot \left[(4\beta-1)\frac{\xi^4}{12} - 4(\beta-1)\frac{\xi^6}{30} \right.$$

$$-(1-n)\left((4\beta-1)\frac{\xi^{r+4}}{(r+3)(r+4)} - 4(\beta-1)\frac{\xi^{r+6}}{(r+5)(r+6)} \right)$$

$$\left. -\left((4\beta-1)\frac{r+3n}{3(r+3)} - 4(\beta-1)\frac{r+5n}{5(r+5)} \right)\xi + c_2 \right].$$

Im starren Auflager verschwindet die Durchbiegung:

$$\xi = 1, \quad \delta_{mx} = 0.$$

$$c_2 = +(4\beta-1)\cdot\frac{r+4n}{4(r+4)} - 4(\beta-1)\cdot\frac{r+6n}{6\cdot(r+6)}.$$

Die allgemeinste Gleichung für die Biegungslinie δ_{mx} lautet nun:

$$-\delta_{mx} = \frac{l^2\cdot f}{12\,EJ_s}\cdot\left\{ \frac{1}{12}(4\beta-1)\xi^4 - \frac{2}{15}(\beta-1)\xi^6 \right.$$

$$-(1-n)\left[(4\beta-1)\cdot\frac{\xi^{r+4}}{(r+3)(r+4)} - 4(\beta-1)\cdot\frac{\xi^{r+6}}{(r+5)(r+6)} \right]$$

$$-\xi\cdot\left[(4\beta-1)\frac{r+3n}{3(r+3)} - 4(\beta-1)\frac{r+5n}{5(r+5)} \right]$$

$$\left. + \left[(4\beta-1)\cdot\frac{r+4n}{4(r+4)} - 4(\beta-1)\frac{r+6n}{6(r+6)} \right] \right\} \quad \ldots \ldots \quad (40)$$

$$\beta = 4\frac{y_v}{f}, \quad n = \frac{J_s}{J_k\cos\varphi_k}, \quad r = \text{Exponent.}$$

Für $r = 1$ folgt für das Querschnittsgesetz von Straßner:

$$-\underset{r=1}{\delta_{mx}} = \frac{l^2 \cdot f}{720\,EJ_s} \cdot \{5\,(4\beta - 1)\,\xi^4 - 8\,(\beta - 1)\,\xi^6$$
$$- (1 - n)\,[3\,(4\beta - 1)\,\xi^5 - \tfrac{40}{7} \cdot \xi^7\,(\beta - 1)]$$
$$- \xi \cdot [5\,(4\beta - 1)(1 + 3n) - 8\,(\beta - 1)(1 + 5n)]$$
$$+ [3\,(4\beta - 1)(1 + 4n) - \tfrac{40}{7}(\beta - 1)(1 + 6n)]\},$$

woraus

$$X = -\frac{\delta_{mx}}{\delta_{xx}} = \frac{l}{f}\,(\ldots)\,.$$

Um die Anwendung dieser etwas komplizierten Gleichungen zu erleichtern, sind Tabellen für die Einflußlinien für X für variables m, $\frac{y_v}{f}$ und n berechnet worden, so daß man sich bequem jeder Bogenform anpassen kann. Es mag hier erwähnt werden, daß die Tabellen mit einer 9 stelligen Rechenmaschine „Millionär" gerechnet wurden.

§ 6. Die günstigste Gewölbeform und der Einfluß des Abweichens der Bogenachse von der Stützlinie aus ständiger Last.

Die günstigste Gewölbeform werden wir offenbar dann erreichen, wenn das Wölbmaterial überall, sowohl an der oberen als auch an der unteren Leibung, bis auf die zulässige Spannung beansprucht wird.

Näherungsweise läßt sich diese Forderung spalten in die:

Bestimmung der günstigsten Gewölbeachse, bei welcher die oberen und die unteren Randspannungen einander gleich werden, und in die

Bestimmung der Querschnittszunahme, bei welcher die oberen und die unteren Randspannungen die zulässige Grenze erreichen.

Hier soll nur der erste Teil der Aufgabe behandelt werden.

Bei der Berechnung von Eingelenkbogen, welche nach der Stützlinie für ständige Last geformt sind, macht man die Erfahrung, daß in den Schnitten vom Scheitel bis nahe an den Kämpfer die negativen Momente stets größer sind als die positiven, denn für die negativen Momente kommen die Ursachen

1. Verkehrslast,
2. Zusatzspannung aus Eigengewicht,
3. Temperaturabfall,
4. Schwinden,
5. Ausweichen der Widerlager

und für die positiven Momente nur

1. Verkehrslast,
2. Temperaturzunahme

in Betracht.

Es bezeichne $M_{k0\,neg}$ das größte negative Kernmoment infolge der Verkehrslast, Zusatzspannung aus Eigengewicht, Temperaturabfall, Schwinden und allfälliger Widerlagerverschiebung; es liefert die größte Druckspannung an der inneren Leibung. $M_{ku\,pos}$ sei das größte positive Kernmoment aus Verkehr und Temperaturzunahme; es liefert die größte Druckspannung am Gewölberücken. Wir verschieben die Gewölbeachse so lange, bis die obere Randspannung gleich der unteren wird. H_{g_0} sei die wagrecht wirkende Bogenkraft, η die lotrechte Abweichung der Bogenachse von der Stützlinie für Eigengewicht im Dreigelenkbogen, dann ergibt die Momentengleichung in bezug auf S:

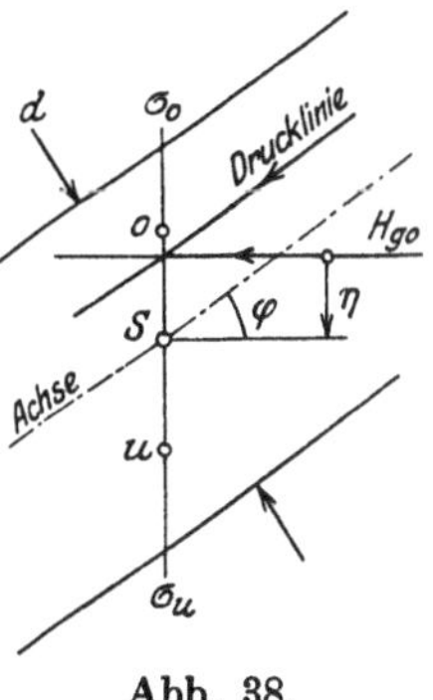

Abb. 38.

$$H_{g_0}\cdot\eta + M_{ku\,pos} = -H_{g_0}\cdot\eta + M_{k0\,neg}$$
$$2\cdot H_{g_0}\cdot\eta = M_{k0\,neg} - M_{ku\,pos},$$

woraus die Achsenverschiebung:

$$\eta = \frac{M_{k0\,neg} - M_{ku\,pos}}{2\cdot H_{g_0}} \quad\quad\dots\dots \quad (41)$$

folgt.

Trägt man in jedem Schnitt die lotrechte Abweichung η, die das Minimum der Randspannungen erreichen läßt, lotrecht positiv nach unten ab, so erhalten wir näherungsweise die Bogenachse der kleinsten Spannungen und der besten Materialausnützung; sie wird oft als „verbesserte Gewölbeform" bezeichnet.

Die neue Bogenachse wird ähnliche Eigenschaften wie eine Stützlinie aufweisen, da ihre Form doch im wesentlichen eine Folge des Eigengewichtes ist; sie wird sich der Parabel um so mehr nähern, als sich der Einfluß der Verkehrslast geltend macht, denn nur für den Parabelbogen ist die Bedingung $M_{p\,max} = M_{p\,min}$ erfüllt. Als weitere bestimmende Ursache auf die Formgebung tritt der Einfluß der Zusammendrückung der Bogenachse, das Schwinden und eine Temperaturänderung um $\dfrac{t_{max} + t_{min}}{2}$ gegenüber der Aufstellungstemperatur, die je nachdem sie positiv oder negativ ist die vorigen Einflüsse verkleinert oder vergrößert und der allfällige Einfluß eines

Ausweichens der Widerlager auf. Die zuletzt angegebenen Ursachen rufen alle den gleichen Spannungszustand hervor, ihre Wirkung nimmt mit den Gewölbeordinaten, also gegen den Kämpfer hin, zu.

Es mag uns deshalb als gegeben erscheinen, wenn wir für die verbesserte Bogenform wieder eine Stützlinie annehmen, die sich jedoch etwas mehr der Parabel nähert als die Stützlinie für ständige Last. Wie später gezeigt werden wird, stimmt diese Annahme mit der Wirklichkeit gut überein.

Für die neue Bogenachse wird im Sechstel nächst dem Scheitel

$$\frac{\bar{y}}{f} = \frac{y+\eta}{f}.$$

In der Tafel für die Gewölbeordinaten $\frac{y}{f}$ addiert man zum Wert $\frac{y}{f}$ den Wert $\frac{\eta}{f}$ und erhält durch Interpolieren die neuen Werte $\frac{\bar{y}}{f}$ der verbesserten Gewölbeform. Insbesondere gewinnt man die neuen Bestimmungsstücke $\frac{y_v}{f}$, β und m.

Die Gleichung der verbesserten Bogenform lautet nun:

$$\bar{y} = \frac{f}{(m - \varDelta m) - 1} \left[\mathfrak{Cof}\, \xi\, (k - \varDelta k) - 1 \right]$$

oder angenähert:

$$\bar{y} = \frac{f}{3} \left[[4\,(\beta + \varDelta \beta) - 1]\, \xi^2 - 4\,(\beta + \varDelta \beta - 1)\, \xi^4 \right],$$

worin $\triangle \beta = 4 \cdot \dfrac{\eta_v}{f}$

$$\eta = \bar{y} - y = \frac{f}{3} \left[\{4\,\varDelta \beta\}\, \xi^2 - 4\,(\varDelta \beta)\, \xi^4 \right] = \frac{4\,f}{3} \cdot \varDelta \beta \{\xi^2 - \xi^4\},$$

$$\eta = \tfrac{16}{3} \cdot \eta_v \cdot \xi^2 (1 - \xi^2) \quad \cdot\ \cdot\ \cdot\ \cdot\ \cdot\ \cdot\ \cdot\ \cdot \quad (42)$$

$$\frac{d\eta}{d\xi} = \frac{32}{3} \cdot \eta_v \cdot (\xi - 2\,\xi^3).$$

Die Funktion η wird Maximum für $\xi = \tfrac{1}{2} \sqrt{2}$; $\xi^2 = \tfrac{1}{2}$

$$\eta_{\max} = \tfrac{8}{3} \cdot \eta_v \cdot (1 - \tfrac{1}{2}) = \tfrac{4}{3}\, \eta_v,$$

sie wird Minimum für $\xi = 0$, d. h. die Tangente ändert sich im Scheitel nicht. Der Wendepunkt tritt bei $\xi = \sqrt{\tfrac{1}{6}}$ auf

$$\eta_w = \tfrac{16}{3} \cdot \eta_v \cdot \tfrac{1}{6} \cdot \tfrac{5}{6} = \tfrac{20}{27} \cdot \eta_v.$$

Die Funktion η erfüllt die hauptsächlichsten Bedingungen; sie verschwindet in Scheitel und Kämpfer und ergibt keine Unstetigkeit im Scheitel.

Der Einfluß der Abweichung der Bogenachse auf die Bogenkraft soll zunächst für $m = 1$ festgestellt werden.

$$\varDelta X_\eta = - \frac{H_s}{N(1+\mu)} \cdot \int_A^B \eta \cdot y \cdot \frac{ds}{EJ} = - \frac{H_s}{N(1+\mu)} \cdot 2 \int_0^1 \frac{16}{3} \eta_v$$

$$\times (\xi^2 - \xi^4) \cdot f \xi^2 \cdot \frac{l}{2} \cdot \frac{d\xi}{EJ_s} \cdot (1 - (1-n)\xi^r).$$

$$(1 + \mu) \cdot \varDelta X_\eta = - \frac{5(r+5)}{r+5n} \cdot \frac{16}{3} \cdot \frac{n_v}{f} \cdot H_s \left[\frac{r+5n}{5(r+5)} - \frac{r+7n}{7(r+7)} \right]$$

$$\varDelta X_\eta = - \frac{16}{3} \cdot \frac{\eta_v}{f} \cdot \frac{H_s}{(1+\mu)} \cdot \left[1 - \frac{r+7n}{r+5n} \cdot \frac{5}{7} \cdot \frac{(r+5)}{(r+7)} \right] \quad . \quad (43)$$

Aus dieser Formel gewinnt man eine genügende Annäherung mit $r = 1$, $n = 0{,}30$

$$\varDelta X_\eta = - \frac{16}{3} \frac{\eta_v}{f} \cdot H_s \cdot \left[1 - \underbrace{\frac{3{,}1}{2{,}5} \cdot \frac{5}{7} \cdot \frac{6}{8}}_{0{,}665} \right] = \sim - 1{,}8 \frac{\eta_v}{f} \cdot H_s \quad . \quad (43\,\text{a})$$

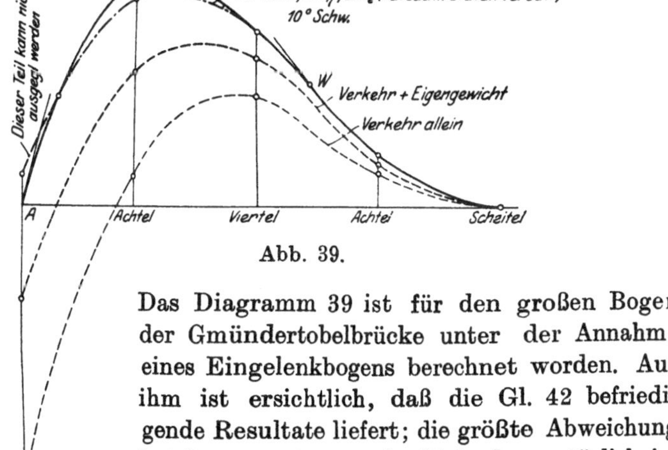

Abb. 39.

Das Diagramm 39 ist für den großen Bogen der Gmündertobelbrücke unter der Annahme eines Eingelenkbogens berechnet worden. Aus ihm ist ersichtlich, daß die Gl. 42 befriedigende Resultate liefert; die größte Abweichung beträgt nur 8 mm, ein Maß, das natürlich im Bau nie eingehalten werden könnte. Damit ist gezeigt, daß unsere Annahme richtig war.

Nachdem wir nun über den Verlauf der Stützlinienabweichung η genügend unterrichtet sind, gehen wir dazu über, den Wert $\varDelta X_\eta$ genauer zu berechnen.

Wir setzen:

$$y = \frac{f}{3}\left[(4\beta-1)\,\xi^2 - 4\,(\beta-1)\,\xi^4\right]$$

$$\frac{ds}{EJ} = \frac{l}{2\,EJ_s}\cdot(1-(1-n)\,\xi)\,d\xi \qquad r=1$$

$$\eta = \frac{16}{3}\,\eta_v\cdot\xi^2\,(1-\xi^2).$$

$$\int\limits_A^B \eta\cdot y\cdot\frac{ds}{EJ} = +\,\frac{l\cdot f}{EJ_s}\cdot\frac{16}{9}\cdot\eta_v$$

$$\int\limits_0^1 (\xi^2-\xi^4)\left[(4\beta-1)\,\xi^2-4\,(\beta-1)\,\xi^4\right](1-(1-n)\,\xi)\cdot d\xi$$

$$\Delta X_\eta = -\frac{H_s}{N\cdot(1+\mu)}\cdot\int\limits_A^B \eta\cdot y\cdot\frac{ds}{EJ} = -\frac{16}{9}\cdot\frac{\eta_v}{f}\cdot\frac{H_s}{(1+\mu)\,N}\cdot$$

$$\left[(4\beta-1)\left(\frac{1+5n}{30}-\frac{1+7n}{56}\right)-4\,(\beta-1)\left(\frac{1+7n}{56}-\frac{1+9n}{90}\right)\right] \quad . \quad (43\,\mathrm{a})$$

Der Ausdruck $\frac{16}{9}\,[\,\ldots\ldots\,]$ ist auf **Tafel VI** für alle n und β graphisch dargestellt. Mit Hilfe dieser Tafel läßt sich der Einfluß der Stützlinienabweichung sofort bestimmen

$$\Delta X_\eta = -\frac{\eta_v}{f}\cdot\frac{H_s}{(1+\mu)}\cdot\frac{\text{Tafelwert VI}}{\text{Tafelwert V}}\,{}^*).$$

Durch geeignete Wahl von η_v haben wir es sogar in der Hand, die Momente im Kämpfer einander gleich werden zu lassen.

$$M_{ko\,neg} - M_{ku\,pos} + 2\,\Delta X_\eta\cdot f = 0.$$

§ 7. Der schiefsymmetrische Bogen.

Wir wählen die lotrechte Symmetrieachse $\bar{y}$ und die unter dem Winkel α gegen die Horizontale geneigte Scheiteltangente $\bar{x}$ (nach § 2 in der Symmetrierichtung) als Achsen eines schiefwinkligen

---

*) An Stelle von $\frac{y_v}{f}$ muß jetzt im Nenner $\frac{y_v+\eta}{f}$ gesetzt werden, um in Tafel V den richtigen Nenner zu erhalten.

Koordinatensystems. Aus den Eigenschaften der schiefen Symmetrie folgt das Verschwinden des elastischen Zentrifugalmomentes

$$\delta_{xy}=\int \bar{x}\cos\alpha\cdot\bar{y}\cos\alpha\cdot\frac{ds}{EJ}+\ldots=\cos^2\alpha\int \bar{x}\bar{y}\cdot\frac{ds}{EJ}+\ldots=0,$$

d. h. die gewählten Achsen sind konjugiert und es werden für sie die Elastizitätsgleichungen voneinander unabhängig.

$$\overline{X}=-\frac{\delta_{m\bar{x}}}{\delta_{\overline{xx}}},\quad \overline{Y}=-\frac{\delta_{m\bar{y}}}{\delta_{\overline{y}\bar{y}}}.$$

Zusammenhang mit dem rechtwinklig sym. Bogen.

Aus Abb. 40 folgt:

$$x=\bar{x}\cdot\cos\alpha$$

$$y=\bar{y}\cdot\cos\alpha.$$

Das elastische Trägheitsmoment in bezug auf die $\bar{x}$-Achse ergibt sich zu:

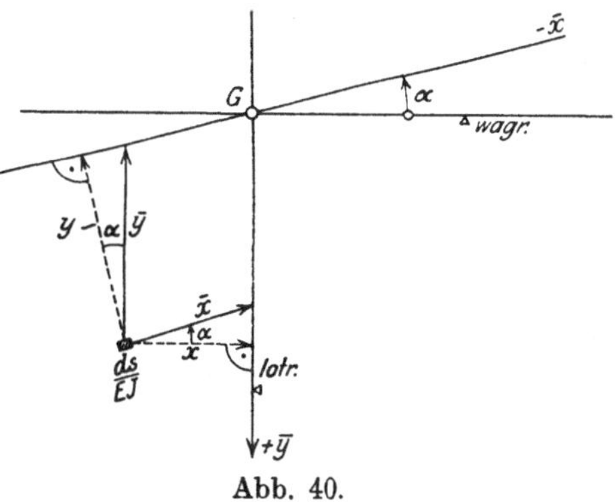

Abb. 40.

$$\delta_{\overline{xx}}=\int_A^B y^2\cdot\frac{ds}{EJ}=\cos^2\alpha\cdot\int_A^B \bar{y}^2\cdot\frac{ds}{EJ}=\cos^2\alpha\cdot\delta_{xx}\quad\ldots\quad(44)$$

$$\underbrace{\text{schief. sym. Bogen}}\qquad\qquad\qquad\underbrace{\text{rechtw. sym. Bogen.}}$$

und

$$\delta_{\bar{y}\bar{y}}=\int_A^B x^2\cdot\frac{ds}{EJ}=\cos^2\alpha\int_A^B \bar{x}^2\cdot\frac{ds}{EJ}=\cos^2\alpha\cdot\delta_{yy}$$

$$\underbrace{\text{schiefsym. Bogen}}\qquad\qquad\qquad\qquad \underset{\text{sym. Bogen}}{\perp}$$

$$\delta_{\overline{mx}}=-\int_A^m (x-a)\cdot y\cdot\frac{ds}{EJ}=-\cos^2\alpha\int_A^m (\bar{x}-\bar{a})\cdot\bar{y}\cdot\frac{ds}{EJ}$$

$$\underbrace{\text{schiefsym. Bogen}}$$

$$=+\cos^2\alpha\cdot\underbrace{\delta_{mx}}_{\perp\ \text{sym. Bogen}}$$

und ebenso:

$$\underbrace{\delta_{m\bar{y}}}_{\text{schiefsym. Bogen}}=\cos^2\alpha\cdot\underbrace{\delta_{my}}_{\perp\ \text{sym. Bogen.}}$$

Aus diesen Relationen folgt für die statisch nicht bestimmbaren Größen:

$$\overline{X} = -\frac{\delta_{\overline{mx}}}{\delta_{\overline{xx}}} = -\frac{\cos^2\alpha\cdot\delta_{mx}}{\cos^2\alpha\cdot\delta_{xx}} = X$$

$$\underbrace{\qquad}_{\text{schiefsym. Bogen}} \qquad\qquad \underbrace{\perp\ \text{sym. Bogen}}$$

$$\overline{Y} = -\frac{\delta_{\overline{my}}}{\delta_{\overline{yy}}} = -\frac{\cos^2\alpha\cdot\delta_{my}}{\cos^2\alpha\cdot\delta_{xx}} = Y$$

$$\left.\rule{0pt}{40pt}\right\} \quad \dots \quad (45)$$

Der schiefsymmetrische Bogen läßt sich mit Hilfe der Tabellen wie ein gewöhnlicher symmetrischer Bogen berechnen, nur sind für Spannweite $\overline{l}$ und Pfeilhöhe $\overline{f}$ und die Koordinaten $\overline{x}$ und $\overline{y}$ die schiefgemessenen Werte einzuführen. Für den Nenner δ_{xx} ist der Wert $\cos^2\alpha\cdot\delta_{xx}$ anzuwenden. Alle Tabellen und Tafeln, die für den sym. Bogen berechnet wurden, gelten mit dieser Einschränkung auch für den schiefsymmetrischen Bogen.

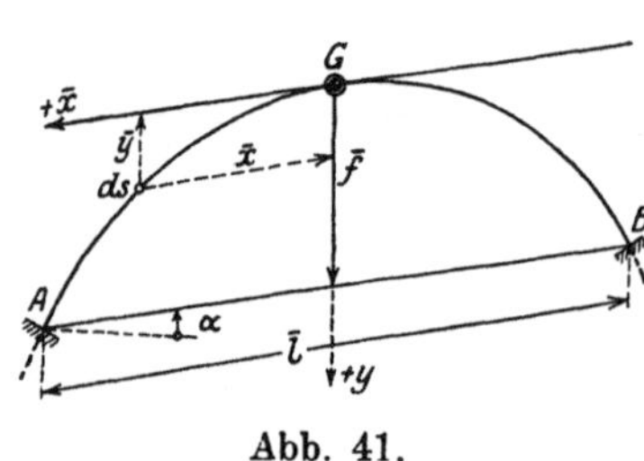

Abb. 41.

§ 8. Der unsymmetrische Bogen.

Aus Kap. 3, § 2, b und c haben wir gesehen, daß sich die Ordinate y des unsymmetrischen Bogens in der Form:

$$y' = y_0' + \Delta y$$

darstellen läßt, worin y_0' die Ordinate des entsprechenden symmetrischen Gewölbes und Δy ein Zusatzglied, das sich näherungsweise nach Gl. 15 zu

$$\Delta y = \tfrac{8}{3}\,\Delta y_v\cdot\xi\,(1-\xi^2)$$

ergibt, bedeutet. Den Wert von y' führen wir in die Integrale für die Festwerte ein und erhalten:

$$J_x' = \int_A^B y'^2\cdot\frac{ds}{EJ} = \int_A^B (y_0'+\Delta y)^2\cdot\frac{ds}{EJ} = \underbrace{\int_A^B y_0'^2\,\frac{ds}{EJ}}_{=N} + 2\underbrace{\int_A^B y_0'\cdot\Delta y\cdot\frac{ds}{EJ}}_{=0} + \underbrace{\int_A^B \Delta y^2\cdot\frac{ds}{EJ}}_{=\Delta N}$$

Hierin ist das erste Integral $\displaystyle\int_A^B y_0'^2\cdot\frac{ds}{EJ} = N$ im symmetrischen Bogen

und

$$\int_A^B \Delta y\cdot y_0'\cdot\frac{ds}{EJ} = 0,$$

denn y_0 ist eine gerade, Δy eine ungerade Funktion von ξ.

Das Zusatzglied folgt zu:

$$\varDelta N = \int_A^B \varDelta y^2 \frac{ds}{EJ} = \frac{64}{9} \cdot \varDelta y_v{}^2 \cdot \frac{l}{EJ_s} \cdot \int_0^1 \xi^2 \cdot (1 - 2\xi^2 + \xi^4) \cdot (1 - (1-n)\xi^r)\, d\xi$$

$$\varDelta N = \frac{64}{9} \varDelta y_v{}^2 \cdot \frac{l}{EJ_s} \cdot \left[\frac{r+3n}{3(r+3)} - 2 \cdot \frac{r+5n}{5(r+5)} + \frac{r+7n}{7(r+7)} \right] \ . \ . \ (46)$$

und somit

$$\frac{1}{(1+\mu)} \delta_{x'x'} = \int_A^B y'^2 \frac{ds}{EJ} = N + \varDelta N \ . \ . \ . \ . \ (47)$$

Der Nenner von Y bleibt derselbe wie im symmetrischen Bogen:

$$J_y = \int x^2 \frac{ds}{EJ} = \delta_{yy} = \frac{r+3n}{12(r+3)} \cdot \frac{l^3}{EJ_s} \ \ . \ . \ . \ . \ (48)$$

Das Zentrifugalmoment der elastischen Gewichte ergibt sich zu:

$$Z_{x'y'} = \int_A^B x'y' \cdot \frac{ds}{EJ} = \int_A^B (y_0' + \varDelta y) \cdot x \cdot \frac{ds}{EJ} = \underbrace{\int_A^B y_0' x \frac{ds}{EJ}}_{=0} + \int_A^B \varDelta y \cdot x \cdot \frac{ds}{EJ}$$

$$\int_A^B \varDelta y \cdot x \cdot \frac{ds}{EJ} = 2 \int_0^1 \xi \cdot \frac{l}{2} \cdot \frac{8}{3} \varDelta y_v \cdot (\xi - \xi^3) \cdot \frac{l}{2}\, d\xi \cdot (1 - (1-n)\xi^r) \frac{1}{EJ_s}$$

$$= \frac{4}{3} \cdot \varDelta y_v \cdot \frac{l^2}{EJ_s} \cdot \int_0^1 \left[(\xi^2 - \xi^4 - (1-n)(\xi^{r+2} - \xi^{r+4})) \right] d\xi$$

$$Z_{x'y'} = \frac{4}{3} \varDelta y_v \cdot \frac{l^2}{E \cdot J_s} \cdot \left[\frac{r+3n}{3(r+3)} - \frac{r+5n}{5(r+5)} \right] \ . \ . \ . \ . \ . \ . \ (49)$$

Der Achsenwinkel ψ folgt aus 48 und 49 zu:

$$\operatorname{tg} \psi = \frac{Z_{x'y'}}{J_y} = + \frac{16}{3} \cdot \frac{\varDelta y_v}{l} \cdot \left[1 - \frac{3}{5} \cdot \frac{r+5n}{r+3n} \cdot \frac{r+3}{r+5} \right] \ . \ . \ . \ (50)$$

näherungsweise für $n = 1$

$$\operatorname{tg} \psi = + \frac{32}{15} \frac{\varDelta y_v}{l}.$$

Der Nenner von X ergibt sich aus dem Mohrschen Trägheitskreis oder analytisch zu

$$\delta_{xx} = \delta_{xx} \cos^2 \psi + \delta_{yy} \sin^2 \psi - \delta_{xy} \sin \psi \cos \psi.$$

Diese Darlegungen genügen, um den Einfluß von Eigengewicht und Temperaturänderung zu berechnen.

§ 9. Tabellen für die Einflußlinien des Eingelenkbogens.

Bezeichnungen:

l Spannweite,
f Pfeilhöhe,
y Gewölbeordinate,
y_v Gewölbeordinate im Viertel der Spannweite,
J_s Trägheitsmoment im Scheitel,
J_k Trägheitsmoment im Kämpfer,
φ_k Neigungswinkel der Bogenachse im Kämpfer,
g_s Gewicht am Scheitel,
g_k Gewicht am Kämpfer,
$H = X$ Bogenkraft,
$N \cdot (1 + \mu)$ Nenner der Bogenkraft,
Y Gelenkquerkraft.

$$m = \frac{g_k}{g_s} = 1{,}000, \qquad\qquad \frac{y_v}{f} = 0{,}2500,$$

$$H_{g_0} = 0{,}1250\, g_s \cdot \frac{l^2}{f}, \qquad\qquad \operatorname{tg} \varphi_k = 4{,}000 \cdot \frac{f}{l},$$

$$V_{g_0} = 0{,}5000\, g_s \cdot l,$$

$$\text{Bogenkraft } H \cdot \frac{f}{l} \cdot (1 + \mu),$$

$$n = \frac{J_s}{J_k \cos \varphi_k}$$

n	1,00	0,50	0,40	0,30	0,25	0,20	0,15	0,10	y/f	
Scheitel 0	0,3125	0,3214	0,3250	0,3300	0,3333	0,3375	0,3429	0,3500	0,0000	Scheitel
1	0,2778	0,2842	0,2868	0,2904	0,2928	0,2958	0,2997	0,3049	0,0070	1
2	0,2431	0,2471	0,2488	0,2510	0,2525	0,2544	0,2568	0,2600	0,0278	2
3	0,2087	0,2105	0,2112	0,2121	0,2128	0,2136	0,2146	0,2160	0,0625	3
4	0,1749	0,1746	0,1745	0,1743	0,1742	0,1740	0,1739	0,1737	0,1111	Sechstel
5	0,1420	0,1401	0,1394	0,1383	0,1376	0,1367	0,1355	0,1344	0,1736	5
6	0,1107	0,1077	0,1065	0,1048	0,1037	0,1023	0,1006	0,0982	**0,2500**	Viertel
7	0,0815	0,0781	0,0767	0,0748	0,0735	0,0719	0,0698	0,0671	0,3403	7
8	0,0553	0,0520	0,0507	0,0489	0,0477	0,0461	0,0442	0,0416	0,4444	8
9	0,0330	0,0304	0,0294	0,0279	0,0270	0,0258	0,0242	0,0218	0,5625	9
10	0,0155	0,0140	0,0134	0,0125	0,0120	0,0112	0,0103	0,0091	0,6944	10
11	0,0041	0,0036	0,0034	0,0031	0,0030	0,0027	0,0024	0,0020	0,8403	11
Kämpfer 12	0	0	0	0	0	0	0	0	1,0000	Kämpfer
Nenner N	0,2000	0,1166	0,1000	0,0833	0,0750	0,0667	0,0583	0,0500		$\dfrac{l \cdot f^2}{E \cdot J_s}$
n	1,00	0,50	0,40	0,30	0,25	0,20	0,15	0,10		n

The row-label column at left reads "Einflußordinate Nr." spanning rows 0–11.

$$m = \frac{g_k}{g_s} = 1{,}500, \qquad\qquad \frac{y_v}{f} = 0{,}2360,$$

$$H_{g_0} = 0{,}1350\, g_s \cdot \frac{l^2}{f}, \qquad\qquad \operatorname{tg}\varphi_k = 4{,}304 \cdot \frac{f}{l},$$

$$V_{g_0} = 0{,}5808\, g_s \cdot l,$$

$$\text{Bogenkraft } H \cdot \frac{f}{l}(1 + \mu), \qquad n = \frac{J_s}{J_k \cos\varphi_k}$$

n	1,00	0,50	0,40	0,30	0,25	0,20	0,15	0,10	y/f	
Scheitel 0	0,3181	0,3276	0,3315	0,3369	0,3405	0,3451	0,3509	0,3588	0,0000	Scheitel
1	0,2829	0,2899	0,2928	0,2968	0,2994	0,3028	0,3071	0,3128	0,0064	1
2	0,2478	0,2524	0,2542	0,2568	0,2585	0,2606	0,2634	0,2671	0,0258	2
3	0,2130	0,2152	0,2160	0,2172	0,2181	0,2191	0,2204	0,2222	0,0582	3
4	0,1787	0,1788	0,1788	0,1788	0,1789	0,1789	0,1790	0,1790	0,1038	Sechstel
5	0,1453	0,1437	0,1431	0,1422	0,1416	0,1408	0,1398	0,1385	0,1628	5
6	0,1134	0,1107	0,1096	0,1080	0,1070	0,1057	0,1040	0,1018	**0,2360**	Viertel
7	0,0837	0,0804	0,0791	0,0772	0,0760	0,0744	0,0724	0,0697	0,3238	7
8	0,0569	0,0537	0,0525	0,0507	0,0494	0,0479	0,0460	0,0434	0,4260	8
9	0,0340	0,0315	0,0305	0,0290	0,0279	0,0269	0,0253	0,0232	0,5440	9
10	0,0161	0,0146	0,0139	0,0132	0,0125	0,0118	0,0109	0,0096	0,6784	10
11	0,0043	0,0038	0,0036	0,0033	0,0031	0,0029	0,0026	0,0022	0,8300	11
Kämpfer 12	0	0	0	0	0	0	0	0	1,0000	Kämpfer
Nenner N	0,1917	0,1113	0,0953	0,0792	0,0712	0,0631	0,0551	0,0471		$\dfrac{l \cdot f^2}{E \cdot J_s}$
n	1,00	0,50	0,40	0,30	0,25	0,20	0,15	0,10		n

Die linke Randspalte ist mit „Einflußordinate Nr." beschriftet.

$$m = \frac{g_k}{g_s} = 2{,}000, \qquad\qquad \frac{y_v}{f} = 0{,}2248,$$

$$H_{g_0} = 0{,}1443\, g_s \cdot \frac{l^2}{f}, \qquad\qquad \operatorname{tg}\varphi_k = 4{,}562 \cdot \frac{f}{l},$$

$$V_{g_0} = 0{,}6576\, g_s \cdot l,$$

$$\text{Bogenkraft } H \cdot \frac{f}{l}(1 + \mu), \qquad n = \frac{J_s}{J_k \cos\varphi_k},$$

n	1,00	0,50	0,40	0,30	0,25	0,20	0,15	0,10	y/f	
Scheitel 0	0,3225	0,3326	0,3367	0,3424	0,3462	0,3511	0,3574	0,3658	0,0000	Scheitel
1	0,2870	0,2945	0,2976	0,3018	0,3047	0,3083	0,3129	0,3192	0,0060	1
2	0,2516	0,2566	0,2586	0,2614	0,2632	0,2656	0,2687	0,2728	0,0242	2
3	0,2164	0,2189	0,2200	0,2214	0,2224	0,2236	0,2252	0,2273	0,0547	3
4	0,1817	0,1821	0,1823	0,1825	0,1827	0,1828	0,1831	0,1834	0,0979	Sechstel
5	0,1480	0,1466	0,1461	0,1453	0,1448	0,1442	0,1433	0,1422	0,1544	5
6	0,1157	0,1132	0,1121	0,1106	0,1097	0,1084	0,1068	0,1047	**0,2248**	Viertel
7	0,0855	0,0824	0,0811	0,0793	0,0781	0,0766	0,0746	0,0719	0,3099	7
4	0,0583	0,0552	0,0539	0,0521	0,0509	0,0494	0,0475	0,0449	0,4109	8
9	0,0349	0,0324	0,0314	0,0300	0,0290	0,0278	0,0263	0,0241	0,5286	9
10	0,0165	0,0150	0,0144	0,0135	0,0129	0,0122	0,0113	0,0100	0,6652	10
11	0,0044	0,0040	0,0037	0,0034	0,0032	0,0030	0,0027	0,0022	0,8216	11
Kämpfer 12	0	0	0	0	0	0	0	0	1,0000	Kämpfer
Nenner N	0,1848	0,1071	0,0916	0,0760	0,0682	0,0605	0,0527	0,0449		$\dfrac{l \cdot f^2}{E \cdot J_s}$
n	1,00	0,50	0,40	0,30	0,25	0,20	0,15	0,10		n

Die linke Randspalte ist mit „Einflußordinate Nr." beschriftet.

$$m = \frac{g_k}{g_s} = 2{,}500\,, \qquad\qquad \frac{y_v}{f} = 0{,}2153\,,$$

$$H_{g_0} = 0{,}1528\, g_s \cdot \frac{l^2}{f}\,, \qquad\qquad \operatorname{tg}\varphi_k = 4{,}787 \cdot \frac{f}{l}\,,$$

$$V_{g_0} = 0{,}7312\, g_s \cdot f\,,$$

$$\text{Bogenkraft } H \cdot \frac{f}{l}(1+\mu)\,, \qquad\qquad n = \frac{J_s}{J_k \cos\varphi_k}\,,$$

n	1,00	0,50	0,40	0,30	0,25	0,20	0,15	0,10	y/f	
Scheitel 0	0,3263	0,3368	0,3411	0,3471	0,3512	0,3563	0,3629	0,3719	0,0000	Scheitel
1	0,2905	0,2984	0,3016	0,3061	0,3092	0,3130	0,3180	0,3248	0,0057	1
2	0,2548	0,2601	0,2623	0,2653	0,2674	0,2700	0,2733	0,2778	0,0229	2
3	0,2193	0,2222	0,2234	0,2250	0,2261	0,2275	0,2293	0,2318	0,0518	3
4	0,1844	0,1850	0,1853	0,1857	0,1859	0,1863	0,1867	0,1873	0,0931	Sechstel
5	0,1503	0,1492	0,1487	0,1481	0,1476	0,1471	0,1464	0,1454	0,1472	5
6	0,1177	0,1153	0,1143	0,1129	0,1120	0,1108	0,1093	0,1073	**0,2153**	Viertel
7	0,0871	0,0841	0,0828	0,0811	0,0799	0,0784	0,0765	0,0739	0,2984	7
8	0,0595	0,0564	0,0552	0,0534	0,0522	0,0507	0,0488	0,0462	0,3980	8
9	0,0357	0,0332	0,0322	0,0308	0,0298	0,0286	0,0270	0,0249	0,5158	9
10	0,0169	0,0154	0,0148	0,0139	0,0134	0,0126	0,0117	0,0104	0,6537	10
11	0,0045	0,0040	0,0038	0,0035	0,0033	0,0031	0,0028	0,0023	0,8141	11
Kämpfer 12	0	0	0	0	0	0	0	0	1,0000	Kämpfer
Nenner N	0,1792	0,1035	0,0884	0,0732	0,0656	0,0581	0,0505	0,0429		$\dfrac{l \cdot f^2}{E \cdot J_s}$
n	1,00	0,50	0,40	0,30	0,25	0,20	0,15	0,10		n

(Row label column "Einflußordinate Nr." runs alongside rows 1–11.)

$$m = \frac{g_k}{g_s} = 3{,}000\,, \qquad\qquad \frac{y_v}{f} = 0{,}2070\,,$$

$$H_{g_0} = 0{,}1603\, g_s \cdot \frac{l^2}{f}\,, \qquad\qquad \operatorname{tg}\varphi_k = 4{,}985 \cdot \frac{f}{l}\,,$$

$$V_{g_0} = 0{,}8022\, g_s \cdot l\,,$$

$$\text{Bogenkraft } H \cdot \frac{f}{l}(1+\mu)\,, \qquad\qquad n = \frac{J_s}{J_k \cos\varphi_k}$$

n	1,00	0,50	0,40	0,30	0,25	0,20	0,15	0,10	y/f	
Scheitel 0	0,3296	0,3405	0,3449	0,3512	0,3554	0,3608	0,3678	0,3772	0,0000	Scheitel
1	0,2936	0,3018	0,3052	0,3100	0,3132	0,3172	0,3225	0,3296	0,0054	1
2	0,2576	0,2633	0,2656	0,2688	0,2710	0,2738	0,2774	0,2823	0,0218	2
3	0,2219	0,2251	0,2263	0,2282	0,2294	0,2309	0,2330	0,2357	0,0494	3
4	0,1867	0,1876	0,1880	0,1885	0,1889	0,1893	0,1899	0,1907	0,0888	Sechstel
5	0,1523	0,1514	0,1510	0,1505	0,1502	0,1497	0,1491	0,1483	0,1412	5
6	0,1194	0,1172	0,1162	0,1150	0,1141	0,1130	0,1116	0,1096	**0,2070**	Viertel
7	0,0885	0,0856	0,0844	0,0827	0,0816	0,0801	0,0782	0,0757	0,2884	7
8	0,0605	0,0575	0,0563	0,0546	0,0534	0,0520	0,0500	0,0474	0,3872	8
9	0,0364	0,0340	0,0329	0,0315	0,0306	0,0294	0,0278	0,0256	0,5042	9
10	0,0173	0,0158	0,0152	0,0143	0,0137	0,0130	0,0120	0,0107	0,6436	10
11	0,0046	0,0041	0,0039	0,0036	0,0034	0,0032	0,0029	0,0024	0,8076	11
Kämpfer 12	0	0	0	0	0	0	0	0	1,0000	Kämpfer
Nenner N	0,1744	0,1004	0,0857	0,0709	0,0636	0,0561	0,0487	0,0413		$\dfrac{l \cdot f^2}{E \cdot J_s}$
n	1,00	0,50	0,40	0,30	0,25	0,20	0,15	0,10		n

(Row label column "Einflußordinate Nr." runs alongside rows 1–11.)

$$m = \frac{g_k}{g_s} = 3{,}500, \qquad\qquad \frac{y_v}{f} = 0{,}2000,$$

$$H_{g_0} = 0{,}1687\, g_s \cdot \frac{l^2}{f}, \qquad\qquad \operatorname{tg}\varphi_k = 5{,}165 \cdot \frac{f}{l},$$

$$V_{g_0} = 0{,}8713\, g_s \cdot l,$$

$$\text{Bogenkraft } H \cdot \frac{f}{l}(1 + \mu), \qquad\qquad n = \frac{J_s}{J_k \cos\varphi_k}$$

n	1,00	0,50	0,40	0,30	0,25	0,20	0,15	0,10	y/f	
Scheitel 0	0,3324	0,3435	0,3482	0,3547	0,3591	0,3646	0,3719	0,3818	0,0000	Scheitel
1	0,2962	0,3047	0,3082	0,3132	0,3165	0,3207	0,3263	0,3338	0,0052	1
2	0,2600	0,2659	0,2683	0,2718	0,2741	0,2770	0,2808	0,2861	0,0208	2
3	0,2241	0,2275	0,2289	0,2308	0,2322	0,2339	0,2361	0,2391	0,0472	3
4	0,1886	0,1898	0,1903	0,1909	0,1914	0,1919	0,1927	0,1937	0,0852	Sechstel
5	0,1541	0,1533	0,1530	0,1526	0,1523	0,1520	0,1515	0,1508	0,1357	5
6	0,1209	0,1188	0,1179	0,1167	0,1159	0,1149	0,1135	0,1117	**0,2000**	Viertel
7	0,0897	0,0869	0,0857	0,0841	0,0830	0,0816	0,0797	0,0772	0,2798	7
8	0,0614	0,0585	0,0573	0,0556	0,0544	0,0530	0,0511	0,0485	0,3771	8
9	0,0370	0,0346	0,0336	0,0322	0,0312	0,0300	0,0284	0,0263	0,4944	9
10	0,0176	0,0161	0,0155	0,0146	0,0140	0,0133	0,0123	0,0110	0,6349	10
11	0,0047	0,0042	0,0040	0,0037	0,0035	0,0033	0,0029	0,0025	0,8019	11
Kämpfer 12	0	0	0	0	0	0	0	0	1,0000	Kämpfer
Nenner N	0,1703	0,0979	0,0834	0,0689	0,0617	0,0545	0,0473	0,0400		$\dfrac{l \cdot f^2}{E \cdot J_s}$
n	1,00	0,50	0,40	0,30	0,25	0,20	0,15	0,10		n

Die Spalte „Einflußordinate Nr." steht links neben der Tabelle.

$$m = \frac{g_k}{g_s} = 4{,}000, \qquad\qquad \frac{y_v}{f} = 0{,}1937,$$

$$H_{g_0} = 0{,}1762\, g_s \cdot \frac{l^2}{f}, \qquad\qquad \operatorname{tg}\varphi_k = 5{,}327 \cdot \frac{f}{l},$$

$$V_{g_0} = 0{,}9385\, g_s \cdot l,$$

$$\text{Bogenkraft } H \cdot \frac{f}{l}(1 + \mu), \qquad\qquad n = \frac{J_s}{J_k \cos\varphi_k}$$

n	1,00	0,50	0,40	0,30	0,25	0,20	0,15	0,10	y/f	
Scheitel 0	0,3348	0,3464	0,3511	0,3578	0,3623	0,3681	0,3756	0,3859	0,0000	Scheitel
1	0,2985	0,3072	0,3109	0,3160	0,3195	0,3239	0,3297	0,3376	0,0049	1
2	0,2622	0,2683	0,2708	0,2744	0,2769	0,2800	0,2840	0,2895	0,0199	2
3	0,2260	0,2297	0,2312	0,2333	0,2348	0,2366	0,2390	0,2423	0,0453	3
4	0,1904	0,1918	0,1923	0,1931	0,1936	0,1943	0,1952	0,1964	0,0820	Sechstel
5	0,1556	0,1551	0,1549	0,1545	0,1543	0,1540	0,1536	0,1532	0,1310	5
6	0,1222	0,1203	0,1195	0,1183	0,1175	0,1166	0,1153	0,1135	**0,1937**	Viertel
7	0,0908	0,0881	0,0870	0,0854	0,0843	0,0829	0,0811	0,0787	0,2720	7
8	0,0623	0,0594	0,0582	0,0565	0,0554	0,0540	0,0520	0,0495	0,3683	8
9	0,0376	0,0351	0,0342	0,0328	0,0318	0,0306	0,0290	0,0269	0,4855	9
10	0,0179	0,0164	0,0158	0,0149	0,0143	0,0136	0,0126	0,0112	0,6235	10
11	0,0048	0,0043	0,0041	0,0038	0,0036	0,0033	0,0030	0,0026	0,7966	11
Kämpfer 12	0	0	0	0	0	0	0	0	1,0000	Kämpfer
Nenner N	0,1667	0,0957	0,0814	0,0672	0,0601	0,0530	0,0459	0,0388		$\dfrac{l \cdot f^2}{E \cdot J_s}$
n	1,00	0,50	0,40	0,30	0,25	0,20	0,15	0,10		n

$$m = \frac{g_k}{g_s} = 4{,}500, \qquad\qquad \frac{y_v}{f} = 0{,}1881,$$

$$H_{g_0} = 0{,}1833\, g_s \cdot \frac{l^2}{f}, \qquad\qquad \operatorname{tg} \varphi_k = 5{,}477 \cdot \frac{f}{l},$$

$$V_{g_0} = 1{,}0042\, g_s \cdot l,$$

$$\text{Bogenkraft } H \cdot \frac{f}{l} \cdot (1+\mu), \qquad\qquad n = \frac{J_s}{J_k \cos \varphi_k}$$

n	1,00	0,50	0,40	0,30	0,25	0,20	0,15	0,10	y/f	
Scheitel 0	0,3370	0,3488	0,3536	0,3605	0,3652	0,3711	0,3789	0,3895	0,0000	Scheitel
1	0,3005	0,3096	0,3133	0,3187	0,3222	0,3267	0,3327	0,3409	0,0047	1
2	0,2640	0,2704	0,2731	0,2768	0,2793	0,2825	0,2868	0,2925	0,0191	2
3	0,2278	0,2316	0,2332	0,2354	0,2370	0,2389	0,2414	0,2449	0,0437	3
4	0,1920	0,1935	0,1942	0,1950	0,1956	0,1964	0,1974	0,1988	0,0792	Sechstel
5	0,1570	0,1566	0,1565	0,1562	0,1561	0,1559	0,1556	0,1552	0,1268	5
6	0,1234	0,1216	0,1208	0,1198	0,1190	0,1181	0,1169	0,1152	**0,1881**	Viertel
7	0,0918	0,0892	0,0881	0,0865	0,0854	0,0841	0,0823	0,0799	0,2652	7
8	0,0630	0,0602	0,0590	0,0574	0,0562	0,0548	0,0530	0,0504	0,3605	8
9	0,0381	0,0357	0,0347	0,0333	0,0323	0,0311	0,0295	0,0274	0,4773	9
10	0,0182	0,0167	0,0160	0,0152	0,0146	0,0138	0,0128	0,0115	0,6199	10
11	0,0049	0,0044	0,0042	0,0039	0,0037	0,0034	0,0031	0,0026	0,7918	11
Kämpfer 12	0	0	0	0	0	0	0	0	1,0000	Kämpfer
Nenner N	0,1634	0,0936	0,0796	0,0657	0,0587	0,0517	0,0447	0,0378		$\dfrac{l \cdot f^2}{E \cdot J_s}$
n	1,00	0,50	0,40	0,30	0,25	0,20	0,15	0,10		n

(Leftmost column label for rows 1–11: Einflußordinate Nr.)

$$m = \frac{g_k}{g_s} = 5{,}000, \qquad\qquad \frac{y_v}{f} = 0{,}1830,$$

$$H_{g_0} = 0{,}1903\, g_s \cdot \frac{l^2}{f}, \qquad\qquad \operatorname{tg} \varphi_k = 5{,}615 \cdot \frac{f}{l},$$

$$V_{g_0} = 1{,}0685\, g_s \cdot l,$$

$$\text{Bogenkraft } H \cdot \frac{f}{l} \cdot (1+\mu), \qquad\qquad n = \frac{J_s}{J_k \cos \varphi_k}$$

n	1,00	0,50	0,40	0,30	0,25	0,20	0,15	0,10	y/f	
Scheitel 0	0,3390	0,3510	0,3559	0,3630	0,3678	0,3739	0,3819	0,3929	0,0000	Scheitel
1	0,3024	0,3116	0,3155	0,3209	0,3246	0,3293	0,3355	0,3440	0,0046	1
2	0,2658	0,2724	0,2751	0,2790	0,2816	0,2849	0,2893	0,2954	0,0185	2
3	0,2294	0,2334	0,2351	0,2374	0,2390	0,2411	0,2438	0,2475	0,0422	3
4	0,1934	0,1952	0,1958	0,1968	0,1975	0,1984	0,1995	0,2011	0,0766	Sechstel
5	0,1583	0,1581	0,1580	0,1578	0,1577	0,1576	0,1574	0,1571	0,1230	5
6	0,1246	0,1228	0,1221	0,1211	0,1204	0,1195	0,1184	0,1168	**0,1830**	Viertel
7	0,0927	0,0902	0,0891	0,0876	0,0865	0,0852	0,0835	0,0811	0,2589	7
8	0,0637	0,0609	0,0598	0,0581	0,0570	0,0556	0,0538	0,0512	0,3534	8
9	0,0385	0,0361	0,0352	0,0338	0,0328	0,0316	0,0301	0,0279	0,4700	9
10	0,0184	0,0169	0,0163	0,0154	0,0148	0,0141	0,0131	0,0117	0,6129	10
11	0,0050	0,0044	0,0042	0,0039	0,0037	0,0035	0,0031	0,0027	0,7875	11
Kämpfer 12	0	0	0	0	0	0	0	0	1,0000	Kämpfer
Nenner N	0,1605	0,0917	0,0780	0,0643	0,0574	0,0505	0,0436	0,0368		$\dfrac{l \cdot f^2}{E \cdot J_s}$
n	1,00	0,50	0,40	0,30	0,25	0,20	0,15	0,10		n

(Leftmost column label for rows 1–11: Einflußordinate Nr.)

$$m = \frac{g_k}{g_s} = 6{,}000, \qquad\qquad \frac{y_v}{f} = 0{,}1742,$$

$$H_{g_0} = 0{,}2083\, g_s \cdot \frac{l^2}{f}, \qquad\qquad \operatorname{tg} \varphi_k = 5{,}864 \cdot \frac{f}{l},$$

$$V_{g_0} = 1{,}1938\, g_s \cdot l,$$

$$\text{Bogenkraft}\quad H \cdot \frac{f}{l}(1 + \mu), \qquad\qquad n = \frac{J_s}{J_k \cos \varphi_k}$$

n	1,00	0,50	0,40	0,30	0,25	0,20	0,15	0,10	y/f	
Scheitel 0	0,3424	0,3548	0,3599	0,3672	0,3722	0,3786	0,3870	0,3986	0,0000	Scheitel
1	0,3055	0,3152	0,3192	0,3249	0,3288	0,3337	0,3403	0,3493	0,0043	1
2	0,2687	0,2757	0,2786	0,2827	0,2855	0,2890	0,2937	0,3002	0,0174	2
3	0,2321	0,2365	0,2383	0,2409	0,2426	0,2448	0,2478	0,2519	0,0398	3
4	0,1959	0,1979	0,1988	0,1999	0,2008	0,2018	0,2031	0,2050	0,0754	Sechstel
5	0,1606	0,1606	0,1606	0,1606	0,1606	0,1605	0,1605	0,1605	0,1164	5
6	0,1265	0,1250	0,1243	0,1234	0,1228	0,1220	0,1210	0,1196	**0,1742**	Viertel
7	0,0943	0,0919	0,0909	0,0894	0,0885	0,0872	0,0856	0,0833	0,2476	7
8	0,0649	0,0622	0,0611	0,0595	0,0584	0,0571	0,0552	0,0527	0,3410	8
9	0,0393	0,0370	0,0360	0,0347	0,0337	0,0325	0,0310	0,0288	0,4569	9
10	0,0188	0,0174	0,0168	0,0159	0,0153	0,0145	0,0135	0,0121	0,6011	10
11	0,0051	0,0046	0,0044	0,0041	0,0039	0,0036	0,0032	0,0028	0,7796	11
Kämpfer 12	0	0	0	0	0	0	0	0	1,0000	Kämpfer
Nenner N	0,1555	0,0887	0,0753	0,0620	0,0553	0,0486	0,0419	0,0353		$\dfrac{l \cdot f^2}{E \cdot J_s}$
n	1,00	0,50	0,40	0,30	0,25	0,20	0,15	0,10		n

Einflußordinate Nr.

$$m = \frac{g_k}{g_s} = 7{,}000, \qquad\qquad \frac{y_v}{f} = 0{,}1667,$$

$$H_{g_0} = 0{,}2162\, g_s \cdot \frac{l^2}{f}, \qquad\qquad \operatorname{tg} \varphi_k = 6{,}083\, \frac{f}{l},$$

$$V_{g_0} = 1{,}3152\, g_s \cdot l,$$

$$\text{Bogenkraft}\quad H \cdot \frac{f}{l} \cdot (1 + \mu), \qquad\qquad n = \frac{J_s}{J_k \cos \varphi_k}$$

n	1,00	0,50	0,40	0,30	0,25	0,20	0,15	0,10	y/f	
Scheitel 0	0,3452	0,3579	0,3632	0,3707	0,3759	0,3825	0,3912	0,4033	0,0000	Scheitel
1	0,3082	0,3181	0,3223	0,3282	0,3322	0,3374	0,3442	0,3537	0,0040	1
2	0,2712	0,2784	0,2814	0,2858	0,2887	0,2925	0,2974	0,3043	0,0163	2
3	0,2344	0,2391	0,2410	0,2437	0,2456	0,2480	0,2512	0,2556	0,0375	3
4	0,1981	0,2003	0,2013	0,2026	0,2035	0,2047	0,2062	0,2084	0,0685	Sechstel
5	0,1625	0,1627	0,1628	0,1629	0,1630	0,1631	0,1633	0,1635	0,1109	5
6	0,1281	0,1268	0,1262	0,1254	0,1249	0,1242	0,1233	0,1220	**0,1667**	Viertel
7	0,0957	0,0934	0,0924	0,0911	0,0901	0,0889	0,0874	0,0852	0,2386	7
8	0,0660	0,0633	0,0623	0,0607	0,0596	0,0583	0,0565	0,0540	0,3303	8
9	0,0400	0,0377	0,0368	0,0354	0,0345	0,0333	0,0318	0,0296	0,4457	9
10	0,0192	0,0178	0,0172	0,0163	0,0157	0,0149	0,0139	0,0125	0,5909	10
11	0,0052	0,0047	0,0045	0,0042	0,0040	0,0037	0,0033	0,0029	0,7727	11
Kämpfer 12	0	0	0	0	0	0	0	0	1,0000	Kämpfer
Nenner N	0,1512	0,0860	0,0730	0,0599	0,0534	0,0469	0,0404	0,0338		$\dfrac{l \cdot f^2}{E \cdot J_s}$
n	1,00	0,50	0,40	0,30	0,25	0,20	0,15	0,10		n

Einflußordinate Nr.

$$m = \frac{g_k}{g_s} = 8{,}000\,, \qquad\qquad \frac{y_v}{f} = 0{,}1602\,,$$

$$H_{g_0} = 0{,}2283\,g_s\,\frac{l^2}{f}\,, \qquad\qquad \mathrm{tg}\,\varphi_k = 6{,}280\,\frac{f}{l}\,,$$

$$V_{g_0} = 1{,}4335\,g_s\cdot l\,,$$

$$\text{Bogenkraft}\ \ H\cdot\frac{f}{l}\cdot(1+\mu)\,, \qquad\qquad n = \frac{J_s}{J_k\cos\varphi_k}$$

n	1,00	0,50	0,40	0,30	0,25	0,20	0,15	0,10	y/f	
Scheitel 0	0,3476	0,3606	0,3660	0,3738	0,3791	0,3860	0,3950	0,4075	0,0000	Scheitel
1	0,3105	0,3207	0,3250	0,3311	0,3353	0,3406	0,3477	0,3576	0,0038	1
2	0,2734	0,2809	0,2840	0,2885	0,2916	0,2955	0,3007	0,3080	0,0155	2
3	0,2364	0,2413	0,2434	0,2463	0,2483	0,2508	0,2542	0,2589	0,0356	3
4	0,1999	0,2024	0,2034	0,2049	0,2059	0,2072	0,2090	0,2114	0,0653	Sechstel
5	0,1641	0,1646	0,1647	0,1650	0,1651	0,1654	0,1656	0,1660	0,1061	5
6	0,1296	0,1284	0,1279	0,1272	0,1267	0,1261	0,1253	0,1242	**0,1602**	Viertel
7	0,0969	0,0947	0,0938	0,0925	0,0916	0,0905	0,0890	0,0869	0,2305	7
8	0,0669	0,0643	0,0633	0,0618	0,0607	0,0594	0,0576	0,0552	0,3208	8
9	0,0406	0,0384	0,0375	0,0361	0,0352	0,0340	0,0325	0,0303	0,4359	9
10	0,0195	0,0181	0,0175	0,0166	0,0160	0,0152	0,0142	0,0128	0,5819	10
11	0,0053	0,0048	0,0046	0,0043	0,0041	0,0038	0,0034	0,0029	0,7667	11
Kämpfer 12	0	0	0	0	0	0	0	0	1,0000	Kämpfer
Nenner N	0,1476	0,0838	0,0710	0,0582	0,0518	0,0454	0,0390	0,0327		$\dfrac{l\cdot f^2}{E\cdot J_s}$
n	1,00	0,50	0,40	0,30	0,25	0,20	0,15	0,10		n

The left side of the table is labelled vertically: **Einflußordinate Nr.**

$$m = \frac{g_k}{g_s} = 9{,}000\,, \qquad\qquad \frac{y_v}{f} = 0{,}1545\,,$$

$$H_{g_0} = 0{,}2399\,g_s\cdot\frac{l^2}{f}\,, \qquad\qquad \mathrm{tg}\,\varphi_k = 6{,}456\,\frac{f}{l}\,,$$

$$V_{g_0} = 1{,}5488\,g_s\cdot l\,,$$

$$\text{Bogenkraft}\ \ H\cdot\frac{f}{l}\cdot(1+\mu)\,, \qquad\qquad n = \frac{J_s}{J_k\cos\varphi_k}$$

n	1,00	0,50	0,40	0,30	0,25	0,20	0,15	0,10	y/f	
Scheitel 0	0,3497	0,3630	0,3685	0,3764	0,3819	0,3889	0,3982	0,4111	0,0000	Scheitel
1	0,3124	0,3229	0,3273	0,3336	0,3379	0,3434	0,3508	0,3610	0,0036	1
2	0,2752	0,2830	0,2862	0,2908	0,2940	0,2981	0,3035	0,3111	0,0148	2
3	0,2382	0,2433	0,2454	0,2485	0,2506	0,2533	0,2568	0,2618	0,0340	3
4	0,2015	0,2042	0,2053	0,2069	0,2080	0,2095	0,2113	0,2140	0,0625	Sechstel
5	0,1656	0,1662	0,1664	0,1668	0,1670	0,1673	0,1678	0,1684	0,1019	5
6	0,1309	0,1298	0,1294	0,1288	0,1283	0,1278	0,1271	0,1261	**0,1545**	Viertel
7	0,0979	0,0959	0,0950	0,0938	0,0929	0,0918	0,0903	0,0883	0,2234	7
8	0,0677	0,0652	0,0642	0,0627	0,0617	0,0604	0,0586	0,0563	0,3125	8
9	0,0412	0,0390	0,0381	0,0367	0,0358	0,0346	0,0331	0,0310	0,4271	9
10	0,0198	0,0184	0,0178	0,0169	0,0163	0,0156	0,0145	0,0131	0,5737	10
11	0,0054	0,0049	0,0047	0,0043	0,0041	0,0039	0,0035	0,0030	0,7616	11
Kämpfer 12	0	0	0	0	0	0	0	0	1,0000	Kämpfer
Nenner N	0,1444	0,0818	0,0693	0,0568	0,0505	0,0442	0,0379	0,0317		$\dfrac{l\cdot f^2}{E\cdot J_s}$
n	1,00	0,50	0,40	0,30	0,25	0,20	0,15	0,10		n

The left side of the table is labelled vertically: **Einflußordinate Nr.**

$$m = \frac{g_k}{g_s} = 10{,}000 , \qquad\qquad \frac{y_v}{f} = 0{,}1495 ,$$

$$H_{g_0} = 0{,}2511\, g_s \cdot \frac{l^2}{f} , \qquad\qquad \operatorname{tg} \varphi_k = 6{,}618\, \frac{f}{l} ,$$

$$V_{g_0} = 1{,}6620\, g_s \cdot l ,$$

$$\text{Bogenkraft } H \cdot \frac{f}{l} \cdot (1 + \mu) ,$$

$$n = \frac{J_s}{J_k \cos \varphi_k}$$

n	1,00	0,50	0,40	0,30	0,25	0,20	0,15	0,10	y/f	
Scheitel 0	0,3515	0,3650	0,3706	0,3787	0,3842	0,3914	0,4009	0,4142	0,0000	Scheitel
1	0,3141	0,3248	0,3293	0,3357	0,3401	0,3458	0,3534	0,3639	0,0035	1
2	0,2768	0,2848	0,2881	0,2929	0,2961	0,3004	0,3060	0,3138	0,0130	2
3	0,2397	0,2450	0,2472	0,2504	0,2526	0,2554	0,2591	0,2643	0,0326	3
4	0,2029	0,2058	0,2070	0,2087	0,2099	0,2114	0,2134	0,2163	0,0600	Sechstel
5	0,1669	0,1676	0,1679	0,1684	0,1687	0,1691	0,1696	0,1703	0,0982	5
6	0,1320	0,1311	0,1307	0,1302	0,1298	0,1293	0,1286	0,1277	**0,1495**	Viertel
7	0,0989	0,0969	0,0961	0,0949	0,0941	0,0930	0,0916	0,0896	0,2170	7
8	0,0684	0,0661	0,0650	0,0636	0,0626	0,0613	0,0596	0,0572	0,3051	8
9	0,0417	0,0395	0,0386	0,0373	0,0364	0,0352	0,0337	0,0315	0,4148	9
10	0,0201	0,0187	0,0181	0,0172	0,0166	0,0158	0,0148	0,0134	0,5664	10
11	0,0055	0,0050	0,0047	0,0044	0,0042	0,0039	0,0036	0,0031	0,7561	11
Kämpfer 12	0	0	0	0	0	0	0	0	1,0000	Kämpfer
Nenner N	0,1416	0,0800	0,0677	0,0554	0,0493	0,0431	0,0369	0,0308		$\dfrac{l \cdot f^2}{E \cdot J_s}$
n	1,00	0,50	0,40	0,30	0,25	0,20	0,15	0,10		n

Einflußordinate Nr. *(Randbeschriftung der linken Spalte)*

$$m = \frac{g_k}{g_s} = \text{beliebig.} \qquad\qquad \frac{y_v}{f} = \text{beliebig.}$$

Einflußlinie für die Gelenkquerkraft Y

$$n = \frac{J_s}{J_k \cos \varphi_k} .$$

n	1,00	0,50	0,40	0,30	0,25	0,20	0,15	0,10	
Scheitel 0	0,5000	0,5000	0,5000	0,5000	0,5000	0,5000	0,5000	0,5000	Scheitel
1	0,4376	0,4336	0,4321	0,4301	0,4289	0,4274	0,4257	0,4236	1
2	0,3762	0,3685	0,3656	0,3620	0,3596	0,3569	0,3536	0,3494	2
3	0,3164	0,3059	0,3020	0,2970	0,2938	0,2900	0,2855	0,2798	Achtel
4	0,2593	0,2469	0,2424	0,2365	0,2328	0,2284	0,2231	0,2165	Sechstel
5	0,2056	0,1926	0,1879	0,1817	0,1777	0,1731	0,1675	0,1607	5
6	0,1563	0,1438	0,1392	0,1332	0,1295	0,1250	0,1196	0,1130	Viertel
7	0,1121	0,1012	0,0972	0,0919	0,0886	0,0847	0,0800	0,0741	7
8	0,0741	0,0654	0,0623	0,0582	0,0556	0,0525	0,0486	0,0441	Sechstel
9	0,0430	0,0371	0,0350	0,0322	0,0304	0,0283	0,0258	0,0226	Achtel
10	0,0197	0,0166	0,0155	0,0140	0,0131	0,0120	0,0106	0,0091	10
11	0,0051	0,0042	0,0038	0,0034	0,0031	0,0028	0,0024	0,0020	11
Kämpfer 12	0	0	0	0	0	0	0	0	Kämpfer
n	1,00	0,50	0,40	0,30	0,25	0,20	0,15	0,10	n

Einflußordinate Nr. *(Randbeschriftung der linken Spalte)*

$$m = 1,000 \qquad\qquad \frac{y_v}{f} = 0,2500$$

Schwerpunkts-Moment im Kämpfer A

$$n = \frac{J_s}{J_k \cos \varphi_k}$$

		1,00	0,50	0,40	0,30	0,25	0,20	0,15	0,10
Kämpfer A	12	0	0	0	0	0	0	0	0
	11	−0,0350	−0,0360	−0,0364	−0,0368	−0,0371	−0,0376	−0,0381	−0,0387
	10	−0,0580	−0,0610	−0,0622	−0,0638	−0,0648	−0,0661	−0,0677	−0,0697
	9	−0,0705	−0,0760	−0,0781	−0,0810	−0,0828	−0,0850	−0,0879	−0,0919
	8	−0,0743	−0,0820	−0,0848	−0,0887	−0,0912	−0,0943	−0,0982	−0,1030
	7	−0,0708	−0,0796	−0,0830	−0,0876	−0,0905	−0,0941	−0,0985	−0,1042
	6	−0,0612	−0,0706	−0,0739	−0,0786	−0,0816	−0,0852	−0,0896	−0,0953
	5	−0,0469	−0,0552	−0,0583	−0,0625	−0,0652	−0,0684	−0,0724	−0,0769
	4	−0,0288	−0,0353	−0,0376	−0,0408	−0,0427	−0,0451	−0,0479	−0,0514
	3	−0,0081	−0,0116	−0,0128	−0,0144	−0,0153	−0,0164	−0,0176	−0,0191
	2	+0,0145	+0,0147	+0,0150	+0,0154	−0,0156	+0,0162	+0,0169	+0,0180
	1	+0,0383	+0,0426	+0,0445	+0,0471	+0,0489	+0,0512	+0,0542	+0,0584
Scheitel	0	**+0,0625**	**+0,0714**	**+0,0750**	**+0,0800**	**+0,0833**	**+0,0875**	**+0,0929**	**+0,1000**
	1′	+0,0590	+0,0674	+0,0708	+0,0754	+0,0784	+0,0821	+0,0868	+0,0931
	2′	+0,0550	+0,0628	+0,0660	+0,0700	+0,0727	+0,0760	+0,0800	+0,0853
	3′	+0,0505	+0,0576	+0,0602	+0,0636	+0,0659	+0,0686	+0,0718	+0,0761
	4′	+0,0452	+0,0512	+0,0533	+0,0560	+0,0578	+0,0598	+0,0624	+0,0654
	5′	+0,0392	+0,0438	+0,0454	+0,0474	+0,0488	+0,0502	+0,0518	+0,0540
	6′	+0,0326	+0,0360	+0,0369	+0,0382	+0,0390	+0,0398	+0,0408	+0,0417
	7′	+0,0254	+0,0275	+0,0281	+0,0288	+0,0292	+0,0296	+0,0298	+0,0300
	8′	+0,0182	+0,0193	+0,0196	+0,0198	+0,0199	+0,0199	+0,0199	+0,0196
	9′	+00,115	+0,0118	+0,0119	+0,0118	+0,0118	+0,0117	+0,0113	+0,0105
	10′	+0,0056	+0,0057	+0,0057	+0,0055	+0,0054	+0,0052	+0,0050	+0,0046
	11′	+0,0016	+0,0016	+0,0017	+0,0014	+0,0014	+0,0013	+0,0012	+0,0010
Kämpfer B	12′	0	0	0	0	0	0	0	0
max Moment		+0,01890	0,02113	0,02196	0,02306	0,02378	0,02465	0,02571	$0,02705 \cdot pl^2$
zugehöriges H		0,0917	0,0915	0,0915	0,0917	0,0918	0,0921	0,0923	$0,0928 \cdot pl^2{:}f$
min Moment		−0,01890	0,02113	0,02196	0,02306	0,02378	0,02465	0,02571	$0,02705 \cdot pl^2$
zugehöriges H		0,0333	0,0335	0,0335	0,0333	0,0332	0,0329	0,0327	$0,0322 \cdot pl^2{:}f$
n		1,00	0,50	0,40	0,30	0,25	0,20	0,15	0,10

The Scheitel row (0) is marked $\cdot\,l$ on the right.

$$m = \frac{g_k}{g_s} = 1{,}000 \qquad\qquad \frac{y_v}{f} = 0{,}2500$$

Schwerpunkts-Moment im Sechstel nächst dem Scheitel (Punkt 4)

$$n = \frac{J_s}{J_k \cos \varphi_k}.$$

		1,00	0,50	0,40	0,30	0,25	0,20	0,15	0,10	
Kämpfer A	12	0	0	0	0	0	0	0	0	
	11	+0,0013	+0,0011	+0,0010	+0,0009	+0,0008	+0,0008	+0,0007	+0,0006	
	10	+0,0050	+0,0043	+0,0041	+0,0037	+0,0035	+0,0032	+0,0029	+0,0025	
	9	+0,0108	+0,0096	+0,0091	+0,0085	+0,0081	+0,0076	+0,0070	+0,0062	
	8	+0,0185	+0,0167	+0,0160	+0,0151	+0,0146	+0,0139	+0,0130	+0,0120	
	7	+0,0277	+0,0255	+0,0247	+0,0236	+0,0229	+0,0221	+0,0211	+0,0198	
	6	+0,0383	+0,0359	+0,0350	+0,0338	+0,0331	+0,0322	+0,0311	+0,0297	
	5	+0,0500	+0,0477	+0,0468	+0,0456	+0,0449	+0,0440	+0,0430	+0,0417	
	4	+0,0626	+0,0605	+0,0598	+0,0588	+0,0582	+0,0574	+0,0565	+0,0554	
	3	+0,0342	+0,0327	+0,0321	+0,0314	+0,0309	+0,0304	+0,0298	+0,0290	
	2	+0,0064	+0,0055	+0,0052	+0,0049	+0,0047	+0,0044	+0,0041	+0,0038	
	1	−0,0212	−0,0212	−0,0211	−0,0211	−0,0210	−0,0209	−0,0208	−0,0205	
Scheitel	0	−0,0486	−0,0476	−0,0472	−0,0467	−0,0463	−0,0458	−0,0452	−0,0444	$\cdot l$
	1′	−0,0421	−0,0407	−0,0401	−0,0394	−0,0389	−0,0384	−0,0376	−0,0367	
	2′	−0,0357	−0,0340	−0,0333	−0,0324	−0,0319	−0,0312	−0,0304	−0,0293	
	3′	−0,0295	−0,0276	−0,0269	−0,0259	−0,0253	−0,0246	−0,0237	−0,0226	
	4′	−0,0238	−0,0217	−0,0210	−0,0200	−0,0194	−0,0187	−0,0179	−0,0168	
	5′	−0,0185	−0,0165	−0,0158	−0,0149	−0,0143	−0,0137	−0,0129	−0,0118	
	6′	−0,0137	−0,0119	−0,0114	−0,0106	−0,0101	−0,0095	−0,0088	−0,0079	
	7′	−0,0096	−0,0082	−0,0077	−0,0070	−0,0066	−0,0061	−0,0056	−0,0049	
	8′	−0,0062	−0,0051	−0,0047	−0,0043	−0,0040	−0,0036	−0,0032	−0,0027	
	9′	−0,0035	−0,0028	−0,0026	−0,0023	−0,0021	−0,0018	−0,0016	−0,0013	
	10′	−0,0016	−0,0012	−0,0011	−0,0009	−0,0008	−0,0008	−0,0006	−0,0005	
	11′	−0,0004	−0,0003	−0,0003	−0,0002	−0,0002	−0,0002	−0,0001	−0,0001	
Kämpfer B	12′	0	0	0	0	0	0	0	0	
max Moment		+0,01047	0,00983	0,00958	0,00928	0,00910	0,00886	0,00859	0,00824	$\cdot pl^2$
zugehöriges H		0,042	0,041	0,040	0,040	0,040	0,040	0,039	0,039	$\cdot pl^2:f$
min Moment		−0,01047	0,00983	0,00958	0,00928	0,00910	0,00886	0,00859	0,00824	$\cdot pl^2$
zugehöriges H		0,083	0,084	0,084	0,085	0,085	0,085	0,086	0,086	$\cdot pl^2:f$
n		1,00	0,50	0,40	0,30	0,25	0,20	0,15	0,10	

$$m = \frac{g_k}{g_s} = 3{,}500 \qquad\qquad \frac{y_v}{f} = 0{,}2000$$

Schwerpunkts-Moment im Kämpfer A.

$$n = \frac{J_s}{J_k \cos \varphi_k}.$$

	1,00	0,50	0,40	0,30	0,25	0,20	0,15	0,10	
Kämpfer A 12	0	0	0	0	0	0	0	0	
11	−0,0344	−0,0354	−0,0358	−0,0363	−0,0366	−0,0370	−0,0376	−0,0382	
10	−0,0559	−0,0574	−0,0601	−0,0617	−0,0628	−0,0640	−0,0657	−0,0678	
9	−0,0665	−0,0718	−0,0739	−0,0767	−0,0786	−0,0808	−0,0837	−0,0874	
8	−0,0682	−0,0754	−0,0782	−0,0820	−0,0845	−0,0874	−0,0913	−0,0961	
7	−0,0626	−0,0708	−0,0740	−0,0783	−0,0810	−0,0844	−0,0886	−0,0941	
6	−0,0510	−0,0595	−0,0625	−0,0667	−0,0694	−0,0726	−0,0767	−0,0818	
5	−0,0348	−0,0421	−0,0447	−0,0482	−0,0505	−0,0531	−0,0564	−0,0605	
4	−0,0151	−0,0201	−0,0218	−0,0242	−0,0255	−0,0272	−0,0291	−0,0314	
3	+0,0073	+0,0054	+0,0049	+0,0043	+0,0041	+0,0039	+0,0038	+0,0040	
2	+0,0314	+0,0335	+0,0344	+0,0361	+0,0372	+0,0388	+0,0409	+0,0441	
1	+0,0567	+0,0632	+0,0659	+0,0699	+0,0726	+0,0761	+0,0808	+0,0873	
S cheitel 0	**+0,0824**	**+0,0935**	**+0,0982**	**+0,1047**	**+0,1091**	**+0,1146**	**+0,1219**	**+0,1318**	$\}\cdot l$
1′	+0,0774	+0,0879	+0,0922	+0,0982	+0,1020	+0,1070	+0,1134	+0,1220	
2′	+0,0719	+0,0816	+0.0855	+0,0908	+0,0943	+0,0986	+0,1040	+0,1114	
3′	+0,0659	+0,0746	+0,0779	+0,0823	+0,0853	+0,0889	+0,0934	+0,0992	
4′	+0,0590	+0,0664	+0,0691	+0,0726	+0,0750	+0,0777	+0,0812	+0,0854	
5′	+0,0513	+0,0570	+0,0590	+0,0618	+0,0634	+0,0654	+0,0678	+0,0704	
6′	+0,0428	+0,0471	+0,0483	+0,0501	+0,0512	+0,0524	+0,0537	+0,0552	
7′	+0,0336	+0,0363	+0,0371	+0,0382	+0,0387	+0,0392	+0,0397	+0,0402	
8′	+0,0244	+0,0258	+0,0262	+0,0265	+0,0266	+0,0268	+0,0268	+0,0264	
9′	+0,0155	+0,0160	+0,0161	+0,0161	+0,0160	+0,0158	+0,0155	+0,0150	
10′	+0,0078	+0,0078	+0,0078	+0,0076	+0,0075	+0,0073	+0,0070	+0,0065	
11′	+0,0022	+0,0021	+0,0021	+0,0020	+0,0020	+0,0019	+0,0017	+0,0015	
Kämpfer B 12′	0	0	0	0	0	0	0	0	
max Moment	+0,0261	+0,0290	+0,0301	+0,0316	+0,0326	+0,0339	+0,0354	+0,0374 $\cdot pl^2$	
zugehöriges H	0,105	0,106	0,106	0,106	0,107	0,107	0,108	0,109 $\cdot pl^2 : f$	
min Moment	−0,0161	−0,0180	−0,0187	−0,0197	−0,0207	−0,0210	−0,0220	−0,0232 $\cdot pl^2$	
zugehöriges H	0,030	0,030	0,030	0,031	0,0305	0,030	0,030	0,030 $\cdot pl^2 : f$	
n	1,00	0,50	0,40	0,30	0,25	0,20	0,15	0,10	

$$m = \frac{g_k}{g_s} = 3{,}500 \qquad\qquad \frac{y_v}{f} = 0{,}2000$$

Schwerpunkts-Moment im Sechstel nächst dem Scheitel (Punkt 4).

$$n = \frac{J_s}{J_k \cos \varphi_k}.$$

		1,00	0,50	0,40	0,30	0,25	0,20	0,15	0,10	
Kämpfer A	12	0	0	0	0	0	0	0	0	
	11	+0,0012	+0,0011	+0,0010	+0,0009	+0,0008	+0,0007	+0,0006	+0,0005	
	10	+0,0048	+0,0041	+0,0039	+0,0036	+0,0034	+0,0031	+0,0028	+0,0025	
	9	+0,0103	+0,0091	+0,0087	+0,0081	+0,0077	+0,0073	+0,0067	+0,0060	
	8	+0,0176	+0,0159	+0,0153	+0,0144	+0,0139	+0,0133	+0,0125	+0,0115	
	7	+0,0263	+0,0243	+0,0235	+0,0225	+0,0218	+0,0211	+0,0201	+0,0189	
	6	+0,0364	+0,0340	+0,0332	+0,0321	+0,0315	+0,0306	+0,0296	+0,0284	
	5	+0,0474	+0,0452	+0,0444	+0,0433	+0,0426	+0,0418	+0,0408	+0,0396	
	4	**+0,0593**	**+0,0573**	**+0,0566**	**+0,0557**	**+0,0551**	**+0,0544**	**+0,0536**	**+0,0526**	
	3	+0,0302	+0,0287	+0,0282	+0,0275	+0,0271	+0,0266	+0,0260	+0,0253	
	2	+0,0015	+0,0007	+0,0005	+0,0002	0	−0,0002	−0,0005	−0,0007	
	1	−0,0268	−0,0268	−0,0267	−0,0266	−0,0266	−0,0264	−0,0262	−0,0260	
Scheitel	0	**−0,0550**	**−0,0541**	**−0,0537**	**−0,0531**	**−0,0527**	**−0,0523**	**−0,0516**	**−0,0508**	$\cdot l$
	1'	−0,0477	−0,0463	−0,0458	−0,0450	−0,0445	−0,0439	−0,0431	−0,0422	
	2'	−0,0405	−0,0388	−0,0381	−0,0372	−0,0366	−0,0359	−0,0350	−0,0339	
	3'	−0,0336	−0,0316	−0,0308	−0,0298	−0,0292	−0,0284	−0,0275	−0,0263	
	4'	−0,0271	−0,0250	−0,0242	−0,0232	−0,0225	−0,0217	−0,0208	−0,0196	
	5'	−0,0211	−0,0190	−0,0183	−0,0173	−0,0166	−0,0159	−0,0150	−0,0139	
	6'	−0,0157	−0,0138	−0,0132	−0,0123	−0,0117	−0,0110	−0,0103	−0,0093	
	7'	−0,0110	−0,0095	−0,0089	−0,0082	−0,0077	−0,0072	−0,0065	−0,0058	
	8'	−0,0071	−0,0059	−0,0055	−0,0050	−0,0046	−0,0042	−0,0037	−0,0032	
	9'	−0,0040	−0,0032	−0,0030	−0,0026	−0,0024	−0,0022	−0,0019	−0,0015	
	10'	−0,0018	−0,0014	−0,0013	−0,0011	−0,0010	−0,0009	−0,0007	−0,0006	
	11'	−0,0004	−0,0003	−0,0003	−0,0003	−0,0003	−0,0002	−0,0002	−0,0001	
Kämpfer B	12'	0	0	0	0	0	0	0	0	
max Moment		+0,00971	0,00912	0,00891	0,00862	0,00844	0,00823	0,00796	0,00765	$\cdot p l^2$
zugehöriges H		0,043	0,043	0,043	0,042	0,042	0,042	0,042	0,042	$\cdot p l^2 : f$
min Moment		−0,01210	0,01145	0,01120	0,01087	0,01066	0,01040	0,01009	0,00970	$\cdot p l^2$
zugehöriges H		0,092	0,093	0,094	0,095	0,095	0,096	0,096	0,097	$\cdot p l^2 : f$
n		1,00	0,50	0,40	0,30	0,25	0,20	0,15	0,10	

$$m = \frac{g_k}{g_s} = 7{,}000 \qquad\qquad \frac{y_v}{f} = 0{,}1667$$

Schwerpunkts-Moment im Kämpfer A.

$$n = \frac{J_s}{J_k \cos \varphi_k}.$$

		1,00	0,50	0,40	0,30	0,25	0,20	0,15	0,10	
Kämpfer A	12	0	0	0	0	0	0	0	0	
	11	−0,0339	−0,0349	−0,0353	−0,0358	−0,0361	−0,0366	−0,0372	−0,0378	
	10	−0,0543	−0,0572	−0,0584	−0,0600	−0,0611	−0,0624	−0,0641	−0,0663	
	9	−0,0635	−0,0688	−0,0707	−0,0735	−0,0753	−0,0776	−0,0803	−0,0841	
	8	−0,0636	−0,0707	−0,0732	−0,0769	−0,0793	−0,0821	−0,0859	−0,0906	
	7	−0,0566	−0,0643	−0,0673	−0,0713	−0,0739	−0,0771	−0,0809	−0,0861	
	6	−0,0438	−0,0515	−0,0542	−0,0580	−0,0604	−0,0633	−0,0669	−0,0715	
	5	−0,0264	−0,0327	−0,0349	−0,0379	−0,0398	−0,0420	−0,0446	−0,0478	
	4	−0,0056	−0,0096	−0,0108	−0,0125	−0,0134	−0,0144	−0,0156	−0,0167	
	3	+0,0176	+0,0170	+0,0170	+0,0172	+0,0175	+0,0180	+0,0190	+0,0205	
	2	+0,0426	+0,0460	+0,0475	+0,0501	+0,0518	+0,0543	+0,0575	+0,0623	
	1	+0,0687	+0,0766	+0,0800	+0,0849	+0,0883	+0,0928	+0,0987	+0,1072	
Scheitel	0	**+0,0952**	**+0,1079**	**+0,1132**	**+0,1207**	**+0,1259**	**+0,1325**	**+0,1412**	**+0,1533**	$\rbrace \cdot l$
	1'	+0,0894	+0,1013	+0,1062	+0,1132	+0,1178	+0,1237	+0,1314	+0,1419	
	2'	+0,0831	+0,0942	+0,0986	+0,1048	+0,1089	+0,1140	+0,1206	+0,1296	
	3'	+0,0762	+0,0862	+0,0900	+0,0952	+0,0987	+0,1030	+0,1084	+0,1157	
	4'	+0,0684	+0,0768	+0,0801	+0,0844	+0,0871	+0,0905	+0,0946	+0,1002	
	5'	+0,0597	+0,0664	+0,0688	+0,0720	+0,0742	+0,0766	+0,0796	+0,0832	
	6'	+0,0500	+0,0551	+0,0566	+0,0588	+0,0602	+0,0617	+0,0635	+0,0655	
	7'	+0,0396	+0,0428	+0,0438	+0,0452	+0,0458	+0,0466	+0,0474	+0,0482	
	8'	+0,0290	+0,0306	+0,0312	+0,0316	+0,0318	+0,0320	+0,0322	+0,0320	
	9'	+0,0185	+0,0192	+0,0193	+0,0193	+0,0193	+0,0192	+0,0189	+0,0183	
	10'	+0,0094	+0,0095	+0,0094	+0,0093	+0,0092	+0,0089	+0,0086	+0,0080	
	11'	+0,0026	+0,0026	+0,0026	+0,0025	+0,0024	+0,0023	+0,0021	+0,0019	
Kämpfer B	12'	0	0	0	0	0	0	0	0	
max Moment		+0,0312	+0,0345	+0,0359	+0,0377	+0,0390	+0,0405	+0,0425	+0,0451	$\cdot p\,l^2$
zugehöriges H		0,114	0,115	0,116	0,116	0,117	0,118	0,119	0,121	$\cdot p\,l^2 : f$
min Moment		−0,0144	−0,0161	−0,0167	−0,0176	−0,0182	−0,0189	−0,0196	−0,0207	$\cdot p\,l^2$
zugehöriges H		0,028	0,028	0,029	0,029	0,029	0,028	0,028	0,028	$\cdot p\,l^2 : f$
n		1,00	0,50	0,40	0,30	0,25	0,20	0,15	0,10	

$$m = \frac{g_k}{g_s} = 7,000 \qquad\qquad \frac{y_v}{f} = 0,1667$$

Schwerpunkts-Moment im Sechstel nächst dem Scheitel (Punkt 4).

$$n = \frac{J_s}{J_k \cos \varphi_k}.$$

		1,00	0,50	0,40	0,30	0,25	0,20	0,15	0,10
Kämpfer A	12	0	0	0	0	0	0	0	0
	11	+0,0012	+0,0010	+0,0009	+0,0009	+0,0008	+0,0007	+0,0006	+0,0005
	10	+0,0046	+0,0040	+0,0036	+0,0034	+0,0033	+0,0030	+0,0027	+0,0024
	9	+0,0099	+0,0088	+0,0084	+0,0078	+0,0074	+0,0070	+0,0065	+0,0058
	8	+0,0169	+0,0152	+0,0147	+0,0139	+0,0133	+0,0127	+0,0120	+0,0110
	7	+0,0252	+0,0233	+0,0225	+0,0216	+0,0209	+0,0202	+0,0193	+0,0182
	6	+0,0348	+0,0326	+0,0318	+0,0308	+0,0301	+0,0293	+0,0284	+0,0272
	5	+0,0454	+0,0432	+0,0425	+0,0414	+0,0408	+0,0400	+0,0391	+0,0380
	4	**+0,0568**	**+0,0549**	**+0,0542**	**+0,0533**	**+0,0527**	**+0,0521**	**+0,0513**	**+0,0504**
	3	+0,0271	+0,0257	+0,0252	+0,0245	+0,0241	+0,0237	+0,0231	+0,0225
	2	−0,0021	−0,0028	−0,0031	−0,0034	−0,0036	−0,0038	−0,0040	−0,0043
	1	−0,0310	−0,0309	−0,0309	−0,0308	−0,0308	−0,0307	−0,0305	−0,0302
Scheitel	0	**−0,0597**	**−0,0588**	**−0,0585**	**−0,0579**	**−0,0576**	**−0,0571**	**−0,0565**	**−0,0557**
	1′	−0,0518	−0,0505	−0,0499	−0,0492	−0,0487	−0,0481	−0,0474	−0,0464
	2′	−0,0441	−0,0423	−0,0417	−0,0408	−0,0402	−0,0394	−0,0386	−0,0374
	3′	−0,0367	−0,0346	−0,0338	−0,0328	−0,0321	−0,0313	−0,0304	−0,0291
	4′	−0,0296	−0,0274	−0,0266	−0,0255	−0,0249	−0,0240	−0,0231	−0,0218
	5′	−0,0231	−0,0210	−0,0202	−0,0191	−0,0185	−0,0177	−0,0167	−0,0156
	6′	−0,0173	−0,0152	−0,0146	−0,0136	−0,0130	−0,0123	−0,0115	−0,0105
	7′	−0,0121	−0,0105	−0,0099	−0,0091	−0,0086	−0,0080	−0,0073	−0,0065
	8′	−0,0078	−0,0066	−0,0061	−0,0055	−0,0052	−0,0048	−0,0042	−0,0037
	9′	−0,0044	−0,0036	−0,0033	−0,0029	−0,0027	−0,0024	−0,0021	−0,0017
	10′	−0,0020	−0,0015	−0,0014	−0,0012	−0,0011	−0,0010	−0,0008	−0,0007
	11′	−0,0005	−0,0004	−0,0003	−0,0003	−0,0002	−0,0002	−0,0002	−0,0001
Kämpfer B	12′	0	0	0	0	0	0	0	0
max Moment		−0,00916	0,00860	0,00839	0,00811	0,00794	0,00774	0,00748	0,00718 $\cdot pl^2$
zugehöriges H		0,044	0,044	0,044	0,044	0,044	0,044	0,044	0,043 $\cdot pl^2 : f$
min Moment		−0,01336	0,01268	0,01243	0,01208	0,01187	0,01160	0,01129	0,01088 $\cdot pl^2$
zugehöriges H		0,097	0,099	0,100	0,101	0,102	0,103	0,104	0,106 $\cdot pl^2 : f$
n		1,00	0,50	0,40	3,00	0,25	0,20	0,15	0,10

Die Spalte rechts der Werte von Kämpfer A bis B ist mit $\cdot l$ bezeichnet.

Viertes Kapitel.

Untersuchung über die Wirtschaftlichkeit sowie der bei gegebener Pfeilhöhe und Scheitelstärke erreichbaren Spannweite.

§ 1. Die Gewölbestärke im Sechstel n. d. Scheitel.

Mit Hilfe der Tabellen und Tafeln, wie sie im dritten Kapitel abgeleitet wurden, ist man imstande den Eingelenkbogen schon sehr genau zu berechnen, so daß im allgemeinen eine Nachrechnung nach Kapitel 1 oder 2 unterbleiben kann. Bevor wir aber die Tabellen gebrauchen können, müssen wir über die Abmessungen des Bogens im Scheitel und im Kämpfer unterrichtet sein, damit wir daraus das gültige Querschnittsverhältnis $n = \dfrac{J_s}{J_k \cos \varphi_k}$ und das Gewichtsverhältnis $m = \dfrac{g_k}{g_s}$ bestimmen können. Wir haben freilich in Kapitel 3 § 4 einige Näherungsformeln abgeleitet, die gestatten die Spannungen im Sechstel nächst dem Scheitel und im Kämpfer sehr schnell überschläglich zu bestimmen, wenn man die Hauptabmessungen kennt. Hier genügt oft schon die Kenntnis der Scheitelstärke. Alle diese Formeln geben die Stärke im Sechstel neben dem Scheitel und im Kämpfer nur auf Umwegen und eignen sich besser, die einmal angenommenen Dimensionen nachzuprüfen, als sie aus den angegebenen Belastungen direkt zu bestimmen. Um die beiden Bogenarten, den gelenklosen Bogen und den Eingelenkbogen, wirtschaftlich leichter miteinander vergleichen zu können, werden hier ähnliche Formeln für die Abmessungen der maßgebenden Querschnitte abgeleitet, wie sie für die Scheitel- und Kämpferstärke des eingespannten Bogens im „Arm. Beton 1917" von Ingenieur A. Straßner gegeben wurden.

Es bedeute N die Längskraft, M das Moment in bezug auf den Schwerpunkt des beliebigen Querschnittes mit der Gewölbestärke d, dem Widerstandsmoment W und dem Querschnitt F, M_k das Kernmoment, dann ergibt sich die Randspannung entweder zu:

$$\sigma = -\frac{N}{F} \pm \frac{M}{W} \quad \text{oder zu} \quad \sigma = \frac{M_k}{W}.$$

Hierin setzen wir für die Längskraft:

Inf. der Wirkung des Eigengewichtes: $N_s = \dfrac{H_s}{\cos\varphi}$, worin

$H_s = H_{g0} - \mu \cdot H_{g0} \sim H_{g0}$, wegen der Kleinheit von μ gesetzt werden kann. In den Tabellen haben wir für die Bogenkraft den

Wert $H_{g0} = \dfrac{g_s \cdot l^2}{f} \cdot k$ gefunden, wobei k für ein gegebenes $m = \dfrac{g_k}{g_s}$

aus den Tabellen zu entnehmen ist.

Der Einfluß von Temperatur und Schwinden wird auf die Längskraft N vernachlässigt.

Wir setzen Verkehr $H_p = \dfrac{p \cdot l^2}{f} \cdot k_1$, worin k_1 aus den Tabellen zu entnehmen ist.

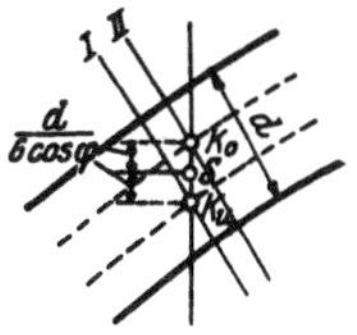

Näherungsweise kann für die Längskraft $N_p = \dfrac{H_p}{\cos\varphi}$

gesetzt werden*), wie aus nebenstehender Abb. 42 leicht abgeleitet werden kann. Es ist nämlich das

Kernmoment: $M_k = M + \dfrac{d}{6\cos\varphi} \cdot H_p$; die Spannung

Abb. 42.

jedoch $\sigma = \dfrac{M_k}{W} = \dfrac{M}{W} + \dfrac{N}{F} = \dfrac{M}{W} + \dfrac{d}{6\cos\varphi} \cdot \dfrac{H_p}{\dfrac{d^2 \cdot b}{6}} = \dfrac{M}{W} + \dfrac{H_p}{d \cdot b \cdot \cos\varphi}.$

Für das Moment M haben wir aus Verkehr

$$M = \frac{p \cdot l^2}{z} = p \cdot l^2 \cdot \frac{k_2}{6}$$

zu setzen.

Nach Kap. 3 § 4, d und e hat sich für die Zusatzspannung aus Eigengewicht und Temperaturänderung

$$\sigma_g' = \pm\, 6 \cdot \xi^2 \cdot \frac{d}{f} \cdot \sigma_s \left(\frac{d_s}{d}\right)^3, \quad \text{worin} \quad \sigma_s = \frac{H_{g0}}{F_s}$$

und

$$\sigma_t = 6 \cdot \xi^2 \cdot \frac{d}{f} \cdot E\,\alpha\,t^0 \cdot \left(\frac{d_s}{d}\right)^3$$

ergeben.

---

*) Die genaue Form der Längskraft ist $N = H\cos\varphi + Y \cdot \sin\varphi$. Die Längskräfte aus Verkehr sind im Verhältnis zu denjenigen aus Eigengewicht und im Verhältnis zu den Biegungsspannungen gering, so daß sich die oben angegebene Näherungsformel rechtfertigt.

Hierin führen wir die Abkürzungen:

$$c_g = 6\,\xi^2 \cdot \frac{\sigma_s}{f} \quad \text{und} \quad c_t = 6\,\xi^2 \cdot \frac{E\,\alpha\,t^0}{f}$$

ein, womit

$$\sigma_g{}' = c_g \cdot \frac{d_s{}^3}{d^2} \quad \text{und} \quad \sigma_t = c_t \cdot \frac{d_s{}^3}{d^2}$$

werden.

Mit diesen Beziehungen erhalten wir endgültig für die untere Randspannung:

$$\sigma_u = \sigma = -\underbrace{\frac{H_{g0}}{F \cdot \cos \varphi}}_{\substack{\text{Eigen-}\\\text{gewicht}}} - \underbrace{\frac{H_p}{F \cdot \cos \varphi} - \frac{M_{p\,\min}}{W}}_{\text{Verkehr}} - \underbrace{c_t \frac{d_s{}^3}{d^2}}_{\substack{\text{Tempe-}\\\text{ratur-}\\\text{abfall}}} - \underbrace{c_g \frac{d_s{}^3}{d^2}}_{\substack{\text{Eigen-}\\\text{gewicht}\\\text{Zusatz-}\\\text{spannung}}}$$

$$= -\underbrace{\frac{g_s \cdot l^2}{f} \cdot \underbrace{\frac{k}{d \cdot \cos \varphi}}_{F=1{,}0^{\mathrm{m}} \cdot d} - \frac{p\,l^2}{f} \cdot \frac{k_1}{d \cdot \cos \varphi}}_{\dfrac{c_1 \cdot l^2}{d \cdot \cos \varphi}} - \underbrace{p\,l^2 \cdot \frac{k_2}{d^2}}_{c_2 \cdot \dfrac{l^2}{d^2}} - \underbrace{\frac{d_s{}^3}{d^2} \cdot (c_t + c_g)}_{c_3} \;\substack{\text{bezogen auf}\\\text{1 m Gew.}\\\text{Tiefe}}$$

oder:

$$\sigma = \frac{c_1 \cdot l^2}{d \cdot \cos \varphi} + \frac{c_2 \cdot l^2}{d^2} + c_3 \cdot \frac{d_s{}^3}{d^2}, \quad \ldots \ldots \quad \text{(A)}$$

worin g_s in t/m² und p in t/m² einzusetzen sind.

In Gl. A stellen die zwei ersten Glieder die Spannung aus Eigengewicht und Verkehr allein dar; sie wird in Zukunft mit σ_0 bezeichnet; es ist dann:

$$\sigma_0 = \sigma - c_3 \cdot \left(\frac{d_s}{d}\right)^3 \cdot d = \frac{c_1 \cdot l^2}{d \cdot \cos \varphi} + \frac{c_2 \cdot l^2}{d^2}.$$

Ordnet man diese Gleichung, so erhält man:

$$\sigma_0 \cdot d^2 - \frac{c_1 \cdot l^2}{\cos \varphi} \cdot d - c_2 \cdot l^2 = 0,$$

woraus:

$$d = \frac{c_1 \cdot l^2}{2 \cdot \sigma_0 \cdot \cos \varphi} \left[1 + \sqrt{1 + \frac{4 \cdot \sigma_0 \cdot c_2}{c_1{}^2 \cdot l^2} \cdot \cos^2 \varphi} \right]. \quad \ldots \ldots \text{(51)}$$

Diese Formel hat ganz allgemeine Gültigkeit, sie gilt sowohl für den eingespannten, den Eingelenkbogen und den Dreigelenkbogen. Beim Dreigelenkbogen wird $c_3 = 0$ und deshalb $\sigma_0 = \sigma_{\mathrm{zul}}$

Sie gilt auch für jeden beliebigen Querschnitt des Bogens, sowohl für den Scheitel des eingespannten Bogens, indem $\sigma_0 = \sigma - c_3 \cdot d_s$ wird, als auch für den Kämpfer.

Speziell für den Sechstel n. d. Scheitel des Eingelenkbogens können wir unter der ziemlich gut zu treffenden Annahme $n = \dfrac{J_s}{J_k \cos \varphi_k} = 0{,}30$ setzen

$$\left(\frac{d_s}{d}\right)^3 = \cos\varphi \cdot \left[1 - (1 - 0{,}30) \cdot \frac{1}{3}\right] = \sim 0{,}760$$

und

$$d_s = \sim 0{,}90 \cdot d_{\text{Sechstel}} \cdot \quad \ldots \ldots \ldots \quad (52)$$

Für die übrigen Koeffizienten erhält man im:

<table>
<tr><td align="center">Eingelenkbogen
Sechstel</td><td></td><td align="center">Eingespannten Bogen
Scheitel
(Werte von Straßner)</td></tr>
</table>

$$c_1 = \frac{g_s \cdot k + p \cdot k_1}{f}$$

$$c_1 = \frac{g_s \cdot k + 0{,}085 \cdot p}{f} \qquad \geqq \qquad c_1 = \frac{g_s \cdot k + 0{,}060\,p}{f}$$

$$c_2 = 0{,}0555 \cdot p \qquad > \qquad c_2 = 0{,}0252\,p \ ^{\text{(verb. Gew.-Form)}}$$

$$\text{(nach Ritter } c_2 = 0{,}0323\,p)$$

$$c_t = \frac{16\,t^0}{f} \qquad < \qquad c_t = \frac{70\,t^0}{f}$$

$$c_g = 0{,}66 \cdot \frac{\sigma_s}{f} \qquad < \qquad c_g = 2{,}5\,\frac{\sigma_s}{f} \qquad\qquad (53)$$

$$\sigma_s = \frac{H_{g0}}{F_s}$$

$$c_3 = \frac{16 \cdot t^0 + 0{,}66 \cdot \sigma_s}{f} \qquad < \qquad c_3 = \frac{70\,t^0 + 2{,}5 \cdot \sigma_s}{f}$$

und

$$\sigma_0 = \sigma_{\text{zul}} - 0{,}760 \cdot c_3 \cdot d$$

$$d = \frac{c_1 \cdot l^2}{2 \cdot \sigma_0 \cdot \cos\varphi}\left[1 + \sqrt{1 + \frac{4 \cdot \sigma_0 \cdot c_2}{c_1{}^2 \cdot l^2} \cdot \cos^2\varphi}\right].$$

NB. Bei flachen Bogen darf man $\cos\varphi_4 = 1$ setzen. Die Scheitelstärke folgt genau genug zu

$$d_s = \sim 0{,}90\,d.$$

In steinernen Gewölben sind die Abmessungen so zu bestimmen, daß keine Zugspannungen σ_z auftreten. Aus Gl. A folgt dann für die obere Randspannung:

$$\sigma_z = 0 = \frac{c_1 \cdot l^2}{d' \cos \varphi} - c_2 \cdot \frac{l^2}{d'^2} - c_3 \cdot \frac{d_s'^3}{d'^2}$$

$$c_1 \cdot l^2 \cdot \frac{d'}{\cos \varphi} = c_2 \cdot l^2 + c_3 \cdot d_s'^3,$$

woraus die minimale Gewölbestärke zu:

$$d' = \cos \varphi \cdot \left\{ \frac{c_2}{c_1} + \frac{c_3}{c_1} \cdot \frac{d_s'^3}{l^2} \right\}, \quad \sigma_z = 0. \quad \ldots \ldots \quad (54)$$

folgt. Setzen wir hierin die Werte für c_2, c_1 und c_3 ein, so können wir schreiben:

$$\frac{d'}{\cos \varphi} = \sim \frac{0{,}0555 \cdot p}{g_s \cdot k} \cdot f + \underbrace{\frac{(16\, t^0 + 0{,}66\, \sigma_s)}{g_s \cdot k} \cdot \frac{d_s'^3}{l^2}}_{\text{klein}}$$

näherungsweise bei $m = 3{,}5 : k = 0{,}1687$

$$d' = \sim \frac{1}{3} \cdot \frac{p}{g_s} \cdot f \quad \ldots \ldots \ldots \ldots \quad (54\,\text{a})$$

Die Gewölbestärke wächst mit dem Verhältnis von Verkehrslast zum Eigengewicht und mit der Pfeilhöhe.

§ 2. Die Gewölbestärke im Kämpfer.

Nach Gl. A erhalten wir durch Einsetzen der speziellen Werte für den Kämpfer als untere Randspannung

$$\sigma = \frac{c_1 \cdot l^2}{d_k \cdot \cos \varphi_k} + c_2 \cdot \frac{l^2}{d_k^2} + c_3 \cdot \frac{d_s^3}{d_k^2}$$

oder nach Ausmultiplizieren mit d_k^2 und ordnen

$$\sigma \cdot d_k^2 - c_1 \cdot l^2 \cdot \frac{d_k}{\cos \varphi_k} - c_2 \cdot l^2 - c_3 \cdot d_s^3 = 0$$

und hieraus

$$d_k = \frac{c_1 \cdot l^2}{2 \cdot \sigma \cdot \cos\varphi_k}\left[1 + \sqrt{1 + \frac{4\,\sigma \cdot (c_2\,l^2 + c_3\,d_s^{\,3})}{(c_1\,l^2)^2} \cdot \cos^2\varphi_k}\right],$$

worin im

$$\begin{array}{cc}\text{Eingelenkbogen:} & \text{eingespannten Bogen:}\end{array}$$

$$c_1 = \frac{g_s \cdot k + 0{,}0333\,p}{f} < c_1 = \frac{g_s \cdot k + 0{,}0370\,p}{f}\;*)$$

$$c_2 = 0{,}1380\,p \qquad > c_2 = 0{,}1220\,p$$

$$c_3 = \frac{144 \cdot t^0 + 6{,}0\,\sigma_s}{f} < c_3 = \frac{260\,t^0 + 10{,}5\,\sigma_s}{f}$$

$$d_s = 0{,}90\,d$$

$$\sigma = \text{zul. Pressung.}$$

$$\left.\phantom{\begin{array}{c}X\\X\\X\\X\\X\\X\end{array}}\right\}\ .\,(55)$$

Die kleinste zulässige Kämpferstärke $d_k{}'$, bei der an der oberen Leibung gerade keine Zugspannungen auftreten, hat man aus

$$\sigma_z = 0 = \frac{c_1 \cdot l^2}{d_k{}' \cdot \cos\varphi_k} - c_2\frac{l^2}{d_k{}'^2} - c_3 \cdot \frac{d_s^{\,3}}{d_k{}'^2}$$

zu bestimmen.

$$d_k{}' = \cos\varphi_k \cdot \left\{\frac{c_2}{c_1} + \frac{c_3}{c_1} \cdot \frac{d_s^{\,3}}{l^2}\right\} \quad \ldots \ldots \ldots (56)$$

Die Scheitelstärke d_s und das gültige Querschnittsgesetz n folgen nach Bestimmung von d und d_k aus:

$$1)\ \frac{J_s}{J\cos\varphi} = 1 - (1 - n)\frac{1}{3} = \frac{1}{3}(2 + n),$$

$$2)\ \frac{J_s}{J_k\cos\varphi_k} = n,$$

woraus

$$J_s = \frac{2}{\dfrac{3}{J\cos\varphi} - \dfrac{1}{J_k\cos\varphi_k}}\,;\qquad d_s = \sqrt[3]{\frac{12\,J_s}{b}}\ .\ .\ .\ .\ (57)$$

---

*) Es empfiehlt sich, die Längskraft nach der genauen Formel $N = H\cos\varphi + Y\sin\varphi$ nachzuprüfen.

§ 3. Die bei gegebener Pfeilhöhe, Scheitelstärke und Spannung erreichbare Spannweite.

Aus der Gleichung A

$$\sigma = c_1 \frac{l^2}{d \cos \varphi} + c_2 \cdot \frac{l^2}{d^2} + c_3 \cdot 0{,}760 \cdot d$$

für die größte untere Randspannung im Sechstel nächst dem Scheitel gewinnt man durch Umformen

$$\frac{l^2}{d^2} \cdot \{c_1 \cdot d \sec \varphi + c_2\} = \sigma - 0{,}760 c_3 \cdot d = \sigma_0$$

die erreichbare Spannweite (gegeben d und f):

$$l = d \sqrt{\frac{\sigma_0}{c_1 d \sec \varphi + c_2}} \quad \ldots \ldots \ldots \ldots (58)$$

als Funktion der Veränderlichen d, f, p, t^0 und dem Gewicht des Aufbaues g_0.

Die Koeffizienten:

$$c_1 = \frac{g_s \cdot k + 0{,}085 \cdot p}{f} = \frac{(g_0 + \gamma \cdot d_s) \cdot k + 0{,}085\, p}{f},$$

$$c_2 = 0{,}0555\, p,$$

$$c_3 = \frac{16 \cdot t^0 + 0{,}66 \cdot \sigma_s}{f}$$

sind selber wieder Funktionen der Pfeilhöhe und der Spannweite.

Die Funktion g_0 ist durch ein Diagramm empirisch gegeben.

Der Koeffizient $k = \varphi\,(g_0,\, d_s,\, f,\, d_k)$ wird entweder empirisch festgelegt, oder bei Brücken mit Hinterfüllung für jedes f, d_s, g_0 berechnet.

Der Belastungsgleichwert p ist von den Belastungsvorschriften und der Spannweite abhängig; er wird am besten empirisch gegeben.

Die Grundspannung σ_s wird genau genug als konstant angenommen.

Die Maximalspannung σ_{zul} ist entweder konstant oder nach den schweizerischen Vorschriften eine lineare Funktion der Spannweite von der Form:

$$\sigma_{\mathrm{zul}} = \left.\right\} \frac{40}{35} + 0{,}15\, l,$$

wovon der obere Wert für Straßen-, der untere für Eisenbahnbrücken gilt.

Die Temperaturänderung t^0 wird zu $\pm\, 15^0$, also konstant angenommen. Das Fahrbahngewicht g_0 ist je nach Art der Brücke in funktionalen Zusammenhang mit der Pfeilhöhe gebracht, wobei für g_0 Mittelwerte nach ausgeführten Bauwerken berechnet und zugrunde gelegt wurden. Wählt man jetzt die Spannweite l als abhängige, die Gewölbestärke d bzw. d_s als unabhängige Variable und die Pfeilhöhe f als veränderlichen Parameter, so stellt Gl. 58 eine Kurvenschar dar.

Damit im Bogen keine Zugspannungen auftreten, darf die Spannweite bei gegebener Pfeilhöhe und Scheitelstärke ein gewisses Maß l' nicht unterschreiten; l' ergibt sich aus:

$$\sigma_z = 0 = c_1 \frac{l'^2}{d\cos\varphi} - c_2 \frac{l'^2}{d^2} - c_3 \cdot 0{,}760 \cdot d$$

oder mit

$$\sigma_0' = \underset{=0}{\sigma_z} + c_3 \cdot 0{,}760\, d = \underbrace{0{,}760 \cdot c_3 \cdot d}_{\text{zugfrei}}\,,$$

$$\frac{l'^2}{d^2} \cdot \{c_1 d \sec\varphi - c_2\} = \sigma_0'\,,$$

die kleinste zulässige Spannweite bei gegebenem d und f:

$$l' = d\, \sqrt{\frac{\sigma_0'}{c_1 d \sec\varphi - c_2}} \quad \ldots\ldots\ldots\ldots \ (59)$$

Die Funktion

$$l'^2 = \frac{0{,}760 \cdot c_3 \cdot d^3}{c_1 d \sec\varphi - c_2} = \frac{0{,}760 \cdot c_3 \cdot d}{c_1' \sec\varphi + c_0 \cdot \dfrac{\sec\varphi}{d} - \dfrac{c_2}{d^2}}$$

hat bei $c_1 d \sec\varphi = c_2$, oder bei $(c_0 + c_1' d)d\sec\varphi = c_2$ eine Unendlichkeitsstelle. Links davon ist sie nicht reell.

Die Unendlichkeitsstelle berechnet sich zu:

$$c_1' d^2 + c_0 d - c_2 \cos\varphi = 0,$$

$$\left.\begin{aligned}
\underset{l'=\infty}{d} &= -\frac{c_0}{2c_1'}\left[1 - \sqrt{1 + \frac{4c_1' c_2}{c_0^2}\cos\varphi}\,\right],\\[2mm]
c_0 &= \frac{g_0 k + 0{,}085\, p}{f}\,;\\[2mm]
c_1' &= \frac{\gamma \cdot k}{f} \cdot 0{,}90
\end{aligned}\right\} \quad \ldots\ (59\,\mathrm{a})$$

worin

sind.

Das eigentliche Minimum der Spannweite l' ergibt sich durch Differentiation von:

$$l'^2 = \frac{0{,}760\,c_3 \cdot d^3}{c_1'd^2\sec\varphi + c_0 d\sec\varphi - c_2},$$

$$\frac{d\,l'^2}{d\,d} = 0,$$

$$c_1'd^2 + 2c_0 d - 3c_2\cos\varphi = 0,$$

$$\underset{(l_{\min})}{d} = -\frac{c_0}{c_1'}\left[1 - \sqrt{1 + \frac{3c_2 c_1'}{c_0^2}\cdot\cos\varphi}\right] \quad \ldots \ldots (59\,\mathrm{b})$$

Durch Einsetzen dieses Wertes in Gl. 59 erhält man die zu gegebener Pfeilhöhe kleinstmögliche Spannweite, bei der keine Zugspannungen auftreten.

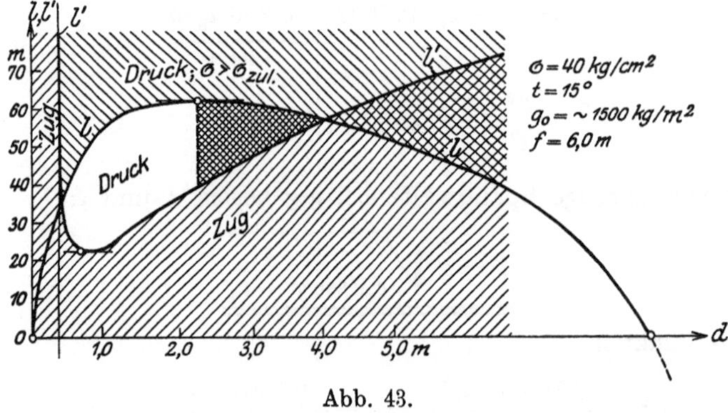

Abb. 43.

In der Abb. 43 haben wir die beiden Funktionen $l = \varphi_1(d, f, \sigma_{\mathrm{zul}})$ und $l' = \varphi_2(d, f, \sigma_z = 0)$ graphisch als Kurven dargestellt. Für alle Punkte (d, l), welche außerhalb der Kurve l liegen, wird die zulässige Druckrandspannung σ überschritten. In allen Punkten (d, l), welche außerhalb der Kurve l' liegen, treten im Bogen Zugspannungen auf. Die beiden Kurven l und l' schließen die Fläche ein, innerhalb welcher weder die Zug- noch die Druckspannungen überschritten werden. Aus konstruktiven und wirtschaftlichen Gründen schließen wir alle Werte d, l aus, welche rechts der Kulmination liegen (doppelt schraffiert). Das für die Dimensionierung in Betracht fallende Gebiet ist die in Abb. 43 weiß gelassene Fläche. Am oberen Rand werden die zulässigen Druckspannungen gerade erreicht, an der unteren Grenze wird die kleinste Druckspannung Null.

Mit Hilfe der Gleichungen 58 bis 59 b sind Kurventafeln für Eingelenkbogenbrücken berechnet worden, welche aus gegebener

Spannweite und Pfeilhöhe die Gewölbestärke im Sechstel und im Scheitel ablesen lassen.

Tafel VII: Straßenbrücken mit gegliedertem Aufbau; $\sigma_{zul} = 40$ kg/cm²; Fahrbahngewicht $g_0 = 1460$ kg/m² (Gmündertobelbrücke); Verkehrslast $p = 450$ kg/m²; spez. Gew. $\gamma = 2,4$ t/m³; Wärmeänderung $t^0 = \pm 15°$ C (durchschnittliche Verhältnisse).

VIII. Tafel für Straßenbrücken mit gegliedertem Aufbau für Hauptstraßen. $\sigma_{zul} = 40 + 0,15 \cdot l$; $g_0 = 1500$ kg/m²; Verkehrslast $p = 500$ kg/m²; $\gamma = 2,4$ t/m³; $t = \pm 15°$ C.

IX. Tafel für Eingelenkbogenbrücken mit Hinterfüllung. Im Zuge von Hauptstraßen. $\sigma_{zul} = 40 + 0,15\, l$; $g_0 = 30$ cm Kiesüberschüttung im Scheitel; $\gamma_E = 1,70$ t/m³; $\gamma_B = 2,4$ t/m³; Verkehrslast nach schweizerischen Vorschriften (Belastungsgleichwerte links oben); $t = \pm 15°$ C.

§ 4. Wann wird der Eingelenkbogen wirtschaftlich günstiger als der „eingespannte Bogen"?

Die Kosten eines massiven Bogentragwerkes setzen sich aus

1. den Kosten für das Wölbmaterial (Beton oder Stein) B
2. „ „ „ die Gewölbearmierung . . . . A
3. „ „ „ die Gelenke . . . . G
4. „ „ „ die Widerlager . . . . W
5. „ „ „ die Rüstungen . . . . R

zusammen.

Im Eingelenkbogen $\quad K_1 = B_1 + (A_1) + \quad G \quad + W_1 + (R_1),$
Im gelenklosen Bogen $K_0 = B_0 + (A_0) + \ldots + W_0 + (R_0).$

Der Eingelenkbogen ist dem gelenklosen Bogen wirtschaftlich gleichwertig oder überlegen, wenn $K_1 \leq K_0$ ist. Die Kosten hängen bei gegebenem Aufbau, Spannweite und Pfeilhöhe sehr wesentlich von der Scheitelstärke d_s ab, denn mit abnehmender Scheitelstärke verkleinern sich die Betonkosten B, wegen des kleineren Horizontalschubes die Kosten G der Gelenke und der Widerlager W, weil mit abnehmendem Horizontalschub die Kämpferreaktion R_A steiler wird. Auch die Kosten der Rüstungen verkleinern sich wegen des geringeren Bogengewichtes; sie sollen aber hier überhaupt vernachlässigt werden.

Von der sogenannten Zugdruckgrenze an wachsen mit abnehmender Scheitelstärke die Kosten für die Armierung A.

Die Bestimmung des Kostenminimums der gesamten Tragkonstruktion mit Einschluß der Widerlager, Rüstungen und der Armierung kann nur auf Grund eines ausführlichen Entwurfes geschehen.

Wir können im Rahmen dieser Arbeit diesen Gegenstand nur allgemein berühren und müssen uns damit begnügen, die Kosten des eigentlichen zugfreien Bogens unter Ausschluß von Widerlagern und Rüstungen miteinander zu vergleichen, wollen uns aber des günstigen Einflusses der kleineren Scheitelstärke gegebenenfalls erinnern.

Die Betonkosten.

Die Betonkosten B sind dem Volumen des Bogens direkt proportional. Unter sonst gleichen Annahmen wird das Betonvolumen V eine Funktion der Scheitel- und der Kämpferstärke

$$V = \int_A^B b \cdot d \cdot ds,$$

worin $b =$ Gewölbebreite

$$d = d_s \cdot c \cdot \sqrt[6]{1 + \operatorname{tg}^2 \varphi} = d_s \cdot c \cdot \frac{1}{\sqrt[3]{\cos \varphi}} = \text{Gewölbestärke,}$$

$$c = \frac{1}{\sqrt[3]{1 - (1 - n)\,\xi}}; \qquad n = \frac{J_s}{J_k \cos \varphi_k},$$

$$ds = \text{Bogenelement} = \frac{dx}{\cos \varphi} = \frac{l}{2} \cdot d\xi \cdot \frac{1}{\cos \varphi} \ \text{bedeuten.}$$

Ist die Gewölbebreite konstant $b = b_0$, so reduziert sich das Integral auf

$$V = b_0 \cdot l \cdot d_s \int_0^1 c \cdot d\xi \cdot \sqrt[3]{(1 + \operatorname{tg}^2 \varphi)^2} = b_0 \cdot l \cdot d_s \cdot v \quad \ldots \ (60)$$

Dieses Integral läßt sich in endlicher Form nicht darstellen; wir wählen zu dessen Berechnung die Simpsonsche Regel. In der folgenden Tabelle sind für $m = 3{,}5$; $\dfrac{y_v}{f} = 0{,}20$, $n = 0{,}20,\ 0{,}30$ für verschiedene Pfeilverhältnisse $\dfrac{f}{l}$ die Werte des Integrals v berechnet.

$$\text{Tabelle der Werte } v. \qquad m = \frac{g_k}{g_s} = 3{,}5.$$

Pfeil-verhältnis $f:l$	$\tfrac{1}{3}$	$\tfrac{1}{4}$	$\tfrac{1}{5}$	$\tfrac{1}{6}$	$\tfrac{1}{7}$	$\tfrac{1}{8}$	$\tfrac{1}{9}$	$\tfrac{1}{10}$	$\tfrac{1}{\infty}$
$n = 0{,}20$	1,778	1,560	1,450	1,380	1,345	1,320	1,305	1,287	1,240
$n = 0{,}30$	1,680	1,481	1,380	1,320	1,282	1,260	1,248	1,232	1,183

$$n = \frac{J_s}{J_k \cos \varphi_k}$$

Die zu gegebener Spannweite, Pfeilhöhe, Belastung und Beanspruchung erforderliche Scheitelstärke des Eingelenkbogens vergleichen wir mit der entsprechenden des gelenklosen Bogens am besten mittels einer graphischen Darstellung, in der wir die Spannweite als Ordinate, die Scheitelstärke als Abszisse und die Pfeilhöhe als Parameter einer Kurvenschar auffassen. Wir verwenden zu diesem Zweck die im § 3 abgeleiteten Formeln und zwar für den

$$\text{Eingelenkbogen} \qquad\qquad \text{gelenklosen Bogen}$$

$$l = d \sqrt{\frac{\sigma_0}{c_1 \cdot d \cdot \sec \varphi + c_2}}, \qquad l = d_s \sqrt{\frac{\sigma_0}{c_1 \cdot d_s + c_2}} \quad \left\{ \begin{array}{l} \text{Straßner} \\ \text{Gl. 73} \\ \text{Seite 190} \end{array} \right.$$

$$d_s = 0{,}90 \cdot d,$$

worin

$$\sigma_0 = \sigma - 0{,}760\, c_3 \cdot d, \qquad \sigma_0 = \sigma - c_3 \cdot d_s,$$

$$c_1 = \frac{g_s \cdot k + 0{,}085\, p}{f}, \qquad c' = \frac{g_s \cdot k + 0{,}060\, p}{f};$$

$$c_2 = 0{,}0555\, p, \qquad c_2 = 0{,}0252\, p,$$

$$c_3 = \frac{16\, t^0 + 0{,}66\, \sigma_s}{f}, \qquad c_3 = \frac{70 \cdot t^0 + 2{,}5\, \sigma_s}{f}.$$

Zum Vergleich wählen wir die der Tafel VII zugrunde gelegte Straßenbrücke mit gegliedertem Aufbau von 1460 kg/m² Fahrbahngewicht, 40 kg/cm² zulässiger Randspannung, 450 kg/m² gleichmäßig verteilter Verkehrslast und $\pm\, 15^0$ Temperaturänderung. Die Resultate sind in Tafel X übersichtlich aufgetragen, sie gibt für jede Spannweite zwischen 33,0 und 120 m und jede Pfeilhöhe zwischen 6,0 und 25,0 m die Gewölbestärke im Sechstel bzw. die Scheitelstärke als Abszisse. Durch Verbinden der Schnittpunkte entsprechender Kurven l (gleiche Pfeilhöhe) erhalten wir die Grenzlinie gleicher Scheitelstärke. Für alle Spannweite und Pfeilhöhekombinationen (l, f), welche rechts der Grenzlinie liegen, besitzt der Eingelenkbogen die kleinere Scheitelstärke als der gelenklose Bogen.

Da überdies bei gegebener gleicher Scheitelstärke d_s der Kämpfer d_k des Eingelenkbogens 6 bis $8\,^0/_0$ schwächer gehalten werden kann als derjenige des eingespannten Bogens, so wird das Betonvolumen des Eingelenkbogens bei gleicher Scheitelstärke ca. 3 bis $4\,^0/_0$ kleiner als dasjenige des eingespannten Bogens. Die Grenzlinie gleichen Volumens liegt um ein Weniges links der Grenzlinie gleicher Scheitelstärke. Das Volumen selbst folgt aus Gl. 60. Die Kosten ergeben sich zu

$$B = V \cdot \mathfrak{B},$$

wenn $\mathfrak{B} = Fr./\text{m}^3$ der Einheitspreis für Beton ist.

Die Kosten der Gelenke.

Im Rahmen dieser Arbeit kann es sich nur um eine annähernde Kostenberechnung nach dem Gewicht der Gelenke handeln. Die drei wichtigsten Forderungen, die man praktisch an ein Gelenk stellen soll, sind:

1. möglichst geringe Stützlinienabweichung,
2. einfaches, genaues Versetzen,
3. geringe Kosten.

Im folgenden werden die approximativen Kosten von drei Arten von Gelenken geschätzt, und zwar:

1. Die Kosten von Wälzgelenken aus Stahl[1]).

Diese Gelenke zeigen die kleinste Stützlinienabweichung, sind gut zu versetzen, aber teuer.

Es bedeute im vorliegenden Fall H die Bogenkraft in t/m Gelenk-Breite,

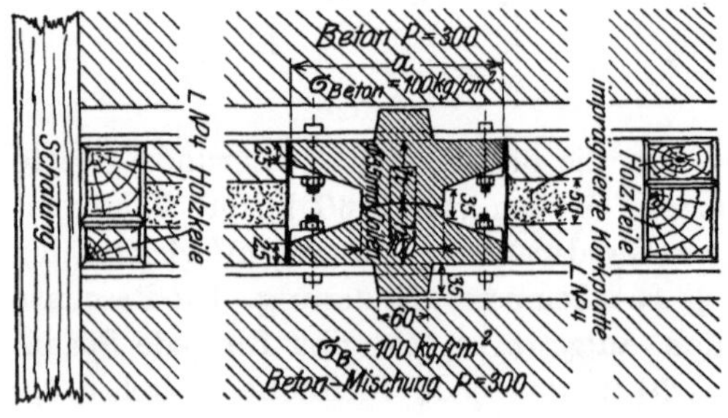

$\sigma_b = 0{,}100$ t/cm² die Betonpressung unter dem Gelenk,

$\sigma_e = 1{,}0$ t/cm² die zulässige Spannung von Stahl,

$a =$ Fußbreite des Gelenkes,

$h =$ Höhe der Gelenkplatte,

Abb. 44.

dann wird die Fußbreite a:

$$a^{(cm)} = \frac{H^{(t)}}{\sigma_b \cdot b} = \frac{H^{(t)}}{0{,}100 \, \text{t/cm}^2 \cdot 100 \, \text{cm}} = {}^1/_{10} H^{(t)},$$

oder $\qquad a^{(mm)} = H^{(t)}.$

Das Biegungsmoment in der Mitte des Gelenkstückes ergibt sich zu:

$$M = \frac{H}{2} \cdot \frac{a}{4} = \frac{H^2}{80} \, (\text{tcm}),$$

das erforderliche Widerstandsmoment:

$$W = \frac{M}{\sigma} = \frac{H^2}{80 \cdot 1{,}0 \, \text{t/cm}^2} = \frac{H^2}{80} \, (\text{cm}^3).$$

---

[1]) Laufmühlviadukt, Handb. f. Eisenbeton VI, S. 405.

Es ist aber:

$$W = \frac{b \cdot h^2}{6} = 100 \cdot \frac{h^2}{6};$$

woraus durch Gleichsetzen:

$$W = \frac{100}{6} \cdot h^2 = \frac{H^2}{80}; \qquad \frac{h^2}{H^2} = \frac{6}{8000},$$

$$h^{(cm)} = \sim \frac{1}{36} \cdot H^{(t)} \qquad \text{oder} \qquad h^{(mm)} = \frac{1}{3,6} \cdot H^{(t)}.$$

Die Fläche des ganzen Lagerkörpers ergibt sich nach Abb. 44 angenähert zu:

$$F^{(cm^2)} = a \cdot 5,0 + (a+10) \cdot (h-2,5-1,75) + 10 \cdot 3,5 + 2 \cdot 6,5 \cdot 3,5 \cdot 0,88$$
$$= 5a + a \cdot h - 4,25\,a + 10\,h - 42,5 + 75 = 0,75\,a + 10\,h$$
$$+ a \cdot h + 32,5.$$

$$F^{(cm^2)} = H \cdot (\underset{0,353}{0,075 + 0,278}) + \frac{H^2}{365} + 32,5.$$

Das Gewicht des ganzen Lagers ohne Armierung aber einschließlich Winkeleisen und Bolzen beträgt:

$$G_0^{(kg)} = \gamma \cdot F \cdot b = 7,85 \cdot \frac{1}{1000} \cdot 100\ \text{cm} \cdot \left\{ 0,353\,H + \frac{H^2}{365} \right\} + 50,$$

Gewicht des Gelenkstückes in Kilogramm:

$$G_0 = \sim 0,28\,H^{(t)} + \frac{1}{465} \cdot H^2 + 50 \quad \ldots \ldots \quad (61)$$

Zur Aufnahme der Querzugspannungen hinter den Gelenkfüßen ist eine Armierung von:

$$f_e^{(cm^2)} = 0,28 \cdot H \cdot \frac{2}{\sigma} = 0,56\,H^{(t)\,[1]}$$

erforderlich.

Zuschlag:
$$G_1^{(kg)} = 0,56 \cdot H^{(t)} \cdot d_s^{(m)} \quad \ldots \ldots \ldots \quad (61\,a)$$

Bezeichnen $\mathfrak{S}$ den Einheitspreis für Stahl $\qquad\}$ per Kilogramm,
„ $\quad \mathfrak{E}$ „ $\qquad$ „ $\qquad$ „ Rundeisen$\Big\}$ fertig verlegt,

so folgt

$$1 \cdot G_0 = G \cdot \mathfrak{S} + G_1 \cdot \mathfrak{E}$$

Kosten des Gelenks.

Der Zuschlag für fettere Mischung unmittelbar hinter dem Gelenk kann mit 2 Sack Zement pro m³ Beton in Rechnung gebrach werden.

---

[1] Colberg deutsche Bauzeitung 1906. S. 262.

Verwendet man hinter den Gelenkkörpern Quader aus Granit, so darf man G_1 gleich Null setzen, dafür kommt aber die Differenz der Einheitspreise für Granit und Beton für einen Quader vom Inhalt

$$V = 1{,}0 \text{ m} \cdot d_s{}^2$$

in Anrechnung.

2. Flußeiserne Gelenke.

Aus Walzprofilen mit gehobelten Gelenkmittelstücken gebaute Gelenke sind einfach herzustellen und leicht zu versetzen. Auf eine Kostenberechnung wird wegen der sehr verschiedenen Ausführungsart verzichtet; sie sollen billiger als Stahlwalzgelenke sein. Unter anderem sind sie bei der Donaubrücke in Mundererkingen, bei der Sihlbrücke in Zürich, sowie an der neuen Hinterkappelenbrücke bei Bern zur Anwendung gekommen.

3. Gelenke aus Eisenbeton. Federgelenke.

Diese Art von Gelenken ist zuerst. an einer Brücke über den Kanal St. Martin in Paris[1]) mit großem wirtschaftlichem Erfolg ausgeführt worden. Die ganze Gelenkkraft H wird mit Rundeisen 'aufgenommen, die durch die Haftfestigkeit die Kraft H auf den Beton übertragen.

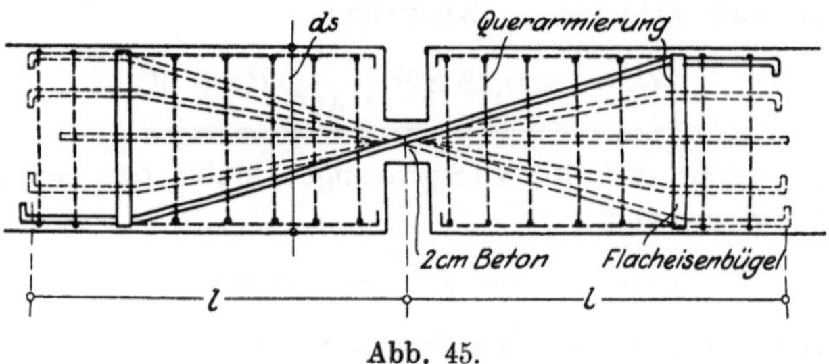

Abb. 45.

Pro laufenden Meter Brückenbreite beträgt der Eisenquerschnitt

$$f_e{}^{(\text{cm}^2)} = \frac{H}{\sigma} = \frac{H^{\text{t}}}{1{,}0 \text{ t/cm}^2} = H^{\text{t}}.$$

Die Betonierlänge nehmen wir zu $l = 45\,d$ an. Der Eisendurchmesser d folgt aus den Bedingungen:

$$n \cdot d \leqq \sim 90 \text{ cm}; \quad \underset{\text{ca. 90 cm}}{\boxed{n \cdot d}} \cdot \frac{d}{4} \cdot \pi = f_e = H,$$

$$d^{(\text{cm})} = \frac{4}{\pi} \cdot \frac{H^{\text{t}}}{90}; \quad d \leqq 35 \text{ mm}; \quad H \leqq 250 \text{ t/m}.$$

---

[1]) Handbuch für Eisenbeton.

Das Gewicht der Hauptarmierung wird demnach:

$$G_0^{(kg)} = f_e^{(cm^2)} \cdot 2 \cdot 45 \cdot d^{(m)} \cdot 0{,}785 = H \cdot 90 \cdot \frac{4}{\pi} \cdot \frac{1}{90} \cdot \frac{1}{100} \cdot H \cdot 0{,}785 = \frac{H^2}{100}.$$

Das Gesamtgewicht, einschließlich Querarmierung, entsprechend einer Zugkraft $Z = 0{,}28 \cdot H$ wird:

$$G = G_0 + G_1 = \frac{H^2}{100} + 0{,}56 \cdot H \cdot d_s^{(m)},$$

oder wenn

$$\sigma_s = 200 \, \text{t/m}^2; \quad \sigma_s \cdot d_s \cdot b = H; \quad d_s = \frac{H}{b \cdot \sigma_s},$$

$$G^{(kg)} = \frac{H^2}{100} + \frac{0{,}56}{200} \cdot H^2 = \frac{1}{80} \cdot H^{2\,(t)} \quad \ldots \ldots (62)$$

Das Gelenk 1 und das Gelenk 2 sind einander wirtschaftlich ebenbürtig, wenn:

$$0{,}28 \, H \cdot \mathfrak{S} + \frac{1}{465} H^2 \cdot \mathfrak{S} = \frac{H^2}{100} \cdot \mathfrak{E}.$$

$$\left(\frac{28}{H} + \frac{1}{4{,}65}\right) \cdot \mathfrak{S} = \mathfrak{E} \quad \ldots \ldots \ldots \ldots (63)$$

ist, z. B.:

$$H = 250 \, \text{t}; \qquad \text{damit ist} \quad \mathfrak{S} \gtrless 3{,}07 \, \mathfrak{E} \; \begin{smallmatrix} \text{Federgelenk} \\ \text{Wälzgelenk} \end{smallmatrix} \; \text{günstiger,}$$

$$H = 100 \, \text{t}; \qquad \mathfrak{S} \gtrless 2{,}02 \, \mathfrak{E} \; \begin{smallmatrix} \text{Federgelenk} \\ \text{Wälzgelenk} \end{smallmatrix},$$

$$H = 50 \, \text{t}; \qquad \mathfrak{S} \lessgtr 1{,}24 \, \mathfrak{E} \; \begin{smallmatrix} \text{Federgelenk} \\ \text{Wälzgelenk} \end{smallmatrix}.$$

d. h. bei mittlerem und kleinem Horizontalschub H werden Federgelenke billiger als Wälzgelenke.

4. Bleigelenke.

Die Bleigelenke sind sehr billig, einfach zu montieren, aber zeigen die größten Stützlinienausschläge. Durch die Arbeit von Dr.-Ing. A. Kollmar über Auflager und Gelenke 1919, Wilh. Ernst & Sohn, Berlin, dürften viele in letzter Zeit geäußerten Einwände und Zweifel zerstreut werden, so daß man sich gerade wegen der sehr einfachen Montage wieder mehr dieser Gelenkform zuwenden wird.

Zur Kostenvergleichung nehmen wir hier $a = \dfrac{d_s}{4}$, $h = \dfrac{1}{12} a$ an; dann wird das Gewicht der Platte:

$$G^{(kg)} = a \cdot h \cdot b \cdot \gamma = \frac{d_s^{(m)}}{4} \cdot \frac{d_s^{(m)}}{4 \cdot 12} \cdot 1{,}00 \, \text{m} \cdot 11370 \, \text{kg/m}^3 = \sim 60 \cdot d_s^{2\,(m)} \quad (64)$$

Die Kosten des Eingelenkbogens ergeben sich nun pro m Brückenbreite zu:

$$K_I = V_I \cdot \mathfrak{B} + G \cdot \mathfrak{E} = l \cdot d_{s_I} \cdot \nu_I \cdot \mathfrak{B} + G \cdot \mathfrak{E},$$

die des Bogens ohne Gelenke zu:

$$K_0 = V_0 \cdot \mathfrak{B} = l \cdot d_{s0} \cdot v_0 \cdot \mathfrak{B}.$$

Die Bogen sind einander gleichwertig, wenn $K_1 = K_0$:

$$K_0 - K_I = 0; \quad l \cdot d_{s0} \cdot v_0 \cdot \mathfrak{B} - l \cdot d_{sI} \cdot v_I \cdot \mathfrak{B} = G \cdot \mathfrak{E}$$
$$v \cdot l \cdot \varDelta d_s \cdot \mathfrak{B} = G \cdot \mathfrak{E};$$

worin $v = v_1 = v_0$, $\varDelta d_s = d_{s0} - d_{sI}$;

$$\varDelta d_s = \frac{G}{v \cdot l} \cdot \frac{\mathfrak{E}}{\mathfrak{B}} \quad \ldots \ldots \ldots \ldots \quad (65)$$

Um das Maß $\varDelta_s d$ ist die Grenzlinie gleichen Volumens nach rechts zu verschieben, um daraus die Grenzlinie gleicher Kosten zu erhalten. Alle Eingelenkbogen rechts dieser Linie sind billiger als die entsprechenden Bögen ohne Gelenke. Wie aus Gl. 65 ersichtlich, ist das Maß $\varDelta d_s$ direkt proportional dem Preisverhältnis von Eisen zu Beton. Da dieses Preisverhältnis $\dfrac{\mathfrak{E}}{\mathfrak{B}}$ örtlichen Schwankungen unterworfen ist, so kann man aus Tafel X keine allgemein gültigen Schlüsse ziehen.

Heute, d. h. am 3. Juni 1920, ist der

$$\begin{aligned} &\text{Eisenpreis} \ldots \ldots \text{ca. } 0{,}90 \text{ bis } \quad 1{,}25 \text{ frs/kg,} \\ &\text{Stahlpreis} \ldots \ldots \quad 1{,}50 \text{ bis } \quad 2{,}50 \text{ frs/kg,} \\ &\text{Betonpreis} \ldots \ldots \quad 80{,}- \text{ bis } 100{,}- \text{ frs/m}^3, \end{aligned}$$

Wir berechnen die Grenzlinie mit dem Verhältnis

$$1. \quad \frac{\mathfrak{E}}{\mathfrak{B}} = \frac{1{,}-}{100{,}-} = {}^1/_{100},$$

$$2. \quad \frac{\mathfrak{E}}{\mathfrak{B}} = {}^1/_{50}, \quad \text{entsprechend} \quad 2{,}- \text{ frs/kg Stahl.}$$

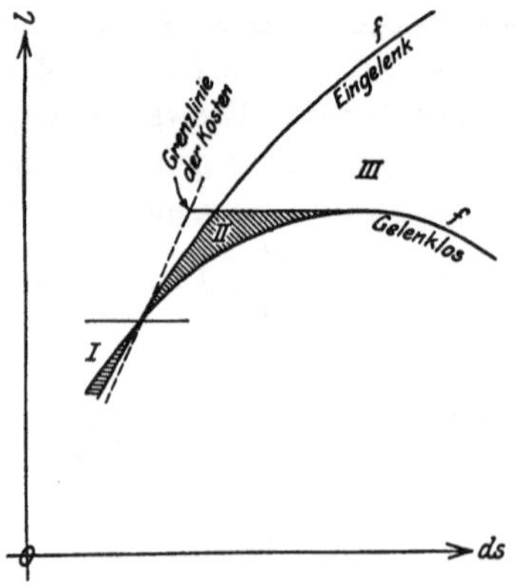

Die Resultate sind in Tafel X eingetragen.

In Abb. 46 haben wir zwei Kurven mit dem Parameter f der Tafel X schematisch herausgezeichnet.

Im Gebiet I ist der gelenklose Bogen wirtschaftlich und statisch günstiger als der Eingelenkbogen.

Im Gebiet II ist der Eingelenkbogen wirtschaftlich dem gelenklosen Bogen überlegen. Im Gebiet III können bei der gegebenen Pfeilhöhe f überhaupt nur noch Eingelenkbögen ausgeführt

Abb. 46.

werden, gelenklose Bogen sind für diese Spannweiten bei gegebenem f nicht mehr ausführbar.

Tafel X gestattet ohne weiteres zu entscheiden, welche Bogenart bei gegebener Pfeilhöhe und Spannweite möglich und wirtschaftlich günstiger ist.

Hiermit betrachtet der Verfasser seine Hauptaufgabe als gelöst, denn es ist jetzt erwiesen, daß der Eingelenkbogen dem gelenklosen Bogen wirtschaftlich überlegen sein kann und zugleich gezeigt, wann dies der Fall wird.

§ 5. Anwendung der Tafeln und Tabellen zur Berechnung von Eingelenkbogen-Straßenbrücken.

Es sollen Spannweite, Pfeilhöhe, Fahrbahngewicht pro m², Verkehrslast pro m², zulässige Spannung sowie die Grenzen der Wärmeänderung gegeben sein. Ebenfalls ist die Frage der Art des Aufbaues ob gegliedert oder mit Kieshinterfüllung erledigt.

Aus Tafel X ersehen wir zunächst ob etwa bei gegliedertem Aufbau der Eingelenkbogen bei gegebener Spannweite und Pfeilhöhe, dem gelenklosen Bogen wirtschaftlich überlegen ist und entscheiden uns für das günstigere System; es sei hier der Eingelenkbogen.

Die Stärke im Sechstel neben dem Scheitel bzw. den Näherungswert für die Scheitelstärke entnehmen wir in runden Zahlen aus einer der Tafeln VII bis IX und zwar aus Tafel VII für gegliederten Aufbau und $\sigma_{zul} = 40$ kg/cm²; aus Tafel VIII für gegliederten Aufbau und schweizerische Spannungsvorschriften, aus Tafel IX für Brücken mit Hinterfüllung und schweizerische Spannungs- und Belastungsvorschriften.

Im Falle, daß das Fahrbahngewicht, die Belastung oder die zulässige Beanspruchung stark von den in der Tafel zugrunde gelegten Annahmen abweichen, ist die Sechstelstärke nach Gl. 51 Kap. 4 nachzuprüfen.

Wir berechnen die Kämpferstärke nach der im 4. Kapitel abgeleiteten Näherungsgleichung 55, worin wir für den Wert $\cos \varphi_k$ näherungsweise bei gegliedertem Aufbau

$$\cos \varphi_k = \frac{1}{\sqrt{1 + 25 \left(\frac{f}{l}\right)^2}}$$

setzen können.

Nachdem die Scheitel- und Kämpferstärke bestimmt sind, ermitteln wir den für die Bogenform maßgebenden Wert $m = \dfrac{g_k}{g_s}$, hierauf den genauen Winkel φ_k und schließlich den für die Querschnittszunahme gültigen Wert $n = \dfrac{J_s}{J_k \cdot \cos \varphi_k}$.

Aus Tafel V lesen wir den Nenner N der Bogenkraft H, sowie den Wert μ ab; berechnen aus den Tabellen für den Horizontalschub die Bogenkraft aus ständiger Last H_{g_0}. Es folgt nun die Zusatzkraft aus Eigengewicht $\varDelta X_e = -\dfrac{\mu}{\mu + 1} \cdot H_{g_0}$ und aus Temperatur $X_t = \dfrac{\alpha \cdot t \cdot l}{N \cdot (1 + \mu)}$, womit wir in der Lage sind die Momente und Längskräfte aus Eigengewicht und Wärmeänderung zu bestimmen. Die Momente aus Verkehrslast in den maßgebenden Schnitten, Sechstel und Kämpfer erhalten wir aus den Tabellen für die Schwerpunktsmomente, die für die extremen Verhältnisse $m = 1$, $m = 3{,}5$ und $m = 7$ berechnet worden sind. Auf Grund der gefundenen Momente und Längskräfte werden die Randspannungen in den maßgebenden Schnitten berechnet und die oben angenommenen Abmessungen nachgeprüft. Dabei ist auf den Ausgleich der Randspannungen im Sechstel Rücksicht zu nehmen, bei welcher Gelegenheit die Verschiebung η der Bogenachse gegenüber der Stützlinie aus ständiger Last berechnet werden kann. Wenn nötig sind die angenommenen Abmessungen und mit ihnen die Verhältnisse m und n zu verbessern.

Mit dem endgültigen Wert m berechnen wir aus Tabelle 1 des dritten Kapitels die Ordinaten der Bogenachse und addieren zu ihnen die Abweichungen η. Aus dem Verhältnis n berechnen wir die Abmessungen des Bogens in den einzelnen Schnitten nach Tabelle III und IV. Mit Hilfe der Tabellen für die Bogenkraft und die Gelenkquerkraft zeichnen wir nach Kapitel 1 die Einflußlinien für die Kernmomente in mehreren Schnitten des Bogens und ermitteln hieraus die Kurve der Maximalmomente aus Verkehrslast. Den Horizontalschub aus Eigengewicht prüfen wir mit einer in großem Maßstab gezeichneten Stützlinie nach, bestimmen aus Tafel V oder den Bogenkrafttabellen den Nenner N und den Wert μ, woraus sich wieder die Zusatzkraft aus Eigengewicht und der Horizontalschub aus Temperatur berechnen lassen. Die Kernmomente aus allen Einflüssen vereinigen wir zur Linie der Größtmomente, aus welcher sich die Spannungen in jedem Schnitt angeben lassen und welche zugleich die Grundlage zur endgültigen Formgebung darstellt.

Ein weiterer Spannungsnachweis, der nun nach den Angaben des ersten Kapitels zu geschehen hätte, ist in der Regel nicht mehr nötig, da bei genauer Anpassung der Querschnitte an die Momente die schädlichen Zusatzspannungen geringer werden als nach dem Straßnerschen Gesetz.

§ 6. Rechnungsbeispiele.

1. Beispiel. Die Straßenbrücke über die Mosel bei Schweich.

Die Gewölbe- und Fahrbahnbreite beträgt 6,60 m bzw. 7,00 m. In der statischen Berechnung der Brücke ist als Verkehrslast eine

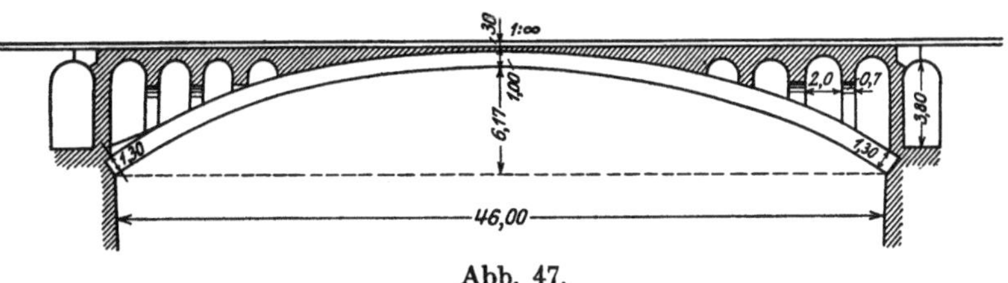

Abb. 47.

Dampfwalze von 24 t Gewicht und außerdem Menschengedränge von 400 kg/m² angenommen. Die größte Pressung im Beton beträgt 34 kg/cm². Die Öffnung soll statt durch einen gelenklosen, durch einen Eingelenkbogen überbrückt werden. Wie groß sind die ungefähren Ersparnisse?

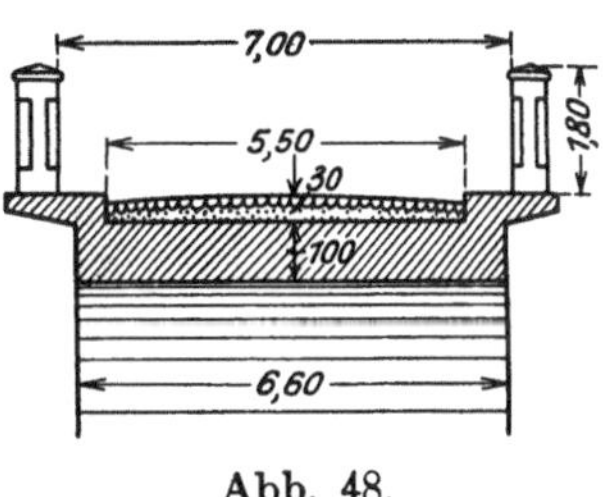

Abb. 48.

Nach den Angaben der Abb. 47 und 48 ergibt sich bei einer Scheitelstärke $d_s = 1,00$ m für das Gewicht am Scheitel:

$$\text{Schotterbahn} \quad \ldots \ldots \quad 0,30 \cdot \frac{5,50}{6,60} \cdot 1,8 = 0,45 \ \text{t/m}^2$$

$$\text{Gehwegkonsolen} \quad \ldots \ldots \quad 0,20 \cdot \frac{1,40 \cdot 2}{6,60} \cdot 2,4 = 0,20 \quad "$$

$$\text{Geländer approxim.} \quad \ldots \quad 0,15 \cdot 2 \cdot \frac{1,80}{6,60} \cdot 2,4 = 0,20 \quad "$$

$$\text{Bogen} \quad \ldots \ldots \ldots \quad 1,00 \cdot 2,4 = 2,40 \quad "$$

$$g_s = 3,25 \ \text{t/m}^2$$

Gewicht am Kämpfer:

Schotterbahn wie vor. . . . . $= 0,45$ t/m²
Gehweg wie vor. . . . . $= 0,20$ „
Geländer wie vor. . . . . $= 0,20$ „

$$\text{Fahrbahn im Scheitel} \ldots \ldots \ldots \ldots = 0{,}85 \ \text{t/m}^2$$

$$\text{Fahrbahn im Kämpfer} \ldots \ldots \ldots 1{,}0 \cdot 2{,}4 = 2{,}40 \quad \text{\textquotedbl}$$

$$\text{Stützen} \ldots \ldots \ldots \ldots 0{,}70 \cdot \frac{3{,}80}{2{,}70} \cdot 2{,}4 = 2{,}36 \quad \text{\textquotedbl}$$

$$\text{Bogen} \ldots \ldots \ldots \ldots \ldots \frac{1{,}30}{0{,}85} \cdot 2{,}4 = 3{,}67 \quad \text{\textquotedbl}$$

$$g_k = 9{,}28 \ \text{t/m}^2$$

Gleichmäßig verteilte Verkehrslast; $p = 0{,}400 \cdot \dfrac{7{,}00}{6{,}60} = 0{,}424 \ \text{t/m}^2.$

Mit diesen Gewichten wird $m = \dfrac{g_k}{g_s} = \dfrac{9{,}28}{3{,}25} = 2{,}85\,.$

Für $m = 3$ wird der Winkel am Kämpfer:

$$\cos \varphi_k = \frac{1}{\sqrt{1 + 24{,}8 \left(\dfrac{6{,}17}{46{,}5}\right)^2}} = 0{,}83$$

und damit etwas genauer:

Pfeilhöhe $\quad f = 6{,}17 + 0{,}50 - 0{,}65 \cdot 0{,}83 = 6{,}13 \ \text{m}\,,$
Spannweite $\ l = 46{,}00 + 0{,}65 \cdot 2 \cdot 0{,}55 = 46{,}70 \ \text{m}\,.$

Unter Annahme dieser Werte ergibt sich aus den Tabellen Seite 114 die Bogenkraft aus ständiger Last durch interpolieren zu:

$$H_{g_0} = 0{,}1580 \cdot 3{,}25 \cdot \frac{46{,}70^2}{6{,}13} = 182 \ \text{t/m}$$

und die Scheitelpressung: $\sigma_s = \dfrac{182}{1{,}00 \cdot 1{,}00} = 182 \ \text{t/m}^2.$

Die Koeffizienten der Formel 51 werden jetzt:

$$c_1 = \frac{3{,}25 \cdot 0{,}1580 + 0{,}084 \cdot 0{,}424}{6{,}13} = 0{,}0837 + 0{,}0059 = 0{,}0896$$

$$c_2 = 0{,}0555 \cdot 0{,}424 = 0{,}0235$$

$$c_3 = \frac{16 \cdot 15^0 + 0{,}66 \cdot 182}{6{,}13} = 59$$

$$\sigma_0 = 340 - 0{,}760 \cdot \frac{1{,}0}{0{,}9} \cdot 59 = 340 - 50 = 290 \ \text{t/m}^2$$

und damit die Stärke im Sechstel neben dem Scheitel:

$$d = \frac{0{,}0896 \cdot 46{,}7^2}{2 \cdot 290} \left[1 + \sqrt{1 + \frac{4 \cdot 290 \cdot 0{,}0235}{(0{,}0896 \cdot 46{,}7)^2}} \right] = 88 \ \text{cm}\,.$$

$$d_s = 0{,}90 \cdot d = 80 \ \text{cm}\,.$$

Der Neuberechnung wird $d_s = 68$ cm; $d = 76$ cm zu grunde gelegt:

Scheitelgewicht: $g_s = 0,85 + \underset{1,63}{0,68 \cdot 2,4} = 2,48$ t/m²

$$m = \frac{9,28}{2,48} = 3,75; \quad f = 6,13 + 0,16 = 6,29 \text{ m}$$

$$H_{y_0} = 0,1724 \cdot 2,48 \cdot \frac{46,7^2}{6,29} = 148 \text{ t/m};$$

$$\sigma_s = \frac{148}{0,68 \cdot 1,00} = 220 \text{ t/m}^2$$

$$c_1 = \frac{0,1724 \cdot 2,48 + 0,085 \cdot 0,424}{6,29} = 0,0680 + 0,0057 = 0,0737$$

$$c_2 = 0,0555 \cdot 0,424 = 0,0235$$

$$c_3 = \frac{16,15 + 0,66 \cdot 220}{6,29} = 38,2 + 23,1 = 61,3$$

$$\sigma_0 = 340 - 0,760 \cdot 0,76 \cdot 61,3 = 340 - 36 = 304 \text{ t/m}^2$$

somit

$$d = \frac{0,0737 \cdot 46,7^2}{2 \cdot 304} \cdot \left[1 + \sqrt{1 + \frac{4 \cdot 304 \cdot 0,0235}{(0,0737 \cdot 46,7)^2}} \right] = 75 \text{ cm}.$$

Scheitelstärke $\quad d_s = 0,9 \cdot 75 = 68$ cm.

Neigung der Bogenachse am Kämpfer

$$\cos \varphi_k = \frac{1}{\sqrt{1 + 27,53 \cdot \left(\dfrac{6,29}{46,7}\right)^2}} = 0,816.$$

Aus Gl. 55 Kap. 4 erhält man für die Koeffizienten der Kämpferstärkenformel:

$$c_1 = \frac{2,48 \cdot 0,1724 + 0,030 \cdot 0,424}{6,29} = 0,0680 + 0,0020 = 0,0700$$

$$c_2 = 0,1380 \cdot 0,424 = 0,0585$$

$$c_3 = \frac{144 \cdot 15 + 6,0 \cdot 220}{6,29} = 345 + 210 = 555$$

$$d_k = \frac{0,0700 \cdot 46,7^2}{2 \cdot 340 \cdot 0,816}\left[1 + \sqrt{1 + 4 \cdot 340 \cdot \frac{(0,0585 \cdot 46,7^2 + 555 \cdot 0,68^3)}{(0,0700 \cdot 46,7^2)^2} \cdot 0,816^2} \right]$$

$$d_k = 126 \text{ cm}$$

Verhältnis $\quad n = \dfrac{J_s}{J_k \cos \varphi_k} = \dfrac{0,68^3}{1,26^3 \cdot 0,816} = 0,206.$

Betonersparnis:

im Scheitel: $\dfrac{100-68}{68}=47\,^0/_0$ über $^3/_4$ des Bogens

im Kämpfer: $\dfrac{130-126}{126}=3\,^0/_0$ über $^1/_4$ des Bogens

$$\text{Total}\quad p=\frac{47\cdot3+3}{4}=36\,^0/_0.$$

Eisengewicht des Gelenkes:
$$H_{g_0}=\qquad\qquad 148\ \text{t/m}$$
$$H_p=0{,}424\cdot\frac{46{,}7^2}{8\cdot6{,}29}=\ 18\ \text{,,}$$
$$H_{tot}=\qquad\qquad \overline{166\ \text{t/m}}$$

Bei einem Stahl-Wälzgelenk wird das Gelenkgewicht:

$$G=0{,}28\cdot166+\frac{166^2}{465}+50+\underbrace{0{,}28\cdot0{,}68\cdot166}_{\text{Querarmierung}}$$

$$=46+60+50+32=188\ \text{kg/m}$$

$$\varDelta d_s=\frac{188}{1{,}305\cdot46{,}7}\cdot{}^1/_{100}\cdot2=6{,}2\ \text{cm}$$

Die prozentuale Ersparnis einschließlich Gelenk stellt sich auf
$$36\,^0/_0-9\,^0/_0=27\,^0/_0$$
bezogen auf den Eingelenkbogen.

2. Beispiel.   Die Gmündertobelbrücke bei Teufen, Appenzell.

Die Brücke wurde von Prof. Mörsch entworfen und berechnet. Alle bezüglichen Angaben stammen aus dem Sonderabdruck der Schweiz. Bauzeitung 1909[1]).   Die als gelenkloser Bogen ausgeführte und berechnete Brücke soll hier als Eingelenkbogen vollständig durchgerechnet werden.   Das Hauptaugenmerk richten wir in diesem Beispiel auf die günstigste Materialanordnung, sowie auf die Prüfung der im dritten Kapitel § 3 dargestellten Gesetze der Querschnittszunahme.

Die der Berechnung zugrunde gelegte theoretische Spannweite ist $l=79{,}64$ m und die Pfeilhöhe $f=25{,}50$ m.   Die Gewölbebreite beträgt im Scheitel $b_s=6{,}50$ m im Kämpfer $b_k=7{,}50$ m, die Verkehrslast 450 kg/m² oder 3,1 t pro lfd. m Brücke, die Temperaturänderung $\pm20^0$ C.   Die größte, im eingespannten Bogen auftretende Spannung von 312 t/m² soll möglichst überall erreicht, aber nirgends überschritten werden.   Alle entsprechenden Abmessungen, Spannungen usw. des gelenklosen Bogens sind eingeklammert ( ) hinter, bzw. unter denjenigen des Eingelenkbogens gesetzt.

---

[1]) Vgl. auch Straßner, Neuere Methoden, Seite 293.

Aus einer ersten Spannungsrechnung mit den Abmessungen des eingespannten Bogens $d_s = 1{,}20$; $d_k = 2{,}13$ m ist auf die neuen Abmessungen

$$\text{Scheitel} \quad d_s = 95 \text{ cm} \quad (120 \text{ cm})$$

$$\text{Kämpfer} \quad d_k = 195 \text{ cm} \quad (213 \text{ cm})$$

geschlossen worden.

Mit den neuen Abmessungen ergibt sich das

$$\text{Scheitelgewicht} \quad g_s = 28{,}3 - 0{,}25 \cdot 6{,}50 \cdot 2{,}4 = 24{,}4 \text{ t} \quad (28{,}3 \text{ t})$$

$$\text{Kämpfergewicht} \quad g_k = 90{,}0 - 0{,}18 \cdot \frac{7{,}50 \cdot 2{,}40}{0{,}539} = 85{,}0 \text{ t} \quad (90{,}0 \text{ t}),$$

womit:

$$m = \frac{g_k}{g_s} = \frac{85{,}0}{24{,}4} = \sim 3{,}5 .$$

Aus der Tabelle I oder Tabelle S. 84 entnimmt man die

Ordinaten der Gewölbeachse.

Punkt	Kämpfer 12	11	10	Achtel 9	8	7	Viertel 6	5	Sechstel 4	Achtel 3	2	1	Scheitel 0
y/f	1,0000	0,8019	0,6349	0,4944	0,3771	0,2798	0,2000	0,1357	0,0852	0,0472	0,0208	0,0052	0
y in m	25,50	20,53	16,27	12,63	9,60	7,13	5,10	3,46	2,17	1,20	0,55	0,14	0 Einh. m

Das richtige Verhältnis m ist durch Zeichnung nachzukontrollieren, evtl. sogar analytisch, es wird dann aus den Tafeln durch Interpolation des Wertes $\dfrac{y_v}{f}$ gewonnen. Mit $m = 3{,}5$ folgt für die Neigung der Drucklinie im Kämpfer:

$$\cos \varphi_k = \frac{1}{\sqrt{1 + 26{,}68 \cdot \left(\dfrac{25{,}5}{79{,}64}\right)^2}} = 0{,}520$$

Tabelle III.

$$\text{tg}^2 \varphi_k = 26{,}68 \cdot \left(\frac{25{,}5}{79{,}64}\right)^2 = 2{,}72$$

$$n = \frac{J_s}{J_k \cos \varphi_k} = \frac{6{,}50 \cdot 0{,}95^3}{7{,}50 \cdot 1{,}95^3 \cdot 0{,}520} = 0{,}193 .$$

Die Querschnitte selbst folgen aus Gl. 20, Tabelle III und IV durch Interpolation nach der Formel (20)

$$d = d_s \cdot c \cdot \sqrt[3]{\frac{b_s}{b}} \cdot \sqrt[6]{1 + \text{tg}^2 \varphi} .$$

Tabelle der Gewölbestärken.

Punkt	Kämpfer 12	11	10	9	8	7	Viertel 6	5	Sechstel 4	3	2	1	Scheitel 0	
$\left(\dfrac{l}{f}\right)^2 \cdot \mathrm{tg}^2\varphi$	26,68	19,04	13,50	9,49	6,58	4,48	2,96	1,88	1,12	0,59	0,25	0,062	0	Tab. III,
$\mathrm{tg}^2\varphi$	2,72	1,94	1,375	0,97	0,67	0,46	0,30	0,19	0,11	0,06	0,03	0,01	0	
$\sqrt[6]{1+\mathrm{tg}^2\varphi}$	1,243	1,196	1,153	1,120	1,088	1,065	1,044	1,030	1,018	1,010	1,004	1,000	1,000	
c	1,734	1,566	1,451	1,363	1,294	1,236	1,188	1,147	1,110	1,078	1,049	1,023	1,000	Tab. IV $n=0,19$ entspr.
b	7,50	7,33	7,14	7,01	6,89	6,79	6,71	6,65	6,59	6,55	6,52	6,51	6,50	m
$\dfrac{b}{b_s}$	1,154	1,128	1,098	1,078	1,060	1,045	1,032	1,024	1,014	1,007	1,002	1,001	1,000	
$\sqrt[3]{\dfrac{b}{b_s}}$	1,049	1,041	1,032	1,025	1,020	1,015	1,011	1,008	1,005	1,003	1,001	1,000	1,000	
d	1,95	1,70	1,54	1,41	1,31	1,23	1,16	1,11	1,07	1,03	1,000	0,97	0,95	m
	(2,13)	(1,96)	(1,80)	(1,68)	(1,57)	(1,49)	(1,42)	(1,36)	(1,31)	(1,26)	(1,24)	(1,21)	(1,20)	m

1. Der Nenner der Bogenkraft.

$$\text{Aus Tabelle 115: } m = 3,5; \quad n = 0,20; \quad N = 0,0545 \cdot \frac{l \cdot f^2}{E J_s}$$

$$n = 0,15 \quad : \quad 0,0473 \quad \varDelta = 72$$

$$J_s = \frac{6,50 \cdot 0,93^3}{12} = 0,465 \text{ m}^4$$

$$n = 0,193 \qquad 0,0535.$$

$$E \cdot N = 0,0535 \cdot \frac{l \cdot f^2}{J_s} = 0,0535 \cdot \frac{79,64 \cdot 25,50^2}{0,465} = 5970 \text{ m}^{-1}$$

$$(2221,10 \text{ m}^{-1}).$$

$$\mu = \frac{l}{E F_s \cdot N} = \frac{79,64}{6,50 \cdot 0,95 \cdot 5970} = 0,00216$$

$$(0,00438).$$

2. Das Eigengewicht.

$$H_{g_0} = 0,1687 \cdot g_s \cdot \frac{l^2}{f} = 0,1687 \cdot 24,4 \cdot \frac{79,64^2}{25,5} = 1024 \text{ t}$$

$$(1228,6 \text{ t}).$$

$$\varDelta X_e = - H_{g_0} \cdot \frac{\mu}{(1+\mu)} = - 1024 \cdot \frac{0,00216}{1,002} = - 2,21 \text{ t}$$

$$(-5,4 \text{ t}).$$

$$H_g = 1024 - 2 = 1022 \text{ t}.$$

3. Temperaturänderung um $\pm 20^0$ C.

$$H_t = \frac{\alpha \cdot t^0 \cdot l}{\delta_{xx}} = \frac{2\,000\,000 \cdot 0,000012 \cdot 20^0 \cdot 79,64}{(5970 + 13)} = \pm 6,4\,\text{t}$$

$$(\pm 17,2\,\text{t}).$$

4. Verkehrslast: gleichm. verteilt 450 kg/m² · 6,90 m = 3,10 t/m.

Die maximalen Kernmomente werden mit Hilfe der Einflußlinien ermittelt. Die Einflußlinien der Kernmomente selber ermittelt man aus der X- und Y-Linie nach Kap. 1 § 2, c graphisch. Die Ordinaten der X-Linie erhalten wir für den Wert $m = 3,5$, $n = 0,193 = \sim 0,20$ aus der Tabelle 115 in diesem Falle ohne Interpolation.

Tabelle der Einflußordinaten der Bogenkraft H.

nkt	Scheitel 0	1	2	3	Sechstel 4	5	Viertel 6	7	8	9	10	11	Kämpfer 12	
$(1+\mu)$	0,3646	0,3207	0,2770	0,2339	0,1919	0,1520	0,1149	0,0816	0,0530	0,0300	0,0133	0,0033	0	Tab. $n=0$
H	1,139	1,001	0,865	0,730	0,599	0,475	0,358	0,256	0,166	0,094	0,042	0,010	0	(Zab
	(0,815)	(0,799)	(0,756)	(0,693)	(0,608)	(0,513)	(0,410)	(0,306)	(0,209)	(0,124)	(0,057)	(0,015)	(0)	(Zahl

Die Einflußordinaten der Gelenkquerkraft Y können direkt aus der Tabelle Seite 119 entnommen werden.

a) Die Kernpunktsordinaten.

Kämpfer: $d_k = 1,95$ m; $\cos \varphi_k = 0,520$;

$$\begin{aligned} y_{k_0} \\ y_{k_u} \end{aligned} = y \mp \frac{d}{6 \cos \varphi} = 25,5 \mp \frac{1,95}{6 \cdot 0,520}$$

$$\begin{aligned} y_{k_0} \\ y_{k_u} \end{aligned} = 25,50 \mp 0,62 = \begin{aligned} 24,88 \\ 26,12 \end{aligned} \text{ m.}$$

Achtel nächst dem Kämpfer: $d = 1,41$ m; $\cos \varphi = 0,713$; $y = 12,63$ m;

$$\frac{d}{6 \cos \varphi} = \frac{1,41}{6 \cdot 0,713} = 0,33 \text{ m;} \quad y_{k_0} = 12,30 \text{ m;} \quad y_{k_u} = 12,96 \text{ m.}$$

Viertel: $d = 1,16$ m; $\cos \varphi = 0,877$; $y = 5,10$ m;

$$\frac{d}{6 \cos \varphi} = \frac{1,16}{6 \cdot 0,877} = 0,22 \text{ m;} \quad y_{k_0} = 4,88 \text{ m;} \quad y_{k_u} = 5,32 \text{ m.}$$

---

[1]) In der bereits angeführten Veröffentlichung von Prof. A. Mörsch stimmen die Schnitte nicht mit den unsrigen überein. Die eingeklammerten Werte sind für ein, dem Bogen der „Gemündertobelbrücke" entsprechendes Gewölbe mit $n = 0,288$ und $y_v/f = 0,2118$ mit Hilfe der Straßnerschen Tabellen berechnet worden.

Sechstel nächst dem Scheitel: $d = 1{,}07$ m; $\cos\varphi = 0{,}95$; $y = 2{,}17$ m;

$$\frac{d}{6\cos\varphi} = 0{,}19 \text{ m};\quad y_{k_0} = 1{,}98 \text{ m};\quad y_{k_u} = 2{,}36 \text{ m}.$$

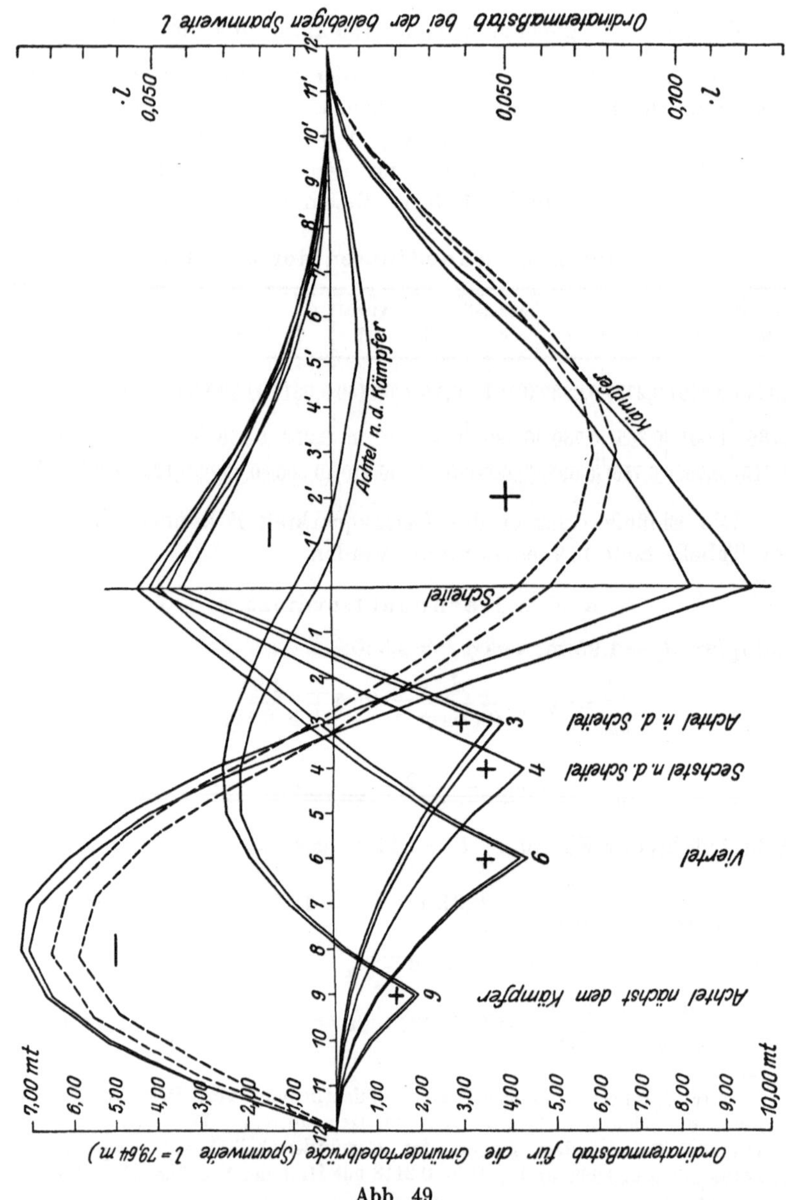

Abb. 49.

Achtel nächst dem Scheitel: $d = 1{,}03$ m; $\cos\varphi = 0{,}970$; $y = 1{,}20$ m;

$$\frac{d}{6\cos\varphi} = 0{,}18 \text{ m}; \quad y_{k_0} = 1{,}02 \text{ m}; \quad y_{k_u} = 1{,}38 \text{ m}.$$

b) Die Momente.

Für die angeführten Schnitte, mit Ausnahme des Sechstels, wurden die Einflußlinien für die Kernmomente gezeichnet. Abb. 49. Die größten Momente infolge der gleichmäßig verteilten Last p sind in Abb. 50 übersichtlich aufgetragen.

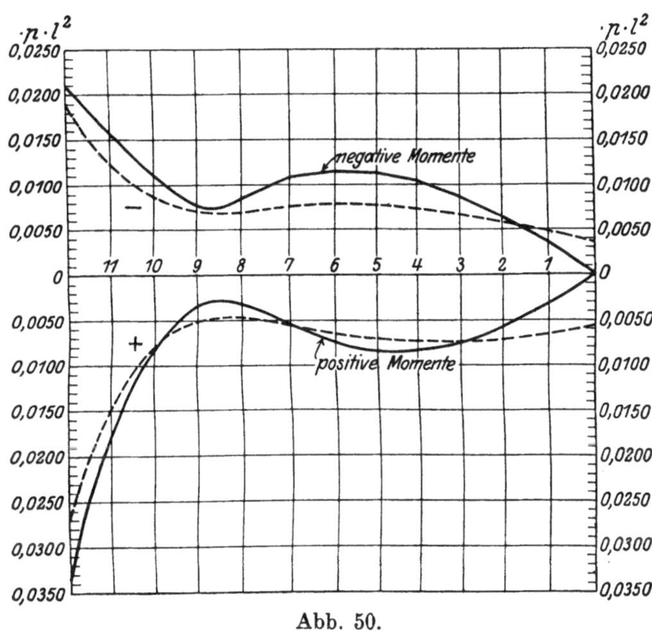

Abb. 50.

$$\begin{aligned}
\textbf{Kämpfer:} \quad M_{k_0 \max} &= +\,0{,}03032 \cdot p \cdot l^2 = +\,595 \text{ mtn} \\
M_{k_0 \min} &= -\,0{,}02253 \cdot p \cdot l^2 = -\,443 \text{ mtn} \\
M_{k_u \max} &= +\,0{,}0354 \;\; \cdot p \cdot l^2 = +\,696 \text{ mtn} \\
M_{k_u \min} &= -\,0{,}02108 \cdot p \cdot l^2 = -\,415 \text{ mtn}
\end{aligned}$$

$$\begin{aligned}
\textbf{Achtel nächst dem} \quad M_{k_0 \max} &= +\,0{,}00327 \cdot p \cdot l^2 = +\;\,64 \text{ mtn} \\
\textbf{Kämpfer:} \quad M_{k_0 \min} &= -\,0{,}00815 \cdot p \cdot l^2 = -\,160 \text{ mtn} \\
M_{k_u \max} &= +\,0{,}00468 \cdot p \cdot l^2 = +\;\,92 \text{ mtn} \\
M_{k_u \min} &= -\,0{,}00593 \cdot p \cdot l^2 = -\,117 \text{ mtn}
\end{aligned}$$

Viertel:
$$M_{k_0\,max} = +\,0{,}006\,98\cdot p\cdot l^2 = +\,137\ \text{mtn}$$
$$M_{k_0\,min} = -\,0{,}012\,20\cdot p\cdot l^2 = -\,240\ \text{mtn}$$
$$M_{k_u\,max} = +\,0{,}007\,47\cdot p\cdot l^2 = +\,147\ \text{mtn}$$
$$M_{k_u\,min} = -\,0{,}010\,35\cdot p\cdot l^2 = -\,203\ \text{mtn}$$

Sechstel nächst dem Scheitel: $p\cdot l^2 = 19700$ mtn; $p\cdot l^2 : f = 775$ t.

$$M_{k_0\,max} = +\,0{,}008\,23\cdot 19\,700 - 0{,}19\cdot 775\cdot 0{,}042 = +\,162 -\ 6 = +\,156\ \text{mtn}$$
$$M_{k_0\,min} = -\,0{,}010\,40\cdot 19\,700 - 0{,}19\cdot 775\cdot 0{,}096 = -\,205 - 14 = -\,219\ \text{mtn}$$
$$M_{k_u\,max} = +\,0{,}008\,23\cdot 19\,700 + 0{,}19\cdot 775\cdot 0{,}042 = +\,162 +\ 6 = +\,168\ \text{mtn}$$
$$M_{k_u\,min} = -\,0{,}010\,40\cdot 19\,700 + 0{,}19\cdot 775\cdot 0{,}096 = -\,205 + 14 = -\,191\ \text{mtn}.$$

Achtel nächst dem $\quad M_{k_0\,max} = +\,0{,}007\,02\cdot p\cdot l^2 = +\,138\ \text{mtn}$

Scheitel: $M_{k_0\,min} = -\,0{,}009\,13\cdot p\cdot l^2 = -\,179\ \text{mtn}$
$$M_{k_u\,max} = +\,0{,}007\,70\cdot p\cdot l^2 = +\,152\ \text{mtn}$$
$$M_{k_u\,min} = -\,0{,}008\,14\cdot p\cdot l^2 = -\,160\ \text{mtn}.$$

5. Berechnung der Randspannungen.

Kämpfer.

$$F = 7{,}50\cdot 1{,}95 = 14{,}6\ \text{m}^2,$$
$$W = 7{,}50\cdot \frac{1{,}95^2}{6} = 4{,}75\ \text{m}^3,$$
$$\cos\varphi_k = 0{,}520,$$
$$y_{k_0} = 24{,}88\ \text{m};\quad y_{k_u} = 26{,}12\ \text{m}.$$

a) Vom Eigengewicht:

$$\sigma_0 = -\frac{H_{g_0}}{F\cos\varphi} + \frac{\Delta X_e\cdot y_{k_u}}{W} = -\frac{1024}{14{,}6\cdot 0{,}520} + \frac{2{,}21\cdot 26{,}12}{4{,}75} = -\,123\ \text{t/m}^2\ \text{Druck}$$

$$\sigma_u = -\frac{H_{g_0}}{F\cos\varphi} - \frac{\Delta X_e\cdot y_{k_0}}{W} = -\frac{1024}{14{,}6\cdot 0{,}520} - \frac{2{,}21\cdot 24{,}88}{4{,}75} = -\,146\ \text{t/m}^2\quad \text{,,}$$

b) Vom Verkehr:

$$\sigma_{0\,max} = -\frac{M_{k_u}{}^{pos}}{W} = -\frac{696}{4{,}75} = -\,146\ \text{t/m}^2\ \text{Druck}$$

$$\sigma_{u\,max} = +\frac{M_{k_0}{}^{neg}}{W} = -\frac{443}{4{,}75} = -\ 93\ \text{t/m}^2\quad \text{,,}$$

$$\sigma_{0\,min} = -\frac{M_{k_u}{}^{neg}}{W} = +\frac{415}{4{,}75} = +\ 87\ \text{t/m}^2\ \text{Zug}$$

$$\sigma_{u\,min} = +\frac{M_{k_0}{}^{pos}}{W} = +\frac{595}{4{,}75} = +\,125\ \text{t/m}^2\quad \text{,,}$$

c) Von der Temperatur:

$$\sigma_0 = \mp \frac{H_t \cdot y_{k_u}}{W} = \mp \frac{6,4 \cdot 26,12}{4,75} = \mp 35 \text{ t/m}^2$$

$$\sigma_u = \pm \frac{H_t \cdot y_{k_0}}{W} = \pm \frac{6,4 \cdot 24,88}{4,75} = \pm 33 \text{ t/m}^2.$$

Achtel nächst dem Kämpfer.

$$F = 7,01 \cdot 1,41 = 9,90 \text{ m}^2$$

$$W = 7,01 \cdot \frac{1,41^2}{6} = 2,33 \text{ m}^3$$

$$\cos \varphi = 0,713$$

$$y_{k_0} = 12,30 \text{ m}; \quad y_{k_u} = 12,96 \text{ m}.$$

a) Vom Eigengewicht:

$$\sigma_0 = -\frac{1024}{9,90 \cdot 0,713} + \frac{2,21 \cdot 12,96}{2,33} = -133 \text{ t/m}^2$$

$$\sigma_u = -\frac{1024}{9,90 \cdot 0,713} - \frac{2,21 \cdot 12,30}{2,33} = -157 \text{ t/m}^2.$$

b) Vom Verkehr:

$$\sigma_{0\,max} = -\frac{92}{2,33} = -39 \text{ t/m}^2$$

$$\sigma_{u\,max} = -\frac{160}{2,33} = -68 \text{ t/m}^2$$

$$\sigma_{0\,min} = +\frac{117}{2,33} = +50 \text{ t/m}^2$$

$$\sigma_{u\,min} = +\frac{64}{2,33} = +27 \text{ t/m}^2.$$

c) Von Temperatur:

$$\sigma_0 = \mp \frac{6,4 \cdot 12,96}{2,33} = \mp 36 \text{ t/m}^2$$

$$\sigma_u = \pm \frac{6,4 \cdot 12,30}{2,33} = \pm 34 \text{ t/m}^2.$$

Viertel:

$$F = 6,71 \cdot 1,16 = 7,80 \text{ m}^2$$

$$W = 6,71 \cdot \frac{1,16^2}{6} = 1,51 \text{ m}^3$$

$$\cos \varphi = 0,877$$

$$y_{k_0} = 4,88 \text{ m}; \quad y_{k_u} = 5,32 \text{ m}.$$

a) Vom Eigengewicht:

$$\sigma_0 = -\frac{1024}{7,80\cdot 0,877} + \frac{2,21\cdot 5,32}{1,51} = -142 \text{ t/m}^2$$

$$\sigma_u = -\frac{1024}{7,80\cdot 0,877} - \frac{2,21\cdot 4,88}{1,51} = -157 \text{ t/m}^2.$$

b) Vom Verkehr:

$$\sigma_{0\,max} = -\frac{147}{1,51} = -\ 97 \text{ t/m}^2$$

$$\sigma_{u\,max} = -\frac{240}{1,51} = -159 \text{ t/m}^2$$

$$\sigma_{0\,min} = +\frac{203}{1,51} = +135 \text{ t/m}^2$$

$$\sigma_{u\,min} = +\frac{137}{1,51} = +\ 90 \text{ t/m}^2.$$

c) Von Temperatur:

$$\sigma_0 = \mp\frac{6,4\cdot 5,32}{1,51} = \mp 22 \text{ t/m}^2$$

$$\sigma_u = \pm\frac{6,4\cdot 4,88}{1,51} = \pm 21 \text{ t/m}^2.$$

Sechstel nächst dem Scheitel.

$$F = 6,59\cdot 1,07 = 7,05 \text{ m}^2$$

$$W = 6,59\cdot \frac{1,07^2}{6} = 1,26 \text{ m}^3$$

$$\cos\varphi = 0,950$$

$$y_{k_0} = 1,98 \text{ m}; \quad y_{k_u} = 2,36 \text{ m}.$$

a) Vom Eigengewicht:

$$\sigma_0 = -\frac{1024}{7,05\cdot 0,95} + \frac{2,21\cdot 2,36}{1,26} = -149 \text{ t/m}^2$$

$$\sigma_u = -\frac{1024}{7,05\cdot 0,95} - \frac{2,21\cdot 1,98}{1,26} = -156 \text{ t/m}^2.$$

b) Vom Verkehr:

$$\sigma_{0\,max} = -\frac{168}{1,26} = -133 \text{ t/m}^2$$

$$\sigma_{u\,max} = -\frac{219}{1,26} = -173 \text{ t/m}^2$$

$$\sigma_{0\,\text{min}} = + \frac{191}{1,26} = + 151 \text{ t/m}^2$$

$$\sigma_{u\,\text{min}} = + \frac{156}{1,26} = + 124 \text{ t/m}^2\,.$$

c) Von Temperatur:

$$\sigma_0 = \mp \frac{6,4 \cdot 2,36}{1,26} = \mp 12 \text{ t/m}^2$$

$$\sigma_u = \pm \frac{6,4 \cdot 1,98}{1,26} = \pm 10 \text{ t/m}^2\,.$$

Achtel nächst dem Scheitel.

$$F = 6,55 \cdot 1,03 = 6,75 \text{ m}^2$$

$$W = 6,55 \cdot \frac{1,03^2}{6} = 1,16 \text{ m}^3$$

$$\cos \varphi = 0,970$$

$$y_{k_0} = 1,02 \text{ m}; \quad y_{k_u} = 1,38 \text{ m}.$$

a) Vom Eigengewicht:

$$\sigma_0 = - \frac{1024}{6,75 \cdot 0,970} + \frac{2,21 \cdot 1,38}{1,16} = - 154 \text{ t/m}^2$$

$$\sigma_u = - \frac{1024}{6,75 \cdot 0,97} - \frac{2,21 \cdot 1,02}{1,16} = - 159 \text{ t/m}^2\,.$$

b) Vom Verkehr:

$$\sigma_{0\,\text{max}} = - \frac{152}{1,16} = - 131 \text{ t/m}^2$$

$$\sigma_{u\,\text{max}} = - \frac{179}{1,16} = - 154 \text{ t/m}^2$$

$$\sigma_{0\,\text{min}} = + \frac{160}{1,16} = + 138 \text{ t/m}^2$$

$$\sigma_{u\,\text{min}} = + \frac{138}{1,16} = + 119 \text{ t/m}^2\,.$$

c) Von Temperatur:

$$\sigma_0 = \mp \frac{6,4 \cdot 1,38}{1,16} = \mp 7 \text{ t/m}^2$$

$$\sigma_u = \pm \frac{6,4 \cdot 1,02}{1,16} = \pm 6 \text{ t/m}^2\,.$$

Damit folgen die

Grenzwerte der Randspannungen.

Verbesserte Gew.-Form

Schnitt	Eigen-ge-wicht t/m^2	Verkehr t/m^2		Temperatur t/m^2		Grenzwerte t/m^2		$\dfrac{\sigma_0 \pm \sigma_u}{2}$ t/m^2	$\eta = \dfrac{\varDelta\sigma \cdot W}{2\,H_{g_0}}$ mm
Kämpfer σ_0	-123 (-127)	-146 (-99)	$+\ 87$ $(+61)$	-35 (-62)	$+35$ $(+62)$	-304 (-288)	$-\ 1$ (-4)	-288	
σ_u	-146 (-165)	$-\ 93$ (-72)	$+125$ $(+89)$	-33 (-60)	$+33$ $(+60)$	-272 (-297)	$+12$ (-16)	$-\ 16$	—
Achtel σ_0	-133	$-\ 39$	$+\ 50$	-36	$+36$	-208	-47	-233	
n. K. σ_u	-157	$-\ 68$	$+\ 27$	-34	$+34$	-259	-96	$+\ 25$	$+58$
Viertel *) σ_0	-142 (-157)	$-\ 97$ (-65)	$+135$ $(+70)$	-22 (-1)	$+22$ $(+1)$	-264 (-223)	$+15$ (-86)	-299	
σ_u	-157 (-156)	-159 (-89)	$+\ 90$ $(+59)$	-21 (-3)	$+21$ $(+3)$	-337 (-248)	-46 (-94)	$+\ 38$	$+56$
Sechstel σ_0	-149	-133	$+151$	-12	$+12$	-294	$+14$	-316	
n. S. σ_u	-156	-173	$+124$	-10	$+10$	-339	-22	$+22^1/_2$	$+27$
Achtel *) σ_0	-154 (-167)	-131 (-41)	$+138$ $(+70)$	$-\ 7$ (-40)	$+\ 7$ $(+40)$	-292 (-298)	$-\ 9$ (-57)	-306	
n. S. σ_u	-159 (-140)	-154 (-83)	$+119$ $(+78)$	$-\ 6$ (-44)	$+\ 6$ $(+44)$	-319 (-267)	-34 (-18)	$+13\frac{1}{2}$	$+15$

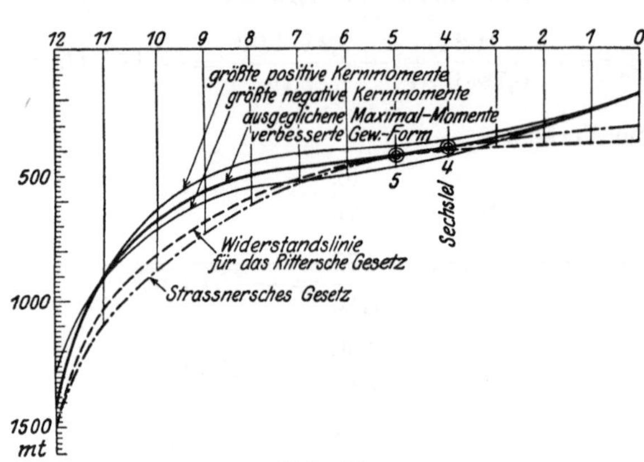

Abb. 51.

Zur Vergleichung der verschiedenen Gesetze sollen hier noch die Gewölbestärken nach dem Ritterschen Gesetze berechnet und denjenigen von Straßner gegenübergestellt werden. Schließlich

---

*) Die eingeklammerten Werte sind aus Straßner „Neuere Methoden zur Statik der Rahmen und Bogentragwerke“ 1916 Seite 305 entnommen.

werden aus der Kurve der ausgeglichenen maximalen Kernmomente Abb. 51 die Gewölbestärken, die nicht unterschritten werden sollen, berechnet, und mit denen von Straßner und Ritter, sowie mit denjenigen des gelenklosen Bogens verglichen.

Tabelle der Gewölbestärken für das „Rittersche Gesetz".

Punkt	Kämpfer 12	11	10	9	8	7	Viertel 6	5	4	3	2	1	Scheitel 0	
$\sqrt[6]{1+\operatorname{tg}^2\varphi}$	1,243	1,196	1,153	1,120	1,088	1,065	1,044	1,030	1,018	1,010	1,004	1,000	1,0C0	Tab. S. 150
c	1,575	1,380	1,274	1,200	1,145	1,103	1,072	1,048	1,029	1,017	1,008	1,003	1,000	Tab. V. S. 86, n=0,294 m
b	7,50	7,33	7,14	7,01	6,89	6,79	6,71	6,65	6,59	6,55	6,52	6,51	6,50	
$\sqrt[3]{\dfrac{b}{b_s}}$	1,049	1,041	1,032	1,025	1,020	1,015	1,011	1,008	1,005	1,003	1,001	1,000	1,000	
d	1,95	1,64	1,48	1,36	1,27	1,20	1,15	1,11	1,08	1,06	1,04	1,04	1,04	m

Gewölbestärken bester Materialausnützung.

$$\sigma = 312\,\text{t/m}^2.$$

Punkt	Kämpfer 12	11	10	9	8	7	Viertel 6	5	4	3	2	1	Scheitel 0	
Vergleiche ausgeglichene Momente	1440	930	685	557	500	482	460	435	400	360	310	255	190	mt
$d_{\min}$	1,93	1,56	1,36	1,25	1,18	1,17	1,15	1,11	1,08	1,03	0,96	0,96 0,87*	0,95 0,75*	m

Die Gewölbestärken nach den verschiedenen Gesetzen werden nachfolgend einander gegenübergestellt.

Straßner

K						V						S
12	11	10	9	8	7	6	5	4	3	2	1	0
195	170	154	141	131	123	116	111	107	103	100	97	95 cm

Ritter

195 164 148 136 127 120 115 111 108 106 104 104 104 cm

theoretisch beste Materialausnützung

193 156 136 125 118 117 115 111 108 103 96 96 95 cm
(87) (75)

Gelenkloses Gewölbe nach Mörsch (bzw. Straßner)

213 196 180 168 157 149 142 136 131 126 124 121 120

---

* Wegen hoher Spannung hinter dem Gelenk.

Für das Gesetz von **Ritter** folgt $\Sigma d = 16{,}42$

„　„　„　„ **Straßner** „ $\Sigma d = 16{,}43$

„　„　„　„ $d_{\min}$ „ $\Sigma d = 15{,}69$.

Das Gesetz von **Straßner** als auch dasjenige von **Ritter** ergibt gegenüber der theoretischen Form eine Materialausnützung bis zu $4{,}8\,^0/_0$.

Gelenkloser Bogen nach **Mörsch** $\Sigma d = 19{,}62$.

Gegenüber dem gelenklosen Bogen weist der Eingelenkbogen eine Betonersparnis von $25\,^0/_0$ auf.

Der maximale Gelenkdruck beträgt:

$$H_{g_0} = 1024 \text{ t}$$

$$H_p = \frac{p\,l^2}{8\,f} = 3{,}1 \cdot \frac{79{,}64^2}{8 \cdot 25{,}50} = 96 \text{ t}$$

$$H_{\max} = 1024 + 96 = 1120 \text{ t}$$

auf 1 m Brückenbreite: $H = \dfrac{1122}{6{,}50} = 174 \text{ t/m}$,

Stahl-Wälzgelenke:

$$G = 0{,}28 \cdot 174 + \frac{174^2}{465} + 0{,}28 \cdot 0{,}95 \cdot 174 + 50 = 49 + 65 + 46 + 50$$

$$= 210 \text{ kg/m}$$

$$\Delta d_s = \frac{210}{1{,}8 \cdot 79{,}6} \; ^1/_{100} \cdot 2 = 2{,}9 \text{ cm}.$$

Bei einem Preisverhältnis von Stahl (kg) : Beton (m³) $= \,^1/_{50}$ ergibt sich gegenüber dem gelenklosen Stützliniengewölbe eine Gesamtersparnis von ca. $22\,^0/_0$.

Additional information of this book

*(Der Eingelenkbogen für massive Straßenbrücken;
978-3-662-27681-5)* is provided:

http://Extras.Springer.com